普通高等教育应用型本科创新教材

Engineering
Geology

工程地质

张建国　主　编

葛颜慧　史　红

孙超群　温淑莲　副主编

U0293564

人民交通出版社股份有限公司
China Communications Press Co.,Ltd.

内 容 提 要

本书为普通高等学校应用型本科教材。本书系统阐述了工程地质的基础知识及基本理论,分析了几种常见特殊土和不良地质灾害的特性及其工程处理措施,并列举了土木工程中所涉及的地基、边坡、隧道、水工建筑物及港口与海岸工程的主要工程地质问题,最后介绍了工程地质勘察的目的、任务、方法及其成果的整理。为土建类专业学生从事广泛的土木工程工作所需的工程地质知识打下较坚实的基础。

本书可供普通高等学校土建类专业学生使用,也可作为从事土建类专业设计、施工、监理、试验检测的工程技术人员的参考用书。

图书在版编目(CIP)数据

工程地质/张建国主编. —北京:人民交通出版社股份有限公司,2017.8

ISBN 978-7-114-13918-5

Ⅰ.①工… Ⅱ.①张… Ⅲ.①工程地质 Ⅳ.①P642

中国版本图书馆 CIP 数据核字(2017)第 142082 号

书 名	:工程地质	
著 作 者	:张建国	
责任编辑	:李 坤 李 娜	
出版发行	:人民交通出版社股份有限公司	
地 址	:(100011)北京市朝阳区安定门外外馆斜街3号	
网 址	:http://www.ccpcl.com.cn	
销售电话	:(010)59757973	
总 经 销	:人民交通出版社股份有限公司发行部	
经 销	:各地新华书店	
印 刷	:北京虎彩文化传播有限公司	
开 本	:787×1092 1/16	
印 张	:15	
字 数	:350 千	
版 次	:2017 年 8 月 第 1 版	
印 次	:2023 年 7 月 第 3 次印刷	
书 号	:ISBN 978-7-114-13918-5	
定 价	:38.00 元	

前　言

　　建设和完善土建、交通领域基础设施对促进国民经济发展、建成社会主义现代化强国具有重要意义。位于地上或地下的基础设施,在建造之前都必须首先考虑其所处的工程地质条件,方可据此选择经济、安全、高效的建造方法。工程实践要求技术人员必须掌握扎实的工程地质知识和处理工程问题的能力,而高等院校开设工程地质这一专业基础课程正是着力培养学生这方面的知识和能力。

　　本书编者作为一线授课教师,坚持以习近平新时代中国特色社会主义思想为指导,全面贯彻党的教育方针,落实立德树人根本任务,结合应用型本科院校人才培养模式的要求、目标以及工程地质课程特点,在教学改革和实践基础上精心设置本书内容结构和深度。本书在编写过程中,注重吸收近几年工程地质领域的新技术、新工艺、新设备,并借鉴了近年来出版的同类教材的优点,采用了国家及有关行业的最新规范和规程。编写力求做到结构严谨、内容精炼、概念清晰,希望能为国家培养出更多具有专业精神和优良素质的技术人才。

　　全书由绪论及八章内容组成,绪论主要阐述了工程地质的发展历史、在土木工程中的作用及学习方法与要求;第一章至第四章系统、重点地阐述了工程地质的基础知识及基本理论;第五章和第六章重点分析了几种常见特殊土和不良地质灾害的特性及其工程处理措施;第七章重点地阐述了土木工程中所涉及的地基、边坡、隧道、水工建筑物及港口与海岸工程的主要工程地质问题。第八章介绍了工程地质勘察的目的、任务、方法及其成果的整理等。这些内容为土建类专业学生从事广泛的土木工程工作所需的工程地质知识打下了较坚实的基础。

　　在使用本书进行教学,由于学时所限而不能教授全部教材内容时,可在第七章中有针对性地选择。特别是第八章"工程地质勘察"应结合野外实习进行教学,可不占校内理论教学时间。

　　本书由山东交通学院张建国任主编,葛颜慧、史红、孙超群和温淑莲任副主编。具体编写分工如下:张建国编写绪论、第一章、第二章和第五章;孙超群编写第三章;葛颜慧编写第四章和第七章的第一节至第三节;史红编写第六章和第七章的第四节、第五节;温淑莲编写第八章。全书由张建国统稿。

　　王珊参与了本书的插图绘制、文字录入工作,在此一并表示感谢。

对于本书的顺利出版,还要感谢人民交通出版社股份有限公司和山东交通学院交通土建工程学院等单位领导和有关同志的大力支持。对于书中所引用文献和研究成果的众多作者表示诚挚的谢意。

由于编者水平有限,加之时间仓促,缺点和错误之处在所难免,敬请读者批评指正。

编 者
2017 年 3 月

目　　录

绪　　论

一、工程地质的发展历史

工程地质产生于地质学的发展和人类工程活动经验的积累。第一次世界大战结束后,整个世界开始进入了大规模建设时期。1929 年,奥地利太沙基出版了世界上第一部《工程地质学》。1937 年,前苏联萨瓦连斯基的《工程地质学》问世。第二次世界大战以后,各国都有一个稳定的和平环境,工程建设发展迅速,工程地质在这个阶段迅速发展,成为地质学的一个独立分支学科。

在我国,工程地质的发展基本上始于 20 世纪 50 年代。从引进前苏联工程地质学理论和方法开始,经过不断地工程实践和理论创新,我国工程地质得到了突飞猛进的发展,取得了显著成就,积累了大量经验,在一定程度上形成了具有中国特色的工程地质学体系。一大批工程地质学家为新中国的建设发挥了巨大的作用,特别是谷德振、刘国昌等老一辈工程地质学家,为我国重大工程建设做出了突出贡献,在国际学术界具有重要的影响。

工程地质学研究与工程建设有关的地质理论,应用于工程规划、勘察、设计、施工与正常使用。因此,工程地质学是地质学与工程学科交叉渗透的产物。随着地质科技人员队伍的不断扩大,勘探、测试手段逐渐完善,新技术、新方法、新理论在地质学研究的各个领域广泛采用,工程地质得到了蓬勃发展。工程地质学的主要任务如下:

(1)评价工程地质条件,阐明地上和地下建筑工程兴建和运行的有利和不利因素,选定建筑场地和适宜的建筑形式,保证规划、设计、施工、使用、维修顺利进行。

(2)从地质条件与工程建筑相互作用的角度出发,论证和预测有关工程地质问题发生的可能性、发生的规模和发展趋势。

(3)提出及建议改善、防治或利用有关工程地质条件的措施,加固岩土体和防治地下水的方案。

(4)研究岩体、土体分类和分区及区域性特点。

(5)研究人类工程活动与地质环境之间的相互作用与影响。

二、工程地质在土木工程建设中的作用

世界上各种土木工程,如铁路、公路、桥梁、隧道、房屋、机场、港口、管道及水利水电等工程,都是修建在地壳表层(地表或地下一定深度)的地质环境之中。建筑物场地的地质环境和工程地质条件(包括场地及周围的岩体、土体类型和性质,地质构造,地表水和地下水的作用,各种自然地质作用等),与工程的设计、施工和运营密切相关。工程建筑与地质环境之间存在着相互制约、相互作用的关系。一方面,地质环境会影响工程建筑的工程造价与施工安全,另一方面,也会影响工程建筑的稳定和正常使用。如在开挖高边坡时,忽视地质条件,可

能引起大规模的崩塌或滑坡,不仅增加工程量、延长工期和提高造价,甚至危及施工安全;又如,在岩溶地区修建水库,如不查明岩溶情况并采取适当措施,轻则蓄水大量漏失,重则完全不能蓄水,使建筑物不能正常使用。另一方面,工程活动也会以各种方式影响地质环境,即已有的工程地质条件在工程建筑和运行期间会产生一些新的变化和发展,构成影响工程建筑安全的地质问题。如房屋、路堤引起地基土的压密沉降,桥梁使局部河段冲刷淤积发生变化等;又如,在城市过量抽取地下水,可能导致大规模的地表沉降;道路工程中,不适当的开挖或填筑的人工边坡,则可能导致大规模的滑坡或崩塌;而大型水库对地质环境的影响,则往往超出局部场地的范围而波及广大区域,在平原地区可能引起大面积的沼泽化,在黄土地区可能引起大范围的湿陷,在某些地区还可能诱发地震。

在进行工程建设时,无论是总体布局阶段还是个体建筑物设计、施工阶段,都应当进行相应的工程地质工作。在总体规划、布局阶段,应进行区域性工程地质条件和地质环境的评价;场地选择阶段应进行不同建筑场地工程地质条件的对比,选择最佳工程地质条件的方案;在选定场地进行个体工程建筑物设计和施工阶段,应进行工程地质条件的定量分析和评价,提出适合地质条件和环境协调的建筑物类型、结构和施工方法等的建议,拟定改善与防治不良地质作用和加强环境保护的措施、方案等。为了做好上述各阶段工程地质工作,必须通过地质调查测绘、勘探、试验、观测、理论分析等手段,获得必要的地质资料,结合具体工程的要求进行研究、分析和判断,最终得出相应的结论。鉴于工程地质对工程建设的重要作用,国家规定任何工程建设必须在进行相应的地质工作、提出必要的地质资料的基础上,才能进行工程设计和施工工作。

在国内外工程建设实践中,重视工程地质工作使工程建设获得成功的经验和忽视工程地质工作引起工程建设失败的教训不胜枚举。以我国铁路建设为例,地处我国西南边陲的成(都)昆(明)铁路,由于它纵贯我国西南横断山脉的断裂构造带,沿线气候、地形、地质条件异常复杂,曾被称为"世界地质博物馆"。某些外国专家实地考察后认为成昆铁路很难建成。中央和原铁道部高度重视这些复杂和困难的条件,多次组织全国工程地质专家进行现场"会诊"和研究,并且动员和组织了全国工程地质专家和技术人员开展"大会战",从而保证了成昆铁路的顺利建成通车。许多地质复杂地段线路位置的选择和重大工程设计、施工获得成功的实例举世公认。与此形成鲜明对照的是,我国始建于民国末期的宝(鸡)天(水)铁路,由于忽视了前期的工程地质研究,施工中即发生大量崩塌、滑坡、河岸冲刷和泥石流等地质灾害。该铁路在 20 世纪 50 年代初通车后,也不能正常运营,被称为中国铁路的"盲肠"。为此,国家每年都花费大量经费进行维修、整治,直至 20 世纪 80 年代耗费巨资进行大段线路改线后,才使宝天铁路真正畅通。在国外,法国著名的马尔帕塞拱坝垮塌事件,就是由于对坝基和坝肩片麻岩中所夹的软弱结构面缺乏足够的认识,致使左岸拱座滑动破坏,库水冲毁下游市镇,造成死亡、失踪近 500 人的重大灾难和损失。其他如美国奥斯汀城科罗拉多水坝的崩毁、加拿大特朗斯康谷仓的倒塌、西班牙蒙特哈塔坝高 72m 的"干水库"等,都是由于对地质条件没有足够的了解而招致失败。

随着我国经济建设日益发展,20 世纪末,我国在复杂地质条件地区已成功修建了长达20km 的秦岭越岭交通隧道、高达 240m 的二滩水电站大坝、采深 390m 的抚顺西露天煤矿边坡。进入 21 世纪以来,工程建设的规模和数量也越来越大,超过 50km 的越岭交通隧道、开挖体积近 2000m³ 的地下洞室群、采深超过 500m 的露天采矿场边坡、高达 300m 的水电站大坝等特大工程开工建设。这些"长隧道、深基坑、高边坡"等巨型重大工程建设与工程地质的关系更趋紧密,对土木工程师的工程地质知识的要求也越来越高。因此,作为工程建筑的基础工作,工程地质工作的重要作用是客观存在和被实践证明了的。

三、本课程的学习方法及要求

工程地质学是一门应用科学,它是运用地质学的基本理论和知识,解决工程建设中各种工程地质问题的一门学科。因此,本课程的教学目的是使学生知道工程建设中经常遇到的工程地质现象和问题,以及这些现象和问题对工程建筑设计、施工和使用过程产生的影响,并能合理利用工程地质的基本理论知识,正确处理工程设计、施工和营运中的工程地质问题。

工程地质是土木工程的专业基础课,学习本门课程后,应达到以下基本要求:

(1)掌握一定的工程地质基础知识和理论。能辨认常见的岩石和土,了解其主要的工程性质;能辨认基本的地质构造,并了解这些构造对工程建筑的影响;知道水(包括地表水和地下水)的地质作用。岩土、地质构造和水是工程建筑地质环境中最基本的三大要素,三大要素的类型、特征及其组合方式,形成了不同的工程地质条件和问题。因此,基础理论知识是解决好工程地质问题所必不可少的。

(2)能辨认常见的地质灾害现象,并了解这些地质灾害对工程建筑的影响。

(3)能将工程地质知识应用于实际的土木工程中。

(4)了解工程地质勘察的方法、手段及成果形式。

工程地质学是一门实践性很强的学科。学习本课程重要的不是死记硬背某些条文,而是要学会解决问题的方法,学会具体问题具体分析,并能做到举一反三。为了加强对工程地质现象与问题的感性认识,教师除讲课外,还应安排实验课及野外地质教学实习,以巩固课堂理论教学。本课程教学过程中,应积极采用多媒体教学,配合有关地质科教片、幻灯片、地质教学模型等直观教具,增强地质感性认识,提高教学效果。学生在学习过程中,课堂上要注意学习和掌握工程地质学的基本理论;野外地质实习和日常生活中,要多观察和了解与工程有关的一些地质现象,如地形地貌、地层岩性、地质构造、水文地质和不良地质现象等,以增加感性认识,扩大视野,巩固所学内容。

第一章 矿物和岩石

地球是太阳系的一颗行星,是一个不标准的旋转椭球体,根据国际大地测量与地球物理学会1980年公布的资料可知,地球赤道半径(a)为6378.137km,两极半径(c)为6356.752km,平均半径(R)为6371.012km,地球的扁率$\left(\dfrac{a-c}{a}\right)$为0.003352859$\left(约为\dfrac{1}{298.25}\right)$,赤道周长$(2\pi a)$为40075.7km,表面积$(4\pi R^2)$为$5.1\times10^8\text{km}^2$(其中陆地占29.3%,海洋占70.7%),体积$\left(\dfrac{4\pi R^3}{3}\right)$为$1.0832\times10^{12}\text{km}^3$。研究资料表明,地球并不是一个均质体,而是具有圈层构造的球体。以地表为界分为内圈和外圈,它们又再分为几个圈层。地球外圈是指地球表面以上,根据物质性状可以分为大气圈、水圈和生物圈。地球内圈是指地球表面以下,根据地震波传播速度的突变,可以确定地球内部的分界面,地球物理学上称为不连续面或界面。地球内部有两个波速变化最明显的界面:第一个界面为莫霍洛维奇不连续面,简称莫霍面,是前南斯拉夫莫霍洛维奇1909年发现的;第二个界面为古登堡不连续面,简称古登堡面,是美国古登堡1914年提出的。根据这两个界面把地球内部圈层构造从地表到地心分为三圈,即地壳、地幔和地核(图1-1)。

地心至古登堡面(地表以下约2900km)为地核,体积占地球总体积的16.2%,主要由铁、镍等金属物质组成,推测地核中压力可达$3.6\times10^5\text{MPa}$,温度为3000~5000℃,密度为16~18g/cm³。莫霍面与古登堡面之间(地表以下33~2900km)为地幔,也称中间层,体积占地球总体积的83%,主要由铁、镁硅酸盐物质组成,压力由几千兆帕到$1.4\times10^4\text{MPa}$,温度为1500~3000℃,密度为3.32~5.66g/cm³。地壳是指地球表面由岩石

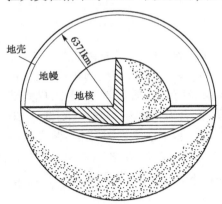

图1-1 地球内部圈层构造

组成的一层坚硬壳体,下界面为莫霍面,表面在陆地上直接暴露于地表。由于地壳厚度各处不同,因此莫霍面深度也很不一致。大陆地壳较厚,我国西藏高原地区地壳厚达70~80km,洋底地壳较薄,太平洋西部马里亚纳海沟处地壳仅5~6km,平均地壳厚度为33km。人类工程活动大都是在地壳表层进行的,一般深度都不超过1~3km,最深的金矿矿井超过4km,最深的科研钻孔深度超过12km。(注:大陆科学钻探可分为浅钻、中钻、深钻、超深钻四类,一般来说,地表至地下3000m以内属浅的科学钻探,现有的技术手段可以胜任,3000~6000m为中深的科学钻探,6000m以下为深钻。中钻、深钻及超深钻是涉及多科学、高技术的大科学工程,其方法、技术和装备往往是全球瞩目的高新技术,具有保密性。)

地壳是由岩石组成的,岩石是由矿物组成的,矿物是由各种化合物或化学元素组成的。地壳中已发现的化学元素有 90 多种,但它们在地壳中的含量和分布很不均衡,其中氧、硅、铝、铁、钙、钠、钾、镁、钛和氢十种元素按质量计占元素总质量的 99.96%,而氧、硅、铝三种元素就占 82.96%(表 1-1)。这些元素在地壳中多以化合物状态出现,少数以单质元素状态存在。

地壳主要元素质量百分比　　　　　　　　　　表 1-1

元　　素	质量比(%)	元　　素	质量比(%)
氧(O)	46.95	钠(Na)	2.78
硅(Si)	27.88	钾(K)	2.58
铝(Al)	8.13	镁(Mg)	2.06
铁(Fe)	5.17	钛(Ti)	0.62
钙(Ca)	3.65	氢(H)	0.14

注:本表引自《Scientific American》,1970。

组成地壳的岩石,都是在一定的地质条件下,由一种或几种矿物按一定的规律组合而成的自然集合体。由一种矿物组成的集合体称为单矿岩,例如由石英组成的石英岩和由方解石组成的石灰岩等;由多种矿物组成的集合体称多矿岩或复矿岩,例如由石英、正长石组成的花岗岩等。按照岩石的成因不同,可将地壳中的岩石分为岩浆岩、沉积岩和变质岩三大类。

由于岩石是由矿物组成的,所以要认识岩石,分析岩石在各种自然条件下的变化,进而对岩石的工程地质性质进行评价,就必须先从矿物讲起。

第一节　主要造岩矿物

矿物是天然生成的,具有一定物理性质和一定化学成分的自然元素或化合物,是组成地壳的基本物质单位。多数矿物由化合物构成,例如石英(SiO_2)、方解石($CaCO_3$)和正长石[$K(AlSi_3O_8)$]等;少数矿物由单质元素组成,例如石墨(C)和天然硫(S)等。

自然界中已发现的矿物约有 3000 种,除个别以气态(如碳酸气、硫化氢气等)或液态(如水、自然汞等)出现外,绝大多数均呈固态。其中能够组成岩石的矿物称为造岩矿物。在岩石中经常出现、明显影响岩石性质、对鉴别岩石种类起重要作用的矿物称主要造岩矿物,有 20~30 种。

一、矿物的形态及主要物理性质

矿物的形态及主要物理性质是肉眼鉴别矿物的重要依据。

(一)矿物的形态

1.结晶质矿物与非晶质矿物

固态矿物按其质点(原子、分子或离子)有无规则排列,可分为结晶质矿物和非晶质矿物。固态矿物中大多数为结晶质,少数为非晶质。

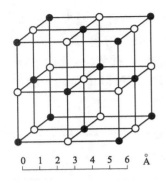

0 1 2 3 4 5 6 Å

●钠离子 ○氯离子

图 1-2 岩盐的立方晶体格架

结晶质矿物的内部质点在三维空间呈有规律的周期性排列,形成空间结晶格子构造。例如,岩盐(NaCl)的立方晶体格架(图 1-2)。因此,在一定条件下,每种结晶质矿物都具有固定、规则的几何外形,这就是矿物的固有形态特征(图 1-3)。具有良好固有形态的晶体称自形晶或单晶体。在自然界中,自形晶较少见到。在晶体生长过程中,由于生长速度和周围自由空间环境的限制,晶体发育不良,形成了不规则的外形,称为他形晶。岩石中的造岩矿物多为粒状他形晶体的集合体。

非晶质矿物的内部质点排列没有规律性,故不具有规则的几何外形。常见的非晶质矿物有胶体类矿物,这类矿物是由胶体溶液沉淀或干涸凝固而成,如硅质胶体溶液沉淀凝聚而成的蛋白石($SiO_2 \cdot nH_2O$)。

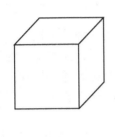

a)岩盐晶体   b)石英晶体   c)金刚石晶体

图 1-3 矿物晶体

2. 矿物的形态

常见的单晶体矿物形态有:

片状、鳞片状——如云母、绿泥石等。

板状——如斜长石、板状石膏等。

柱状——如长柱状的角闪石和短柱状的辉石等。

立方体状——如岩盐、方铅矿、黄铁矿等。

菱面体状——如方解石等。

菱形十二面体状——如石榴子石等。

常见的矿物集合体形态有:

粒状、块状、土状——矿物晶体在空间三个方向上接近等长的他形集合体。当颗粒边界较明显时称粒状,如橄榄石等;肉眼不易分辨颗粒边界的称块状,如石英等;疏松的块状可称土状,如高岭土等。

鲕状、豆状、葡萄状、肾状——矿物集合体呈具有同心构造的球形。像鱼卵大小的称鲕状,如鲕状灰岩中的方解石等;近似黄豆大小的称豆状,如赤铁矿等;不规则的球形体可称葡萄状与肾状。

纤维状——如石棉、纤维石膏等。

钟乳状——如方解石、褐铁矿等。

（二）矿物的光学性质

1. 颜色

矿物的颜色，是矿物对可见光波的吸收作用产生的，是由矿物的化学成分和内部结构决定的。按成色原因，有自色、他色和假色之分。

（1）自色：是矿物固有的颜色，颜色比较固定。例如黄铁矿是铜黄色；橄榄石为橄榄绿色。自色具有鉴定意义。

（2）他色：是矿物混入了某些杂质所引起的，与矿物的本身性质无关。他色不固定，随杂质的不同而异。如纯净的石英晶体是无色透明的，混入杂质就呈紫色、玫瑰色、烟色。由于他色不固定，对鉴定矿物没有很大意义。

（3）假色：是由于矿物内部的裂隙或表面的氧化薄膜对光的折射、散射所引起的。如方解石解理面上常出现的虹彩，斑铜矿表面常出现的斑驳的蓝色和紫色。

2. 条痕

矿物粉末的颜色称条痕。鉴别方法一般是把矿物在白色无釉瓷板（条痕板）上擦划并观察擦下来的矿物粉末的颜色。条痕色去掉了矿物因反射所造成的色差，增加了吸收率，扩大了眼睛对不同颜色的敏感度，因而比矿物的颜色更为固定。大多数浅色矿物的条痕是无色或浅色的，某些深色矿物的条痕与颜色相同，这些矿物的条痕无助于鉴别矿物。只有当矿物的条痕与其颜色不同时，条痕才是有用的鉴别矿物的特征。例如角闪石为黑绿色，条痕为淡绿色；辉石为黑色，条痕为浅棕色；黄铁矿为铜黄色，条痕为黑色等。

3. 光泽

矿物表面反射光线的能力称为光泽。根据矿物反光的强弱程度，矿物光泽可分为下列几种：

（1）金属光泽：反光强烈，犹如电镀的金属表面那样光亮耀眼，如方铅矿、黄铁矿等。

（2）半金属光泽：比金属的亮光弱，似未磨光的铁器表面，如磁铁矿等。

（3）非金属光泽：矿物表面的反光能力较弱，如石英、滑石等。造岩矿物绝大部分属于非金属光泽。由于矿物表面的性质或矿物集合体的集合方式不同，又会反映出各种不同特征的光泽。

①玻璃光泽。近似一般平面玻璃的反光，如石英晶面、长石等。

②油脂光泽。如同涂上一层油脂后的反光，如石英断口上的光泽等。

③珍珠光泽。如同珍珠表面或贝壳内面出现的乳白彩光，如白云母薄片等。

④丝绢光泽。出现在纤维状集合体矿物表面的光泽，如石棉、绢云母、纤维石膏等。

⑤蜡状光泽。像石蜡表面呈现的光泽，如蛇纹石、滑石等。

⑥土状光泽。矿物表面反光暗淡，如高岭石等。

4. 透明度

矿物的透明度是指矿物能够被光线穿透的程度。矿物吸收、反射光线的能力越强，透明度越差。透明度取决于矿物的化学性质与晶体构造，但又明显和厚度有关，故一般以 0.03mm 的规定厚度作为标准进行对比。据此，透明度可分为如下三级：

（1）透明的：绝大部分光线可以透过矿物，因而隔着矿物的薄片可以清楚地看到对面的物体。如纯净的石英单晶体、纯净方解石组成的冰洲石等。

（2）半透明的：光线可以部分透过矿物，因而隔着矿物薄片可以模糊地看到对面的物体。

多数造岩矿物为半透明矿物,如一般石英集合体、滑石等。

(3)不透明的:光线几乎不能透过矿物。金属矿物则为不透明矿物,如黄铁矿、方铅矿、磁铁矿等。

观察矿物透明度时,应注意同等厚度条件,肉眼观察可在矿物碎片边缘进行。

(三)矿物的力学性质

1.硬度

矿物的硬度是指矿物抵抗外力机械刻划和研磨的能力。由于矿物的化学成分或内部构造不同,所以不同的矿物常具有不同的硬度。硬度是矿物的一个重要鉴定特征。目前一般用摩氏硬度计(表1-2)来决定矿物的相对硬度。摩氏硬度计是从软到硬选用10种矿物的硬度分为10级,作为硬度对比的标准,用来对其他矿物进行互相刻划、比较,以确定矿物的相对硬度。例如,将需要鉴定的矿物与摩氏硬度计中的方解石对刻,结果被方解石刻伤而自身又能刻伤石膏,说明其硬度大于石膏而小于方解石,在2~3之间,即可将该矿物的硬度定为2.5。可以看出,摩氏硬度只反映矿物相对硬度的顺序,并不是矿物绝对硬度值。常见造岩矿物的硬度大部分在2~6.5之间,大于6.5的只有石英、橄榄石、石榴子石等少数几种。在野外调查时,常用指甲(2~2.5)、铅笔刀(5~5.5)、玻璃(5.5~6)、钢刀刃(6~6.6)鉴别矿物的硬度。

摩 氏 硬 度 计   表1-2

硬度/度	矿　物	硬度/度	矿　物
1	滑石	6	长石
2	石膏	7	石英
3	方解石	8	黄玉
4	萤石	9	刚玉
5	磷灰石	10	金刚石

2.解理(劈开)

矿物的解理是指矿物晶体在外力敲击下,沿一定晶面方向裂开的性能。裂开的晶面一般平行成组出现,称解理(劈开)面。根据解理方向的多少,解理可以分为一组解理(如云母)、两组解理(如长石)和三组解理(如方解石)等。根据解理发育程度不同,可将解理分为:

(1)极完全解理:矿物容易沿1组解理面裂成薄片,如云母。

(2)完全解理:矿物容易沿3组解理面方向裂成块状或板状,如方解石破裂成菱形六面体。

(3)中等解理:矿物沿2组解理面方向裂成板状或柱状,如长石裂成板状、角闪石裂成长柱状。

(4)无解理:肉眼不易看到解理面,如橄榄石;或实际没有解理面,如单晶体石英等。

3.断口

矿物在外力敲击下,可沿任意方向发生无规则断裂破碎,其断裂面称为断口。断口形状各异,例如石英的贝壳状断口(图1-4),其他还有参差状断口、锯齿状断口和平坦状断口等。

图1-4　单晶石英的贝壳状断口

（四）其他特殊性质

少数矿物具有某些特殊的物理化学性质，用以鉴别个别矿物是简便有效的。例如：云母薄片有弹性；绿泥石、滑石薄片有挠性；重晶石相对密度较大；方解石上滴稀盐酸剧烈起泡；高岭石遇水软化等。

二、主要造岩矿物及其鉴定特征

（1）石英（SiO_2）

发育良好的石英单晶为六方锥体[图1-3b）及图1-4]。通常为块状或粒状集合体；纯净透明石英晶体称水晶，一般为白、灰白、乳白色，含杂质时呈现紫、红、烟、茶等色；晶面玻璃光泽，断口或集合体油脂光泽；无解理，断口贝壳状；硬度为7；相对密度为2.65。

（2）长石

长石是一大族矿物，包括三个基本类型：钾长石[$K(AlSi_3O_8)$]、钠长石[$Na(AlSi_3O_8)$]、钙长石[$Ca(Al_2Si_2O_8)$]。钾长石中最常见的是正长石，钠长石和钙长石混熔组成斜长石。

①正长石：单晶为短柱或厚板状，集合体为粒状或块状；在岩石中常呈肉红、浅黄、浅玫瑰色；有两组完全正交的解理面，粗糙状断口，玻璃光泽；硬度为6；相对密度为2.54~2.57。正长石风化后可变成黏土矿物，最终可变成铝土矿。

②斜长石：单晶为板状或柱状，集合体粒状；白色或灰白；有两组近正交的解理面（交角86°24′），粗糙状断口；玻璃光泽；硬度为6~6.5；相对密度为2.61~2.75。斜长石的风化产物多为黏土矿物。

（3）云母

云母是含钾、铁、镁、铝等多种金属阳离子的铝硅酸盐矿物。按所含阳离子不同，主要有白云母和黑云母。

①白云母[$KAl_2(AlSi_3O_{10})(OH)_2$]：单晶呈板状、片状，薄片无色透明，有弹性，集合体片状、鳞片状，微细鳞片状集合体称绢云母；集合体浅黄、浅绿、浅灰色；一个方向解理极完全；玻璃光泽，解理面珍珠光泽；硬度为2.5~3；相对密度为2.76~3.12。

②黑云母[$K(Mg,Fe)_3(AlSi_3O_{10})(F,OH)_2$]：形态同白云母；富含铁的为黑云母，黑色；富含镁（$Mg:Fe>2:1$）的为金云母，金黄色；硬度为2.5~3；相对密度为3.02~3.12。

（4）角闪石｛$Ca_2Na(Mg,Fe)_4(Al,Fe)[(Si,Al)_4O_{11}]_2(OH)_2$｝

单晶呈长柱或针状，集合体呈粒状或块状；颜色暗绿至黑色；玻璃光泽；有两组完全解理面（交角为56°和124°）（图1-5）；硬度为5~6；相对密度为3.1~3.3。

（5）辉石[$Ca(Mg,Fe,Al)(Si,Al)_2O_6$]

单晶呈短柱或粒状，集合体块状；黑褐色或黑色；玻璃光泽；有两组完全解理面（交角87°和93°）（图1-6）；硬度为5.5~6；相对密度为3.23~3.56。

（6）橄榄石[$(Mg,Fe)_2(SiO_4)$]

常呈粒状集合体；浅黄绿至橄榄绿色；晶面玻璃光泽，断口油脂光泽；不完全解理，断口贝壳状；硬度为6.5~7；

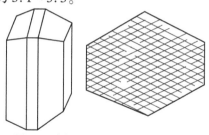

图1-5 角闪石长柱状单晶及横截面图

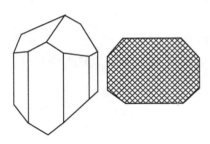

图 1-6　辉石短柱状单晶及横截面图

相对密度为 3.3 ~ 3.5;性脆。

(7)方解石($CaCO_3$)

单晶为菱形六面体,集合体为粒状或块状;无色透明者称冰洲石,一般为白色、灰色,含杂质者呈浅黄、黄褐、浅蓝色;玻璃光泽;三组完全解理面;硬度为 3;相对密度为 2.6 ~ 2.8;滴冷稀盐酸剧烈起泡。

(8)白云石[$CaMg(CO_3)_2$]

晶粒形态同方解石;纯者白色,含杂质者呈浅黄、灰褐色;玻璃光泽;三组完全解理面;但解理面多弯曲不平直;硬度为 3.5 ~ 4;相对密度为 2.8 ~ 2.9;滴热盐酸起泡,滴冷盐酸起泡不明显,滴紫红色镁试剂可变蓝色。

(9)硬石膏($CaSO_4$)和石膏($CaSO_4 \cdot 2H_2O$)

硬石膏单晶呈板状、柱状,集合体有粒状、块状;纯者无色透明,一般为白色;玻璃光泽;有三组完全解理面;硬度为 3 ~ 3.5;相对密度为 2.8 ~ 3.0。硬石膏在大气压下,遇水生成石膏,同时体积膨胀约 30% ,对工程建筑有严重危害。

石膏单晶呈板、柱、片状,集合体有纤维状或块状;纯者无色透明,一般为白色,含杂质可为浅黄、灰、褐色;平面反光为玻璃光泽,纤维状反光为丝绢光泽;一组极完全解理;硬度为 2;相对密度为 2.30 ~ 2.37。

(10)高岭石[$Al_2Si_2O_5(OH)_4$]

黏土矿物,三斜晶系,单晶极小,肉眼不可见,集合体多为土状或块状;纯者白色,含杂质可为浅红、浅黄、浅灰、浅绿色;土状光泽;硬度为 1 ~ 2;相对密度为 2.58 ~ 2.61;干燥块体有粗糙感,易捏成碎末,吸水性强,潮湿时具有可塑性。

(11)蒙脱石[$(Al,Mg)_2(Si_4O_{10})(OH)_2 \cdot nH_2O$]

黏土矿物,单斜晶系,单晶极小,肉眼不可见,显微晶体片状或絮状、毛毡状,集合体多为土状或块状;白色,有时为浅灰、粉红、浅绿色,光泽暗淡;硬度为 2 ~ 2.5;相对密度为 2 ~ 2.7;柔软,有滑感,加水膨胀,体积能增加几倍,并变成泥状,具有很强的吸附力及阳离子交换性能,是造成岩土膨胀的主要矿物。

(12)黄铁矿(FeS_2)

单晶为立方体,集合体为粒状或块状;浅铜黄色;条痕黑色;强金属光泽;无解理;断口参差状;硬度为 6 ~ 6.5;相对密度为 4.9 ~ 5.2。黄铁矿是地壳中分布广泛的硫化物,是制取硫酸的主要原料,岩石中的黄铁矿易氧化分解成铁的氧化物和硫酸,从而对混凝土和钢筋混凝土结构物产生腐蚀。

(13)滑石[$Mg_3(Si_4O_{10})(OH)_2$]

单晶少见,常为致密块状、片状或鳞片状集合体;纯者白色,含杂质时常呈浅黄、浅绿、浅褐色;晶面呈珍珠光泽或玻璃光泽,断口为蜡状光泽;有一组极完全解理面;硬度为 1;相对密度为 2.7 ~ 2.8;薄片透明或半透明;薄片无弹性而有挠性;有滑感。

(14)绿泥石{$(Mg,Al,Fe)_6[(Si,Al)_4O_{10}](OH)_8$}

绿泥石是一族种类较多的矿物,是很复杂的铝硅酸盐化合物。多呈片状或鳞片状集合体;暗绿色;解理面上为珍珠光泽;有一组极完全解理面;硬度为 2 ~ 2.5;相对密度为 2.60 ~

2.85;薄片有挠性。绿泥石与滑石、云母类矿物的特征有许多相似之处,工程性质较差。

第二节 岩 浆 岩

一、岩浆岩的形成过程

(一)岩浆和岩浆作用

岩浆是存在于地壳深处、以硅酸盐为主要成分、富含挥发性物质、处于高温(700~1300℃)、高压(高达数千兆帕)状态下的熔融体。

地下深处相对平衡状态下的岩浆,受地壳运动影响,会沿着地壳中薄弱、开裂地带向地表方向活动,岩浆的这种运动称岩浆作用。岩浆上升未达地表,在地壳中冷却凝固,称为岩浆侵入作用;若岩浆上升冲出地表,在地面上冷却凝固,则称为岩浆喷出作用,也称为火山作用。

(二)岩浆岩及其产状

1. 岩浆岩的形成

由于岩浆内部压力很大,不断向地壳压力低的地方移动,以致冲破地壳深部的岩层,沿着裂缝上升。上升到一定高度,温度、压力都要减低。当岩浆的内部压力小于上部岩层压力时,迫使岩浆停留,使其冷凝,形成的岩石称岩浆岩,又称火成岩,占地壳总质量的95%。侵入作用形成侵入岩,岩浆冷凝位置离地表深的(>3km),形成深成侵入岩;离地表浅的,形成浅成侵入岩。喷出作用形成喷出岩或火山岩。

2. 岩浆岩的产状

指岩浆岩的形态、大小及其与周围岩体间的相互关系。岩浆岩的产状既与岩浆性质密切相关,也受周围岩体及环境的控制。常见岩浆岩的产状有以下几种(图1-7):

(1)岩基和岩株:属深成侵入岩产状。岩基规模最大,基底埋藏深,多为花岗岩;岩株规模次之,形状不规则,宏观呈树枝状。

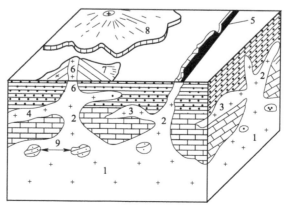

图 1-7 岩浆岩的产状示意图

1-岩基;2-岩株;3-岩盘;4-岩床;5-岩墙;6-火山颈;7-岩钟;8-岩流;9-捕掳体

（2）岩盘和岩床：属浅成侵入岩产状。岩盘形成上凸下平呈透镜体或倒扣的盘子状岩体，底部通过颈体和更大的侵入体连通，直径可大至几千米。岩床沿着成层的围岩方向侵入，表面无凸起，略为平整，形成厚板状岩体，范围一米至十几米。

（3）岩墙和岩脉：属规模较小的浅成侵入岩产状。岩浆沿近垂直的围岩裂隙侵入，形成的岩体称岩墙，长数十米至数千米，宽数米至数十米；岩浆侵入围岩各种断层和裂隙，形成脉状岩体，称脉岩或岩脉，长数厘米至数十米，宽数毫米至数米。

（4）火山颈：火山喷发时，岩浆在火山口通道里冷凝形成的岩体，呈近直立的不规则圆柱形岩体，属于介于浅成侵入岩与喷出岩之间的产状。

（5）岩钟和岩流：属喷出岩的产状。岩钟是岩浆在喷出火山口后，于火山口周围冷凝而成的钟状或锥状岩体，又称火山锥；岩流是岩浆在喷出火山口后，迅速向地表较低处边流动边冷凝而成的岩体，它在一定地表面范围内覆盖一定的厚度，也称岩被。

二、岩浆岩的地质特性

岩石的地质特性简称岩性，包括岩石的矿物成分、结构和构造，它们都是由岩石形成过程所决定的，又是鉴定岩石的特征。

1. 岩浆岩的矿物成分

组成岩浆岩的矿物，根据颜色可分为浅色矿物和深色矿物两类：

（1）浅色矿物：有石英、正长石、斜长石及白云母等。

（2）深色矿物：有黑云母、角闪石、辉石及橄榄石等。

以上主要矿物约占岩浆岩中矿物的90%，根据其所含主要矿物成分确定岩浆岩的类型和名称。而岩浆岩的矿物成分，是岩浆化学成分的反映。岩浆的化学成分相当复杂，但含量高且对岩石的矿物成分、类型和颜色等影响最大的是 SiO_2。根据 SiO_2 的含量，岩浆岩可分为下面几类，见表1-3。

岩浆岩按 SiO_2 含量分类　　　　　　　　　　　　　　表1-3

岩浆岩类型	SiO_2含量（%）	颜　色	比　重
酸性	>65	浅 ↕ 深	轻 ↕ 重
中性	65～52		
基性	52～45		
超基性	<45		

2. 岩浆岩的结构

岩浆岩的结构指岩石中矿物的结晶程度、晶（颗）粒大小、晶（颗）粒形态及晶（颗）粒之间的相互结合情况。岩浆岩的结构特征，是岩浆成分和岩浆冷凝时物理环境的综合反映。

1）按岩石中矿物的结晶程度分类（图1-8）

（1）全晶质结构

岩石全部由结晶的矿物组成，肉眼可见晶粒，晶粒大小均匀。这种结构是岩浆在温度缓慢降低的情况下形成的，为侵入岩特有的结构。按晶粒绝对大小又可分为粗粒（>5mm）、中粒（1～5mm）、细粒（<1mm）。全晶粗粒和全晶中粒为深成岩结构；全晶细粒常为浅成岩结构。

（2）半晶质结构

岩石由结晶的矿物和非晶质矿物组成。这种结构主要为浅成岩具有的结构，有时在喷出岩中也能见到。

（3）非晶质结构

岩石全部由非晶质矿物组成，又称玻璃质结构或火山玻璃。这种结构是岩浆喷出地表迅速冷凝来不及结晶的情况下形成的，为喷出岩特有的结构。

2）按岩石中矿物的晶粒大小分类

（1）显晶质结构

岩石全部由结晶较大的矿物组成，用肉眼或放大镜即可辨认。

（2）隐晶质结构

岩石全部由结晶微小的矿物组成，用肉眼和放大镜均看不见晶粒，只有在显微镜下可识别，是喷出岩结构。

（3）玻璃质结构

岩石全部为非晶质所组成，均匀致密。

3）按岩石中矿物晶粒的相对大小分类

（1）等粒结构

岩石中的矿物全部是显晶质粒状，同种主要矿物结晶颗粒大小大致相等。等粒结构是深成岩特有的结构。

（2）不等粒结构

岩石中同种主要矿物结晶颗粒大小不等，相差悬殊。其中晶形完好、颗粒粗大的称为斑晶，小的称为石基。又可分为：

①斑状结构。实际上矿物全结晶，但肉眼只能看到粗大斑晶粒（常为大于5mm的石英或长石晶体），而包围斑晶的石基多为肉眼不可分辨的极细小晶粒。因此，斑状结构是斑晶被隐晶质石基包围，是浅成或喷出岩结构。

②似斑状结构。矿物全部结晶，肉眼可见晶粒，晶粒大小不均，大于5mm的斑晶被细小晶粒的显晶质石基包围。似斑状结构又称结晶斑状结构，是深成岩结构。

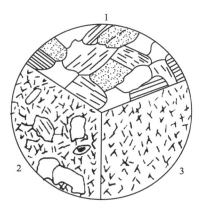

图1-8　岩浆岩按结晶程度划分的三种结构
1-全晶质结构；2-半晶质结构；3-非晶质结构（玻璃质结构）

3. 岩浆岩的构造

岩浆岩的构造指岩浆岩中矿物集合体在空间的排列与充填方式所反映出来的岩石外貌特征。岩浆岩的构造特征，主要决定于岩浆冷凝时的环境。常见的岩浆岩构造有：

（1）块状构造：岩石中矿物均匀分布，无定向排列现象，呈均匀的块体。是绝大多数岩浆岩的构造，侵入岩一般是块状构造，部分喷出岩也是块状构造。

（2）流纹状构造：岩石中柱状、针状矿物、拉长的气孔、不同颜色的条带，相互平行、定向排列，形成流纹状构造，也是喷出岩构造，是酸性喷出岩流纹岩的特有构造。

（3）气孔状构造：岩浆喷出地面迅速冷凝过程中，岩浆中所含气体或挥发性物质从岩浆中逸出后，在岩石中形成的大小不一的气孔，称气孔状构造，也是喷出岩构造。

（4）杏仁状构造：具有气孔状构造的岩石，若后期在其气孔中充填沉淀了某些次生物质

（如石英、方解石等），则称杏仁状构造，也是喷出岩构造。

三、岩浆岩分类及常见岩浆岩的鉴定特征

1. 岩浆岩分类

岩浆岩的分类见表1-4。

岩浆岩分类　　　　　　　　　　　　　　　　表1-4

颜色					浅 ←→ 深			
岩浆类型					酸性	中性	基性	超基性
SiO₂含量（%）					>65	65～52	52～45	<45
				主要矿物	石英 正长石 斜长石	正长石 斜长石	角闪石 斜长石	斜长石 辉石	橄榄石 辉石
				次要矿物	云母 角闪石	角闪石 黑云母 辉石 石英<5%	辉石 黑云母 正长石、 石英<5%	橄榄石 角闪石 黑云母	角闪石 斜长石 黑云母
成因类型	产状	构造	结构						
侵入岩	深成	岩基 岩株	块状	结晶斑状 全晶中、粗粒	花岗岩	正长岩	闪长岩	辉长岩	橄榄岩 辉岩
	浅成	岩床 岩盘 岩墙		斑状 全晶细粒	花岗 斑岩	正长 斑岩	闪长 玢岩	辉绿岩	少见
喷出岩		岩钟 岩流	块状 流纹状 气孔状 杏仁状	斑状 隐晶质	流纹岩	粗面岩	安山岩	玄武岩	少见
				非晶质 （玻璃质）	火山玻璃：黑曜岩、浮岩等				少见

2. 常见岩浆岩的鉴定特征

（1）花岗岩：灰白、肉红色；全晶质等粒结构；块状构造；主要矿物为石英、正长石和斜长石，有时含少量黑云母和角闪石。

（2）花岗斑岩：也称斑状花岗岩，一般为灰红、浅红色；似斑状结构，斑晶多为石英或正长石粗大晶粒，石基多为细小石英和长石晶粒；块状构造；矿物成分与花岗岩相同。

（3）流纹岩：多浅红、浅灰或灰紫色；隐晶质结构，常含少量石英细小晶粒；流纹状构造，常见有被拉长的细小气孔。

（4）正长岩：浅灰或肉红色；全晶质等粒结构；块状构造；主要矿物为正长石及斜长石。

（5）正长斑岩：颜色和矿物成分与正长岩相同；斑状结构，斑晶多为粗大正长石晶粒，石基为微晶或隐晶长石晶体；块状构造。

（6）粗面岩：灰色或浅红色；斑状或隐晶质结构；块状构造；因断裂面多粗糙不平而得名。

（7）闪长岩：灰色或灰绿色；全晶质等粒结构；块状构造；主要矿物成分为角闪石和斜长石。

（8）闪长玢岩：灰绿、灰褐色；斑状结构，斑晶主要是板状白色斜长石粗大晶粒，石基为黑

绿色隐晶质;块状构造;矿物成分同闪长岩。

(9)安山岩:有灰、棕、绿等色;隐晶质结构;块状构造;矿物成分同闪长岩。

(10)辉长岩:深灰、黑绿至黑色;全晶质等粒结构;块状构造;主要矿物为斜长石及辉石。

(11)辉绿岩:多灰绿至黑绿色;隐晶质结构,辉石微小晶体充填于微小晶体空隙中,也称"辉绿结构";块状构造;矿物成分同辉长岩。

(12)玄武岩:灰黑、黑绿至黑色;隐晶质结构;块状、气孔状、杏仁状构造;矿物成分同辉长岩。

(13)橄榄岩:橄榄绿或黄绿色;全晶等粒结构;块状构造;主要矿物为橄榄石和少量辉石。

(14)辉岩:灰黑、黑绿至黑色;全晶等粒结构;块状构造;主要矿物为辉石和少量橄榄石。

(15)黑曜岩:浅红、灰褐及黑色;几乎全部为玻璃质组成的非晶质结构;块状构造或流纹状构造。

(16)浮岩:灰白、灰黄色;为岩浆中泡沫物质在地表迅速冷凝而生成,非晶质结构;气孔状构造。

第三节　沉　积　岩

一、沉积岩的形成过程

沉积岩是地球表面最多见的岩石,从体积上看,沉积岩只占地壳岩石总体积的7.9%,但从分布面积看,沉积岩却占陆地总面积的75%。

沉积岩是在地表或接近地表的常温、常压条件下,由原岩(早期形成的岩浆岩、沉积岩和变质岩)经过下述四个作用过程而形成的。

(一)原岩风化破碎作用

原岩经过风化作用(详见第三章第一节),成为各种松散破碎物质。这些松散破碎物质被称为松散沉积物,是构成新的沉积岩的主要物质来源。此外,在特定环境和条件下,大量生物遗体堆积而成的物质也是沉积物的一部分。风化破碎物质可分为三类:一是大小不等的岩石或矿物碎屑,称碎屑沉积物,大者为体积可达$10m^3$的巨块岩石,小者为粒度仅为$0.075 \sim 0.005mm$的粉状颗粒。二是颗粒粒径小于$0.005mm$的黏粒,称黏土沉积物。三是以离子或胶体分子形式存在于水中的化学成分,例如K^+、Na^+、Ca^{2+}、Mg^{2+}等溶于水中,形成真溶液;而Al、Fe、Si等元素的氧化物、氢氧化物难溶于水,它们的细小分子质点分散到水中,形成胶体溶液。这两种溶液中的化学成分统称为化学沉积物。

(二)沉积物的搬运作用

原岩风化破碎产物除少部分残留在原地外,大部分都要被搬运一定距离。搬运的动力有流水、风力、重力和冰川等。搬运方式则有机械(物理)式和化学式。

(1)机械式搬运:以风力或流水搬运,主要搬运对象是碎屑和黏土沉积物。沉积物在搬运过程中,相互碰撞和磨蚀,沉积物原有棱角逐渐消失,成为卵圆或滚圆形。

（2）化学式搬运：以真溶液或胶体溶液方式的搬运，主要搬运化学沉积物。这种搬运方式可以搬运很远距离，直至进入海洋。

（三）沉积物的沉积作用

1. 碎屑和黏土沉积物的沉积

当搬运动力（如流水）逐渐减小时，被搬运的沉积物按其大小、形状和相对密度不同，先后停止运动而沉积下来。大的比小的先沉积、球状比片状的先沉积、重的比轻的先沉积。

2. 化学沉积物的沉积

真溶液中离子的沉淀和重新结晶与溶液中的 pH 值、温度和压力等许多因素有关，但最终取决于溶液的溶解度和离子浓度之间的关系；浓度超过溶解度时，多余的离子就会重新结晶析出而沉淀。

胶体物质的重新凝聚和沉积，主要由于带正电荷的正胶体物质（如 Fe_2O_3、Al_2O_3 等）与带负电荷的负胶体物体（如 SiO_2、MnO_2 等）相遇，电价中和而凝聚；此外，胶体溶液逐渐脱水干燥，也会使其中的胶体物质凝聚沉积。

（四）成岩作用

松散沉积物经过下述四种成岩作用中的一种或几种后，形成新的坚硬、完整的岩石——沉积岩。

1. 压固脱水作用

沉积物不断沉积，厚度逐渐加大。先沉积在下面的沉积物，承受着上覆越来越厚的新沉积物及水体的巨大压力，使下部沉积物孔隙减小、水分排出、密度增大，最后形成致密坚硬的岩石，称为压固脱水作用。

2. 胶结作用

各种松散的碎屑沉积物被不同的胶结物胶结，形成坚固、完整的岩石。最常见的胶结物有硅质、钙质、铁质和泥质。它们的手标本鉴定特征见表1-5。

胶结物鉴定特征　　　　　　　　　　　　　　　　　　表 1-5

胶结物类型	主要鉴定特征			
	颜色	硬度	滴稀盐酸	其他
硅质	灰白、灰黑	6～7		
钙质	灰白、灰黄	3	剧烈起泡	
铁质	灰红、铁锈	4～5		
泥质	红、灰、黑色	1		遇水软化

3. 重新结晶作用

非晶质胶体溶液陈化、脱水，转化为结晶物质；溶液中微小晶体在一定条件下能长成粗大晶体，这两种现象都可称为重新结晶作用，从而形成隐晶或细晶的沉积岩。

4. 新矿物的生成

沉积物在向沉积岩转化的过程中，除了体积、密度上的变化外，同时还生成与新环境相适应的稳定矿物，例如方解石、燧石、白云石、黏土矿物等新的沉积岩矿物。

由以上沉积岩的形成过程可知，沉积岩的产状均为层状。

二、沉积岩的地质特性

(一)沉积岩的矿物成分

经过沉积岩四个形成作用过程后,原岩中许多矿物已风化、分解、消失,只有石英、长石等少数矿物保存下来。此外,也常见较为坚硬的原岩碎屑。

在沉积物向沉积岩转化过程中,也生成了与新环境相适应的稳定矿物。在沉积岩形成过程中产生的新矿物有:方解石、白云石、黄铁矿、海绿石、黏土矿物、磷灰石、石膏、重晶石、蛋白石和燧石等,这些新矿物被称为沉积矿物,是沉积岩中最常见的矿物成分。

(二)沉积岩的结构

沉积岩的结构是指组成岩石的矿物的颗粒形态、大小和连接形式。沉积岩结构常见的有以下四种。

1. 碎屑状结构

由碎屑物质和胶结物组成的一种结构。按碎屑大小又可细分为:

(1)砾状结构:碎屑颗粒粒径大于2mm。根据碎屑形状,磨圆度差的称角砾状结构,磨圆度好的称圆砾状或砾状结构。

(2)砂质结构:颗粒粒径为0.05~2mm。0.5~2mm为粗砂结构,如粗粒砂岩;0.25~0.5mm为中砂结构,如中粒砂岩;0.05~0.25mm为细砂结构,如细粒砂岩。

(3)粉砂质结构:颗粒粒径为0.005~0.05mm,如粉砂岩。

2. 泥质结构

由粒径小于0.005mm的黏土颗粒形成的结构,是泥岩、页岩等黏土岩的主要结构。

3. 结晶结构

离子或胶体物质从溶液中沉淀或凝聚出来时,经结晶或重新结晶作用形成的是结晶结构,也称化学结构,是石灰岩、白云岩等化学岩的主要结构。化学结构中常见的有结晶粒状(包括显晶和隐晶两种)结构和同生砾状结构(包括豆状、鲕状、竹叶状等)。

4. 生物结构

生物结构是由生物遗体及其碎片所组成的,例如贝壳结构、珊瑚结构等,是生物化学岩所具有的结构。

(三)沉积岩的构造

沉积岩的构造指组成岩石的成分的空间分布和排列方式。

1. 层理构造

沉积岩在形成过程中由于沉积环境的改变,使先后沉积的物质在颗粒大小、形状、颜色和成分上发生变化,从而显示出来的成层现象,称为层理构造。野外观察到的沉积岩都是成层产出的,在地质特性上与相邻层不同的沉积层称为一个岩层。岩层可以是一个单层,也可以是一组层。分隔不同岩层的界面称层面,层面标志着沉积作用的短暂停顿或间断。因此,岩体中的层面往往成为其软弱面。上、下层面之间的一个岩层,在一定范围内,生成条件基本一致。它可以帮助确定该岩层的沉积环境,划分地层层序,进行不同地区岩层层位对比。上、下层面间的垂直距离是该岩层的厚度。岩层厚度划分为以下五种:巨厚层(>1.0m);厚层(0.5~1m);中厚层(0.1~0.5m);薄层(0.001~0.1m);微层(纹层)(<0.001m)。夹在两厚层中间的薄层称夹层。若夹层顺层延伸不远一侧渐薄至消失,称尖灭;两侧尖灭称透镜体。

由于沉积环境和条件不同,有下列几种层理构造形态(图1-9):

(1)水平层理:层理与层面平行,层理面平直,是在稳定和流速很低的水中沉积而成的[图1-9a)]。

(2)斜交层理:又可分为单斜层理和交错层理,不同的层理面与层面斜交成一定角度[图1-9b)、c)]。单斜层理是沉积物单向运动时受流水或风的推力而形成的;交错层理则是由于流体运动方向交替变换而形成的。

(3)波状层理:层理面呈波状起伏,其总方向与层面大致平行。波状层理又可分为平行波状层理和斜交波状层理[图1-9d)、e)]。波状层理是在流体发生波动的情况下形成的。

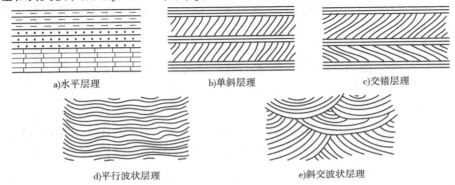

a)水平层理   b)单斜层理   c)交错层理

d)平行波状层理   e)斜交波状层理

图1-9　层理构造

在室内鉴定手标本时,当标本是采自厚层、均质沉积岩中的一小块时,肉眼不能分辨其层理,此时可称为块状构造。碎屑岩和化学岩中的手标本,非层理构造,即块状构造。黏土岩中薄板或薄片状的层理又称页理。

2. 层面构造及结核

(1)层面构造:在沉积岩岩层面上往往保留有反映沉积岩形成时流体运动、自然条件变化遗留下来的痕迹,称层面构造。常见的层面构造有:波痕、雨痕、泥裂等。风或流水在未固结的沉积物表面上运动留下的痕迹,岩石固化后保留在岩石面上,称为波痕(图1-10)。雨痕和雹痕是沉积物层面受雨、雹打击留下的痕迹,固结石化后而形成。黏土沉积物层面失水干缩开裂,裂缝中常被后来的泥沙充填,黏土固结成岩后在黏土岩层面上保留下来称泥裂。

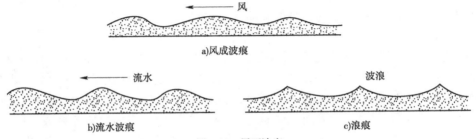

→ 风

a)风成波痕

← 流水

b)流水波痕

波浪

c)浪痕

图1-10　层面波痕

(2)结核:沉积岩中常含有与该沉积岩成分不同的圆球状或不规则形状的无机物包裹体,称结核。通常是沉积物或岩石中某些成分,在地下水活动与交代作用下的结果。常见的结核有碳酸盐、硅质、磷酸盐质、锰质及石膏质结核。

3. 生物构造及化石

（1）生物构造：在沉积岩沉积过程中，由于生物遗体、生物活动痕迹和生态特征埋藏于沉积物中，经固结成岩作用在沉积岩中保留下来，这种构造称为生物构造，如珊瑚礁、虫迹等。

（2）化石：化石是埋藏在沉积物中的古代生物遗体或遗迹，随沉积物成岩也石化成岩石一部分，但其形态却保留下来。化石是沉积岩显著的构造特征，是研究地质发展历史和划分地质年代的重要依据（见第二章第二节）。

三、沉积岩分类及常见沉积岩的鉴定特征

（一）沉积岩分类

沉积岩的分类见表1-6。

沉 积 岩 分 类　　　　　　　　　　　　　　　表 1-6

岩类	结　构		岩石分类名称	主要亚类及其组成物质
碎屑岩类	火山碎屑岩	粒径>100mm	火山集块岩	主要由粒径>100mm的熔岩碎块、火山灰等经压密胶结而成
		粒径为2～100mm	火山角砾岩	主要由粒径为2～100mm的熔岩碎屑、晶屑、玻屑及其他碎屑混入物组成
		粒径<2mm	凝灰岩	由50%以上粒径<2mm的火山灰组成，其中有岩屑、晶屑、玻屑等细粒碎屑物质
	沉积碎屑岩	碎屑结构	砾状结构（粒径>2mm）	砾岩	角砾岩：由带棱角的角砾经胶结而成 砾岩：由浑圆的砾石经胶结而成
			砂质结构（粒径为0.05～2mm）	砂岩	石英砂岩：石英（含量>90%）、长石和岩屑（<10%） 长石砂岩：石英（含量<75%）、长石（>25%）、岩屑（<10%） 岩屑砂岩：石英（含量<75%）、长石（<10%）、岩屑（>25%）
			粉砂质结构（粒径为0.005～0.05mm）	粉砂岩	主要由石英、长石及黏土矿物组成
黏土岩类	泥质结构（粒径<0.005mm）		泥岩	主要由黏土矿物组成
			页岩	黏土质页岩：由黏土矿物组成 炭质页岩：由黏土矿物及有机质组成
化学及生物化学岩类	结晶结构及生物结构		石灰岩	石灰岩：方解石（含量>90%）、黏土矿物（<10%） 泥灰岩：方解石（含量50%～75%）、黏土矿物（25%～50%）
			白云岩	白云岩：白云石（含量90%～100%）、方解石（<10%） 灰质白云岩：白云石（含量50%～75%）、方解石（25%～50%）

此处需要对火山碎屑岩类岩石做一说明。火山碎屑岩由火山喷发的碎屑和火山灰就

地或经过一定距离搬运后沉积、胶结而成的岩石。火山碎屑岩的胶结物可以是一般沉积岩的胶结物,也可以是火山喷出的岩浆。若胶结物为正常沉积物,则形成的火山碎屑岩分别称为层火山集块岩、层火山角砾岩和层火山凝灰岩;若胶结物为喷出岩浆,则分别称为熔火山集块岩、熔火山角砾岩和熔火山凝灰岩;若两种胶结物均有,则把"层"及"熔"字去掉。由于火山碎屑岩类是介于岩浆岩与沉积岩之间的过渡性岩石,本书暂将其列入沉积岩之中。

(二)常见沉积岩的鉴定特征

1. 碎屑岩类

碎屑岩由碎屑和胶结物两部分组成。碎屑岩名称一般也分为两部分,前面是胶结物成分,后面是碎屑的大小和形状。碎屑岩的构造(层理或块状构造)一般不含在岩石名称之内。

(1)角砾岩和砾岩:碎屑粒径大于2mm,棱角明显者为角砾岩;磨圆度较好者为砾岩。定名时常在前面加上胶结物,例如可定名为硅质角砾岩、硅质砾岩,铁质钙质角砾岩、铁质钙质砾岩等。

(2)砂岩:按分类表中砂质结构的粒径大小,砂岩可分为粗、中、细三种。定名时常在前面加上胶结物,例如可定名为硅质粗砂岩、钙质泥质中砂岩、铁质细砂岩等。有时,在砂岩定名中还加上砂粒成分的内容,例如长石砂岩、石英砂岩、杂砂岩等。还需要说明的是,天然沉积的砂粒,其粒径虽有一定分选性,但仍然难免大小粒径混杂在一起。例如中砂的粒径范围是0.25~0.5mm,只要该砂岩中中砂粒含量超过全部砂粒50%以上,即可定为中砂岩。

(3)粉砂岩:粉砂质结构,常有清晰的水平层理。由50%以上粒径介于0.005~0.05mm的粉砂胶结而成,黏土含量小于25%。定名时与砂岩相同,例如泥质粉砂岩。

对碎屑岩的工程性质有着重要影响的除了碎屑岩中的胶结物成分,还与胶结方式有关。其胶结方式有以下三种(图1-11)。

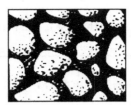 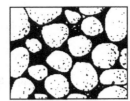 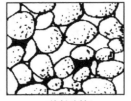

a)基底胶结   b)孔隙胶结   c)接触胶结

图1-11 胶结的三种形式

①基底胶结。碎屑颗粒之间互不接触,散布于胶结物中。这种胶结方式胶结紧密,岩石强度由胶结物成分控制,硅质最强,铁质、钙质次之,泥质最差。

②孔隙胶结。颗粒之间接触,胶结物充满颗粒间孔隙。这是一种最常见的胶结方式,它的工程性质受颗粒成分、形状及胶结物成分影响,差异较大。

③接触胶结。颗粒之间接触,胶结物只在颗粒接触处才有,而颗粒孔隙中未被胶结物充满。这种胶结方式最差,强度低、孔隙度大、透水性强。

2. 黏土岩类

泥质结构;颗粒成分为黏土矿物,常含其他化学成分:硅、钙、铁、碳等;页理构造发育的称页岩,块状构造的称泥岩。

3. 化学岩及生物化学岩

化学结构及生物化学结构;手标本观察其构造可为层理或块状;矿物成分是此类岩石定名的主要依据。常见岩石有:

(1)石灰岩:主要矿物为方解石,有时含少量白云石或粉砂粒、黏土矿物等。纯石灰岩为浅灰白色,含杂质后可为灰黑至黑色,硬度3~4,性脆,遇稀盐酸剧烈起泡。普通化学结构的称普通石灰岩;同生砾状结构的有豆状石灰岩、鲕状石灰岩和竹叶状石灰岩;生物化学结构的有介壳状石灰岩、珊瑚石灰岩等。

(2)白云岩:主要矿物为白云石,有时含少量方解石和其他杂质。白云岩一般比石灰岩颜色稍浅,多灰白色;硬度4~4.5;遇冷盐酸不易起泡,滴镁试剂由紫变蓝。

(3)泥灰岩:主要矿物有方解石和含量高达25%~50%的黏土矿物两种。泥灰岩是黏土岩与石灰岩间的一种过渡类型岩石,颜色有浅灰、浅黄、浅红等;手标本多块状构造;点稀盐酸起泡后,表面残留下黏土物质。

(4)燧石岩:由燧石组成的岩石,性硬而脆;颜色多样,灰黑色较多。在沉积岩中,少量燧石呈结核;局部较多可呈夹层;数量较大的燧石沉积成相当厚度的燧石岩。

第四节 变 质 岩

一、变质岩的形成过程

(一)变质岩及其产状

岩浆岩和沉积岩都有特定的矿物成分、结构和构造。在漫长的地质历史进程中,这些先期生成的岩石(原岩)在地壳中复杂的高温、高压和化学液体等变质因素作用下,会改变原有的矿物成分、结构或构造特征,转变为新的岩石。引起原岩性质发生改变的因素称变质因素,在变质因素作用下使原岩性质改变的过程称变质作用,新生成的岩石称为变质岩。

变质作用基本上是原岩在保持固体状态下、在原位进行的,因此,变质岩的产状大都为和原岩接近的残余产状。由岩浆岩变质形成的变质岩称正变质岩;由沉积岩变质形成的变质岩称副变质岩。正变质岩产状保留岩浆岩产状,副变质岩产状则保留沉积岩的层状。

变质岩在地球表面分布面积占陆地面积1/5。岩石生成年代越老,变质程度越深,该年代岩石中变质岩相对密度越大。例如寒武纪前古老的地壳基底大都由变质岩组成。

(二)变质因素

引起变质作用的主要因素有以下三方面:

1. 温度

高温是引起岩石变质最基本、最积极的因素。促使岩石温度增高的原因有三种:一是地下岩浆侵入地壳带来的热量;二是随地下深度增加而增大的地热,一般认为自地表常温带以下,深度每增加33m,温度提高1℃;三是地壳中放射性元素蜕变释放出的热量。高温使原岩中元素的化学活泼性增大,使原岩中矿物重新结晶,隐晶变显晶、细晶变粗晶,从而改变原结构,并产生新的变质矿物。

2.压力

作用在岩石上的压力分为:

(1)静压力:类似于静水压力,主要是由上覆岩石和水体重量产生的,随深度而增大。静压力使岩石体积受到压缩而变小、相对密度变大,内部结构改变从而形成新矿物。

(2)动压力:也称定向压力,是由地壳运动而产生的。由于地壳各处地壳运动的强烈程度和运动方向都不同,故岩石所受动压力的性质、大小和方向也各不相同。在动压力作用下,原岩中各种矿物发生不同程度的变形甚至破碎。在最大压力方向上,矿物被压融,与最大压力垂直的方向是变形和重结晶生长的有利空间。在动压力作用下,原岩中的针状、片状矿物的长轴方向发生转动,转向与压力垂直方向平行排列;在较高动压力作用下,原岩中的粒状矿物压融变形成长条状,长轴沿与压力垂直方向平行排列。由动压力引起的岩石中矿物沿与压力垂直方向平行排列的构造称片理构造,是变质岩最重要的构造特征。

3.化学活泼性流体

这种流体在变质过程中起溶剂作用。化学活泼性流体包括水蒸气,氧气,CO_2,含 B、S 等元素的气体和液体。这些流体是岩浆分化后期产物,它们与周围原岩中的矿物接触,发生化学交替或分解作用,形成新矿物,从而改变了原岩中的矿物成分。

(三)变质作用

在自然界中,原岩变质很少只受单一变质因素的作用,多受两种以上变质因素的综合作用,但在某个局部地区内,以某一种变质因素起主要作用,其他变质因素起辅助作用。根据起主要作用的变质因素的不同,可将变质作用划分为下述五种类型:

(1)动力变质作用:地壳运动过程中原岩受高压影响而变质的作用,主要使原岩结构压密、碎裂和定向排列。

(2)接触变质作用:岩浆侵入过程中原岩(围岩)受高温影响而变质的作用,又称热力变质作用,主要使原岩熔融并重结晶。当伴随有成分改变时,也称接触交代变质作用。

(3)交代变质作用:原岩受化学活泼性流体因素影响,在固态条件下发生物质交换而变质的作用,又称汽化热液变质作用。主要使原岩化学、矿物成分发生改变。

(4)区域变质作用:在一个范围较大的区域内,例如数百或数千平方千米范围内,由于强烈的地壳运动和岩浆活动,高温、高压和化学活泼性流体三种因素综合作用,区域内岩石普遍变质,称区域变质作用。

(5)混合岩化作用:在区域变质基础上,地壳深部热液和局部重熔岩浆渗透、交代、贯入变质岩中,形成混合岩,这种作用称混合岩化作用。混合岩化作用既是区域变质作用进一步深化的结果,也是变质作用向岩浆作用的过渡。

二、变质岩的地质特性

(一)变质岩的矿物成分

原岩在变质过程中,既能保留部分原有矿物,也能生成一些变质岩特有的新矿物。前者如岩浆岩中的石英、长石、角闪石、黑云母等和沉积岩中的方解石、白云石、黏土矿物等;后者如绢云母、红柱石、硅灰石、石榴子石、滑石、十字石、阳起石、蛇纹石、石墨等。它们是变质岩区别于岩浆岩和沉积岩的又一重要特征。

（二）变质岩的结构

（1）变余结构:变质程度较浅,岩石变质轻微,仍保留原岩中某些结构特征,称变余结构。例如变余花岗结构、变余砾状结构、变余砂质结构、变余泥质结构等。

（2）变晶结构:变质程度较深,岩石中矿物重新结晶较好,基本为显晶,是多数变质岩的结构特征。还可进一步细分为粒状变晶结构、不等粒变晶结构、片状变晶结构、鳞片状变晶结构等。

（3）交代结构:是指矿物或矿物集合体被另外一种矿物或矿物集合体所取代形成的一种结构。矿物之间的取代常常引起物质成分的变化和结构的重新组合。

（4）压碎结构:在较高压力作用下,原岩褶皱、扭曲、碎裂而形成的结构。若原岩碎裂成块状称碎裂结构;若压力极大,原岩破碎成细微颗粒称糜棱结构。

（三）变质岩的构造

1. 片理构造

岩石中矿物呈定向平行排列的构造称片理构造。它是多数变质岩区别于岩浆岩和沉积岩的重要特征。根据所含矿物及变质程度的不同,又可分为以下四种主要构造形式。

（1）片麻状构造:是一种深度变质的构造,由深、浅两种颜色的矿物定向平行排列而成。浅色矿物多为粒状石英或长石,深色矿物多为针状角闪石或片状黑云母等。在变质程度很深的岩石中,不同颜色、不同形状、不同成分的矿物相对集中地平行排列,形成彼此相间、近于平行排列的条带,称条带状构造;在片麻状和条带状岩石中,若局部夹杂晶粒粗大的石英、长石呈眼球状时,则称眼球状构造。

（2）片状构造:以某一种针状或片状矿物为主的定向平行排列构造。片状构造也是一种深度变质的构造。

（3）千枚状构造:岩石中矿物基本重新结晶,并有定向平行排列现象。但由于变质程度较浅,矿物颗粒细小,肉眼辨认困难,仅能在天然剥离面(片理面)上看到片状、针状矿物的丝绢光泽。

（4）板状构造:变质程度最浅的一种构造。泥质、粉砂质岩石受一定挤压后,沿与压力垂直的方向形成密集而平坦的破裂面,岩石极易沿此裂面(也是片理面)剥成薄板,故称板状构造。矿物颗粒极细,只能在显微镜下在板状剥离面上见到一些矿物雏晶。

2. 块状构造

块状构造是指由一种或几种粒状矿物组成、矿物颗粒分布均匀、无定向排列的构造。

三、变质岩分类及常见变质岩的鉴定特征

（一）变质岩分类

变质岩的分类见表1-7。

变质岩分类 表1-7

变质作用	岩石名称	结构	构造		主要矿物成分
区域变质	板岩	变余	片理构造	板状	黏土矿物、云母、绿泥石、石英、长石等
	千枚岩	变余		千枚状	绢云母、石英、长石、绿泥石、方解石等
	片岩	变晶		片状	云母、角闪石、绿泥石、石墨、滑石等
	片麻岩	变晶		片麻状	石英、长石、云母、角闪石、辉石等
混合岩化	混合花岗岩	交代		片麻状	石英、长石
接触变质或区域变质	大理岩	变晶	块状构造		方解石、白云石
	石英岩	变晶			石英
	矽卡岩	变晶			石榴子石、辉石、方解石
交代变质	云英岩	变晶			白云母、石英
	蛇纹岩	隐晶			蛇纹石
动力变质	断层角砾岩	压碎			岩石、矿物碎屑
	糜棱岩	糜棱			石英、长石、绿泥石、绢云母

（二）常见变质岩的鉴定特征

（1）板岩：常见颜色为深灰、黑色；变余结构，常见变余泥质结构或致密隐晶结构；板状构造；黏土及其他肉眼难辨矿物。

（2）千枚岩：通常为灰色、绿色、棕红色及黑色；变余结构，或显微鳞片状变晶结构；千枚状构造；肉眼可辨的主要矿物为绢云母、黏土矿物及新生细小的石英、绿泥石、角闪石矿物颗粒。

（3）片岩类：变晶结构；片状构造，故取名片岩；岩石的颜色及定名均取决于主要矿物成分，例如云母片岩、角闪石片岩、绿泥石片岩、石墨片岩等。

（4）片麻岩类：变晶结构；片麻状构造；浅色矿物多粒状，主要是石英、长石；深色矿物多针状或片状，主要是角闪石、黑云母等，有时含少量变质矿物如石榴子石等。片麻岩进一步定名也取决于主要矿物成分，例如花岗片麻岩、闪长片麻岩、黑云母斜长片麻岩等。

（5）混合花岗岩：变晶结构，晶粒粗大；片麻状、条带状、眼球状构造；矿物成分主要为石英、长石。

（6）大理岩：由石灰岩、白云岩经接触变质或区域变质重结晶作用而成，纯质大理岩为白色，我国建材界称之"汉白玉"。若含杂质时，大理岩可为灰白、浅红、淡绿甚至黑色；等粒变晶结构；块状构造。

（7）石英岩：由石英砂岩或其他硅质岩经重结晶作用而成。纯质石英岩为暗白色，硬度高，有油脂光泽；含杂质后可为灰白、蔷薇或褐色等；等粒变晶结构；块状构造。

（8）矽卡岩：常见由石灰岩经接触交代变质而成。常为暗绿色、暗棕色和浅灰色；细粒至中、粗粒不等粒结构；主要为块状构造；主要矿物为石榴子石、辉石、方解石。

（9）云英岩：由花岗岩经交代变质而成。常为灰白、浅灰色；等粒变晶结构；致密块状构造；主要矿物为石英和白云母。

（10）蛇纹岩：由富含镁的超基性岩经交代变质而成。常为暗绿或黑绿色，风化后则呈现黄绿或灰白色；隐晶质结构；块状构造；主要矿物为蛇纹石，常含少量石棉、滑石、磁铁矿等矿物。

（11）构造角砾岩：是断层破碎带中的产物，也称断层角砾岩。原岩受极大压力而破碎后，经胶结作用而成。一般为碎裂结构；块状构造；碎屑大小形状不均，粒径可由数毫米到数米；胶结物多为细、粉粒岩屑或后期充填的物质。

（12）糜棱岩：高压作用将原岩挤压碾磨成粉末状细屑，又在高压作用下重新结合成致密坚硬的岩石，称糜棱岩。具典型的糜棱结构；块状构造；矿物成分基本与围岩相同，有时含新生变质矿物绢云母、绿泥石、滑石等。糜棱岩也是断层破碎带中的产物。

第五节　岩石的工程性质

岩浆岩、沉积岩和变质岩是岩石的成因分类，它主要讨论岩石的矿物成分、结构和构造等地质特性。对于土木工程人员，更应关注的是直接用于工程设计和施工的岩石工程性质。岩石的工程性质主要指岩石的物理性质、水理性质和力学性质三个方面。

（一）物理性质

常用的岩石物理性质主要包括岩石的重量性质和孔隙性质。表示重量性质的指标是密度和重度、颗粒密度和相对密度；表示孔隙性质的指标是孔隙率。

1. 密度（ρ）和重度（γ）

单位体积岩石的质量称岩石的质量密度，简称密度 ρ（g/cm^3），按式（1-1）计算；单位体积岩石的重力称岩石的重力密度，简称重度 γ（kN/m^3），按式（1-2）计算。

$$\rho = \frac{m}{V} \tag{1-1}$$

$$\gamma = \frac{mg}{V} = \rho g \tag{1-2}$$

式中：m——岩石质量；

　　　V——岩石体积；

　　　g——重力加速度。

天然状态下，单位体积岩石中包括固体颗粒、一定的水和孔（裂）隙三部分，此时测得的重度为岩石的天然重度。若水把所有孔隙充满，则为岩石的饱和重度。若把全部水分烘干，则为岩石的干重度，此时岩石的质量仅为固体颗粒质量，而岩石的体积为固体颗粒体积和孔隙体积之和。常见岩石的密度见表1-8。

常见岩石的密度 表1-8

岩 石 名 称	密度（g/cm^3）	岩 石 名 称	密度（g/cm^3）
花岗岩	2.52～2.81	石灰岩	2.37～2.75
闪长岩	2.67～2.96	白云岩	2.75～2.80
辉长岩	2.85～3.12	片麻岩	2.59～3.06
辉绿岩	2.80～3.11	片　岩	2.70～2.90
砂　岩	2.17～2.70	大理岩	2.75 左右
页　岩	2.06～2.66	板　岩	2.72～2.84

2. 颗粒密度(ρ_s)和相对密度(d_s)

单位体积岩石固体颗粒的质量称岩石的颗粒密度(或固体密度)ρ_s(g/cm³);岩石颗粒密度ρ_s与水在4℃时的密度ρ_w之比称岩石的相对密度d_s(无量纲),$d_s = \rho_s/\rho_w$。由于水在4℃时的密度近似为1g/cm³,故岩石相对密度在数值上与颗粒密度相同。常见岩石的相对密度见表1-9。

常见岩石的相对密度 表1-9

岩石名称	相对密度	岩石名称	相对密度
花岗岩	2.50~2.84	泥灰岩	2.70~2.80
流纹岩	2.65左右	石灰岩	2.48~2.76
凝灰岩	2.56左右	白云岩	2.78左右
闪长岩	2.60~3.10	板岩	2.70~2.84
斑岩	2.30~2.80	石英片岩	2.60~2.80
辉长岩	2.70~3.20	绿泥石片岩	2.80~2.90
辉绿岩	2.60~3.10	角闪片麻岩	3.07左右
玄武岩	2.50~3.30	花岗片麻岩	2.63左右
砂岩	2.60~2.75	石英岩	2.63~2.84
页岩	2.63~2.73	大理岩	2.70~2.87

3. 孔隙率(n)

岩石中孔隙、裂隙的体积与岩石总体积之比称孔隙率(或孔隙度),多用百分数表示,见式(1-3),常见岩石的孔隙率见表1-10。

$$n = \frac{V_V}{V} \times 100\% \tag{1-3}$$

式中:V_V——空隙的体积;

V——岩石总体积。

常见岩石的孔隙率 表1-10

岩石名称	孔隙率(%)	岩石名称	孔隙率(%)
花岗岩	0.04~2.80	泥灰岩	1.00~10.00
闪长岩	0.25左右	石灰岩	0.53~27.00
辉长岩	0.29~1.13	片麻岩	0.30~2.40
辉绿岩	0.29~1.13	片岩	0.02~1.85
玄武岩	1.28左右	板岩	0.45左右
砂岩	1.60~28.30	大理岩	0.10~6.00
页岩	0.40~10.00	石英岩	0.00~8.70

(二)水理性质

水理性质是岩石与水作用时表现出来的特性。

1. 吸水性(w)

表示岩石吸水性的指标有吸水率、饱和吸水率与饱和系数。

(1)吸水率w_1:在常压条件下,岩石浸入水中充分吸水,被吸收的水质量与干燥岩石质量之比为吸水率,按式(1-4)计算。

$$w_1 = \frac{m_{w1}}{m_s} \tag{1-4}$$

式中：m_{w1}——吸水质量（g）；

m_s——干燥岩石的质量（g）。

岩石吸水率大小取决于孔隙率大小，特别是大孔隙的数量。常见岩石的吸水率见表 1-11。

常见岩石的吸水率

表 1-11

岩石名称	吸水率（%）	岩石名称	吸水率（%）
花岗岩	0.10~0.70	花岗片麻岩	0.10~0.70
辉绿岩	0.80~5.00	角闪片麻岩	0.10~3.11
玄武岩	0.3 左右	石英片岩	0.10~0.20
角砾岩	1.00~5.00	云母片岩	0.10~0.20
砂岩	0.20~7.00	板岩	0.10~0.30
石灰岩	0.10~4.45	大理岩	0.10~0.80
泥灰岩	2.14~8.16	石英岩	0.10~1.45

（2）饱和吸水率 w_2：干燥的岩石在相当大的压力（约 150MPa）下，或在真空中保存然后再浸水，使水浸入全部开口的孔隙中，此时的吸水率称为饱和吸水率，按式（1-5）计算。

$$w_2 = \frac{m_{w2}}{m_s} \tag{1-5}$$

式中：m_{w2}——饱和吸水质量（g）。

（3）饱和系数 K_w：岩石的吸水率与饱和吸水率之比称为饱和系数，按式（1-6）计算。

$$K_w = \frac{w_1}{w_2} \tag{1-6}$$

饱和系数是一个计算指标，一般在 0.5~0.9，岩石的吸水率、饱和吸水率和饱和系数越大，岩石的工程性质越差。

2. 透水性（K）

透水性是指岩石容许水透过的能力，用渗透系数 K 表示。渗透系数的大小与岩石孔隙大小以及裂隙的多少、连通度有关。

水在岩石的孔隙、裂隙中渗透流动，大多服从达西定律：

$$Q = KA\frac{\mathrm{d}h}{\mathrm{d}l} = KAi \tag{1-7}$$

式中：Q——岩石中渗透流动的水量（m³/s）；

$\mathrm{d}h$——水流渗透断面两侧的水位差（m）；

$\mathrm{d}l$——水的渗流途径（m）；

A——与渗流水方向垂直的断面面积（m²）；

K——渗透系数（m/s）。

式（1-7）可改写成式（1-8）的形式：

$$v = Ki \tag{1-8}$$

式中:v——渗透速度(m/s);

i——水力坡度,$i = dh/dl$。

由式(1-8)可知,当 $i = 1$ 时,$v = K$,即渗透系数在数值上等于水力坡度为 1 时的渗透速度。

根据岩石的渗透系数可以预测基坑、隧道的涌水量大小。渗透系数 K 是由试验测得的。常见岩石的渗透系数见表 1-12。

常见岩石的渗透系数　　　　　　　　　　　　　表 1-12

岩 石 名 称	岩石渗透系数 K(cm/s)	
	室内试验	野外试验
花岗岩	$10^{-11} \sim 10^{-7}$	$10^{-9} \sim 10^{-4}$
玄武岩	10^{-12}	$10^{-7} \sim 10^{-2}$
砂 岩	$8 \times 10^{-8} \sim 3 \times 10^{-3}$	$3 \times 10^{-8} \sim 1 \times 10^{-3}$
页 岩	$5 \times 10^{-13} \sim 10^{-9}$	$10^{-11} \sim 10^{-8}$
石灰岩	$10^{-13} \sim 10^{-5}$	$10^{-7} \sim 10^{-3}$
白云岩	$10^{-13} \sim 10^{-5}$	$10^{-7} \sim 10^{-3}$
片 岩	10^{-8}	2×10^{-7}

3. 软化性(K_R)

岩石浸水后强度降低的性能称软化性。软化性用软化系数 K_R 表示,它是指岩石饱和状态下与天然风干状态下单轴抗压强度之比。即:

$$K_R = \frac{R_c}{R} \tag{1-9}$$

式中:R_c——饱和状态下岩石单轴极限抗压强度;

R——干燥状态下岩石单轴极限抗压强度。

软化性取决于岩石中矿物成分和孔隙性,富含黏土矿物、孔隙率大的岩石,软化性大,软化系数小。一般来说,软化系数小于 0.75 的岩石具有软化性。常见岩石软化系数见表 1-13。

常见岩石的软化系数　　　　　　　　　　　　　表 1-13

岩 石 名 称	软化系数	岩 石 名 称	软化系数
花岗岩	0.72 ~ 0.97	泥 岩	0.40 ~ 0.60
闪长岩	0.60 ~ 0.80	泥灰岩	0.44 ~ 0.54
辉绿岩	0.33 ~ 0.90	石灰岩	0.70 ~ 0.94
流纹岩	0.75 ~ 0.95	片麻岩	0.75 ~ 0.97
安山岩	0.81 ~ 0.91	石英片岩、角闪片岩	0.44 ~ 0.84
玄武岩	0.30 ~ 0.95	云母片岩、绿泥石片岩	0.53 ~ 0.69
凝灰岩	0.52 ~ 0.86	千枚岩	0.67 ~ 0.96
砾 岩	0.50 ~ 0.96	硅质板岩	0.75 ~ 0.79
砂 岩	0.21 ~ 0.75	泥质板岩	0.39 ~ 0.52
页 岩	0.24 ~ 0.74	石英岩	0.94 ~ 0.96

4. 抗冻性(K_f)

岩石抵抗由水冻结造成破坏的能力称抗冻性。表示岩石抗冻性的指标有岩石强度损失率和岩石质量损失率。饱和岩石在一定负温度(通常为 $-25℃$)条件下,冻结融解 25 次以上,冻融前、后抗压强度差值与冻融前抗压强度之比为强度损失率;冻融前、后岩石质量(干燥岩石质量)差值与冻融前干燥岩石质量之比为质量损失率。强度损失率大于 25% 或质量损失率大于 2% 的岩石是不抗冻的。也可以用饱和系数间接表示岩石抗冻性,饱和系数大于 0.7 的岩石抗冻性差。

(三)力学性质

土木工程中,最常涉及的是岩石的力学性质,主要包括强度和变形两部分。

岩石的强度是指岩石在外力作用下发生破坏时所能承受的最大应力。根据外力施加方式和在岩石内部引起的破坏不同,岩石强度分为抗压强度、抗拉强度、抗剪强度、抗弯强度和双轴及三轴强度等。岩石的各种强度中,抗压强度最大,其次是抗剪强度和抗弯强度,而抗拉强度最小。

为了在野外能用简易方法及时、快速测定岩石强度,发展了点荷载试验和回弹值测定。点荷载试验测得的是间接抗拉强度,回弹值可以推算岩石的抗压强度。

岩石变形性质通常用岩石应力—应变曲线(图 1-12)表示。一般情况下,变形曲线是通过在材料试验机上对岩石试样进行单轴压缩试验,量测岩石试样受压时的应力—应变关系得到的。如果在三轴压力机上进行试验,也可得到应力差—轴向应变曲线。表示岩石变形性质的指标有弹性模量及泊松比。

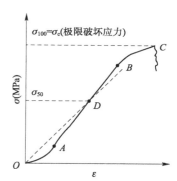

图 1-12 岩石应力—应变曲线

1. 抗压强度(R_c)

抗压强度通常是指岩石的单轴抗压强度,是干燥岩石试样在单轴压缩下能够承受的最大压应力,也称单轴极限抗压强度。常见岩石抗压强度见表 1-14。

常见岩石抗压强度和抗拉强度 表 1-14

岩石名称	R_c(MPa)	R_t(MPa)	岩石名称	R_c(MPa)	R_t(MPa)
花岗岩	100~250	7~25	页岩	5~100	2~10
流纹岩	160~300	12~30	黏土岩	2~15	0.3~1
闪长岩	120~280	12~30	石灰岩	40~250	7~20
安山岩	140~300	10~20	白云岩	80~250	1~25
辉长岩	160~300	12~35	板岩	60~200	7~20
辉绿岩	150~350	15~35	片岩	10~100	1~10
玄武岩	150~300	10~30	片麻岩	50~200	5~20
砾岩	10~150	2~15	石英岩	150~350	10~30
砂岩	20~250	4~25	大理岩	100~250	7~20

2. 抗拉强度(R_t)

岩石试样在单轴拉伸下能够承受的最大拉应力称抗拉强度。抗拉强度须通过拉伸试验测得,但由于岩石大都具有易碎性,难以采用常规的夹具夹持岩石试样的方法进行试验,因此,岩石抗拉强度多采用劈裂试验、点荷载试验等间接方法测定。但在工程实际计算中,通常考虑岩石为不抗拉材料,除了在某些特定情况下,如采用某些需要抗拉强度的强度准则时,才会用到岩石抗拉强度指标。常见岩石抗拉强度值见表 1-14。

3. 抗剪强度(τ)

抗剪强度是指岩石试样在一定法向压应力 σ 作用下能够承受的最大剪应力 τ。剪切强度 τ 由式(1-10)表示:

$$\tau = \sigma \tan\varphi + C \tag{1-10}$$

式中:τ——岩石抗剪强度(MPa);

σ——剪切面上的法向压应力(MPa);

φ——岩石内摩擦角(°),$f = \tan\varphi$,称为摩擦系数;

C——岩石黏聚力(MPa)。

式(1-10)表达了黏聚力和摩擦角同时作用下的抗剪强度,此时的抗剪强度也称抗剪断强度。当剪切力沿岩石中已有的一个平直、光滑破裂面发生剪切滑动时,$C = 0$,仅由岩石破裂面间的摩擦阻力(即 σ 和 φ)抵抗剪切滑移,$\tau = \sigma \tan\varphi$,称为抗摩擦强度,也称抗剪强度。当 $\sigma = 0$ 时,表示无法向应力,此时仅由岩石黏聚力 C 抵抗剪切,$\tau = C$,称为岩石抗切强度。常见岩石的抗剪强度指标见表 1-15。

常见岩石的抗剪强度指标　　　　表 1-15

岩 石 名 称	C(MPa)	φ(°)	岩 石 名 称	C(MPa)	φ(°)
花岗岩	10~50	45~60	页岩	2~30	20~35
流纹岩	15~50	45~60	石灰岩	3~40	35~50
闪长岩	15~50	45~55	白云岩	4~45	35~50
安山岩	15~40	40~50	板岩	2~20	35~50
辉长岩	15~50	45~55	片岩	2~20	30~50
辉绿岩	20~60	45~60	片麻岩	8~40	35~55
玄武岩	20~60	45~55	石英岩	20~60	50~60
砂岩	4~40	35~50	大理岩	10~30	35~50

4. 弹性模量(E)

弹性模量源自于岩石变形试验,图 1-12 为一条理想化的岩石变形曲线。由图可见,岩石受力变形至破坏可分为三个阶段:OA 段为裂隙压密阶段,曲线斜率随应力增加而增大;AB 段为弹性变形阶段,应力与应变之间呈线性关系;BC 段为塑性变形、裂隙扩展阶段,岩石变形不再恢复,裂隙扩展,达到 C 点岩石破坏。

岩石的弹性模量是变形曲线弹性段(直线段)的斜率。但大多数情况下难以获得理想的直线段,因此,可以采用不同方法定义应力—应变的比例系数,比如曲线上任意一点的应力和应变之比,或者任意一点与坐标原点的连线的斜率等。此时得到的模量实际上是变形模量,但在工程应用中,变形模量也统称弹性模量。实际工作中广泛采用 OD 连线的斜率作为弹性模量,即 $E_{50} = \sigma_{50} / \varepsilon_D$,$D$ 点为极限破坏应力的一半。常见岩石的弹性模量见表 1-16。

5. 泊松比(ν)

单轴压缩下岩石横向应变与纵向应变之比称为泊松比,通过单轴压缩试验可以得到岩石的泊松比。表1-16列出了常见岩石的泊松比。

常见岩石的弹性模量与泊松比   表1-16

岩 石 名 称	$E(\times 10^4 \mathrm{MPa})$	ν	岩 石 名 称	$E(\times 10^4 \mathrm{MPa})$	ν
花岗岩	5~10	0.1~0.3	页岩	0.2~8	0.2~0.4
流纹岩	5~10	0.1~0.25	石灰岩	5~10	0.2~0.35
闪长岩	7~15	0.1~0.3	白云岩	5~9.4	0.15~0.35
安山岩	5~12	0.2~0.3	板岩	2~8	0.2~0.3
辉长岩	7~15	0.1~0.3	片岩	1~8	0.2~0.4
玄武岩	6~12	0.1~0.35	片麻岩	1~10	0.1~0.35
砂岩	0.5~10	0.2~0.3	石英岩	6~20	0.08~0.25

6. 波速(V)

岩石中弹性波传播的速度称为波速。根据质点振动方向的不同,波速又可分为纵波波速 V_p 和横波波速 V_s。岩石的波速反映了岩石内部结构的完整性和传递能量的能力,可以用来衡量岩石某些特定的工程性质。比如,场地波速就是抗震计算的重要岩石参数。通过波速的测试,还可以获得动力学计算所需的动参数,如动弹性模量、动泊松比。常见岩石的波速见表1-17。

常见岩石的弹性波速度   表1-17

岩 石 名 称	$V_p(\mathrm{m/s})$	$V_s(\mathrm{m/s})$	岩 石 名 称	$V_p(\mathrm{m/s})$	$V_s(\mathrm{m/s})$
玄武岩	4570~7500	3050~4500	石灰岩	2000~6000	1200~3500
安山岩	4200~5600	2500~3300	石英岩	3030~5160	1800~3200
闪长岩	5700~6450	2793~3800	片岩	5800~6420	3500~3800
花岗岩	4500~6500	237~3800	片麻岩	6000~6700	3500~4000
辉长岩	5300~6560	3200~4000	板岩	3650~4450	2160~2860
砂岩	1500~4000	915~2400	大理岩	5800~7300	3500~4700
页岩	1330~3790	780~2300	千枚岩	2800~5200	1800~3200
砾岩	1500~2500	900~1500			

第二章 地质构造及地质图

第一节 地壳运动

一、地壳运动的基本形式

地球作为一个天体,自形成以来就一直不停地运动着。地壳作为地球最外层的薄壳(主要指岩石圈),自形成以来也一直不停地运动着。地壳运动又称构造运动,指主要由地球内力引起岩石圈产生的机械运动。它是使地壳产生褶皱、断裂等各种地质构造,引起海、陆分布变化,地壳隆起和凹陷,以及形成山脉、海沟,产生火山、地震等的基本原因。按时间顺序,将晚第三纪以前的构造运动称为古构造运动,晚第三纪以后的构造运动称新构造运动,人类历史时期发生的构造运动称为现代构造运动。

地壳运动的基本形式有两种,即水平运动和垂直运动。

(1)水平运动。指地壳沿地表切线方向产生的运动。主要表现为岩石圈的水平挤压或拉伸,引起岩层的褶皱和断裂,可形成巨大的褶皱山系、裂谷和大陆漂移等,如印度洋板块挤压欧亚板块并插入欧亚板块之下,使5000万年前还是一片汪洋的喜马拉雅山地区逐渐抬升成现在的“世界屋脊”。

(2)垂直运动。指地壳沿地表法线方向产生的运动。主要表现为岩石圈的垂直上升或下降,引起地壳大面积的隆起和凹陷,形成海侵和海退等。如台湾高雄附近的珊瑚灰岩,更新世以来,已被抬升到海面上350m高处,现在的江汉平原,从晚第三纪以来,下降了10000多米,形成巨厚的沉积层。

水平运动和垂直运动是紧密联系的,在时间和空间上往往交替发生。

一般情况下,地壳运动是十分缓慢的,人们甚至难以察觉。如喜马拉雅山脉从海底上升到海平面以上8000多米的高山,每万年平均才上升2.4cm,但其长期的积累却是惊人的。有时,地壳运动可以以十分剧烈的方式表现出来,如地震、火山喷发等。1976年7月28日的唐山大地震,造成极震区70%~80%的建筑物倒塌或严重破坏,死亡20余万人。

二、地壳运动成因的主要理论

地壳运动的成因理论,主要是解释地壳运动的力学机制。自地质学诞生的一百多年来,人们先后提出过不同的假说以解释地壳运动的原因和运动机制。主要有对流说、均衡说、地球自转说和板块运动说等,目前,在地质学中占主导地位的是板块运动学说。

(1)对流说。认为地幔物质已成塑性状态,并且上部温度低,下部温度高,在温差的作用下形成缓慢对流,从而导致上覆地壳运动。

（2）均衡说。认为地幔内存在一个重力均衡面,均衡面以上的物质重力均等,但因密度不同而表现为厚薄不一。当地表出现剥蚀或沉积时,重力发生变化,为维持均衡面上重力均等,均衡面上的地幔物质将产生移动,以弥补地表的重力损失,从而导致上覆地壳运动。

（3）地球自转说。认为地球自转速度产生的快慢变化,导致了地壳运动。当地球自转速度加快时,一方面惯性离心力增加,导致地壳物质向赤道方向运行,另一方面切向加速度增加,导致地壳物质由西向东运动。当基底黏着力不同时,引起地壳各部位运动速度不同,从而产生挤压、拉张、抬升、下降等变形、变位。当地球自转速度减慢时,惯性离心力和切向加速度均减小,地壳又产生相反方向的恢复运动,同样因基底黏着力不同,引起地壳变形、变位,故在地壳形成一系列纬向和经向的山系、裂谷、隆起和凹陷。

（4）板块运动说。板块运动学说是在大陆漂移说和海底扩张说的基础上提出的。该学说认为地球在形成过程中,表层冷凝成地壳,以后地球内部热量在局部聚集成高热点,并将地壳胀裂成六大板块(图 2-1)。各大板块之间由大洋中脊和海沟分开,地球内部高热点热能通过大洋中脊的裂谷得以释放,热流上升到大洋中脊的裂谷时,一部分热流遇海水冷却,在裂谷处形成新的洋壳;另一部分热流则沿洋壳底部向两侧流动,从而带动板块漂移。故在大洋中脊不断组成新的洋壳,而在海沟处地壳相互挤压、碰撞,有的抬升成高大的山系,有的插入地幔内熔解。在挤压碰撞带,因板块间的强烈摩擦,形成局部高温和积累了大量的应变能,常构成火山带和地震带。各大板块中还可划分出若干次级板块,各板块在漂移中因基底黏着力不同,使运动速度不一,同样可引起地壳变形、变位。

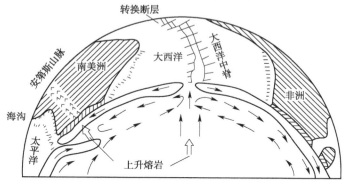

图 2-1　地幔对流拉动岩石圈板块移动(海底扩张)

（据 J. Wylie,1975）

第二节　地　质　年　代

研究地球发展历史及其规律的学科是地史学。地史学中,将各种地质事件发生的先后次序和绝对时间称为地质年代。将各地质年代因岩浆活动形成的岩体及沉积作用形成的岩层的总和,称为该时代的地层。地层的新、老关系,对判定地质构造发生的时间,确认褶皱、断层等地质构造形态的存在与性质,有着非常重要的作用。确定地层新、老关系的方法有两种,即绝对年代法和相对年代法。

一、绝对年代法

绝对年代法是指通过确定地层形成时的准确时间,依此排列出各地层新、老关系的方法。地层形成时的准确时间,主要是通过测定地层中的放射性同位素年龄来确定。放射性同位素(母同位素)是一种不稳定元素,在天然条件下发生蜕变,自动放射出某些射线(α、β、γ 射线),从而蜕变成另一种稳定元素(子同位素)。放射性同位素的蜕变速度是恒定的,不受温度、压力、电场、磁场等因素的影响,即以一定的蜕变常数进行蜕变。主要用于测定地质年代的放射性同位素的蜕变常数见表 2-1。

常用同位素及其蜕变常数   表 2-1

母 同 位 素	子 同 位 素	半衰期(年)	蜕变常数(年$^{-1}$)
铀(U^{238})	铅(Pb^{206})	4.5×10^9	1.54×10^{-10}
铀(U^{235})	铅(Pb^{207})	7.1×10^8	9.72×10^{-10}
钍(Th^{282})	铅(Pb^{208})	1.4×10^{10}	0.49×10^{-10}
铷(Rb^{87})	锶(Sr^{87})	5.0×10^{10}	0.14×10^{-10}
钾(K^{40})	氩(Ar^{40})	1.5×10^9	4.72×10^{-10}
碳(C^{14})	氮(N^{14})	5.7×10^3	

当测定岩石中所含放射性同位素的重量 P,以及它蜕变产物的重量 D 时,就可利用蜕变常数 λ,按式(2-1)计算其形成年龄 t:

$$t = \frac{1}{\lambda} \ln\left(1 + \frac{D}{P}\right) \tag{2-1}$$

目前,世界各地地表出露的古老岩石都已进行了同位素年龄测定,如南美洲圭亚那的角闪岩为(4130 ± 170)Ma(Ma:百万年),我国冀东络云母石英岩为 $3650 \sim 3770$Ma。

二、相对年代法

相对年代法是通过比较各地层的沉积顺序、古生物特征和地层接触关系来确定其形成先后顺序的一种方法。相对地质年代中不包含用"年"表示的时间概念,但能说明岩层形成的先后顺序及其相对的新老关系。因无需精密仪器,故在地质工作中被广泛采用。

(一)地层层序法

沉积岩能清楚地反映岩层的叠置关系。一般情况下,先沉积的老岩层在下,后沉积的新岩层在上。只要把一个地区所有地层按由下向上的顺序衔接起来,就可确定其新老关系。当地层挤压使地层倒转时,新老关系相反。如图 2-2 所示。

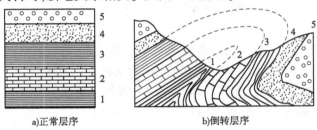

a)正常层序   b)倒转层序

图 2-2   地层层序法(1~5 代表岩层由老至新)

一个地区在地质历史上不可能永远处在沉积状态,常常是一个时期下降接受沉积,另一个时期抬升产生剥蚀。因此,现今任何地区保存的地质剖面中都会缺失某些时代的地层,造成地质记录不完整。故需对各地地层层序剖面进行综合研究,把各个时期出露的地层拼接起来,建立较大区域乃至全球的地层顺序系统,称为标准地层剖面。通过标准地层剖面的地层顺序,对照某地区的地层情况,也可排列出该地区地层的新老关系。

沉积岩的层面构造也可作为鉴定其新老关系的依据。例如泥裂开口所指的方向、虫迹开口所指的方向、波痕波峰所指的方向,均为岩层顶面,即新岩层方向,可据此判定岩层的正常与倒转,如图 2-3 所示。

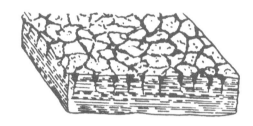

图 2-3 层面沉积特征(泥裂)

(二)古生物法

在地质历史上,地球表面的自然环境总是不停地出现阶段性变化。地球上的生物为了适应地球环境的改变,也不得不逐渐改变自身的结构,称为生物演化,即地球上的环境改变后,一些不能适应新环境的生物大量死亡,甚至绝种;而另一些生物则通过逐步改变自身的结构,形成新的物种,以适应新环境,并在新环境下大量繁衍。这种演化遵循由简单到复杂、由低级到高级的原则,即地质时期越古老,生物结构越简单,地质时期越新,生物结构越复杂。因此,埋藏在岩石中的生物化石结构也反映了这一过程。化石结构越简单,地层时代越老,化石结构越复杂,地层时代越新,即可依据岩石中的化石种属来确定岩石的新老关系。在某一环境阶段,能大量繁衍、广泛分布,从发生、发展到灭绝的时间越短,并且特征显著的生物,其化石称为标准化石。在每一地质历史时期都有其代表性的标准化石,如寒武纪的三叶虫、奥陶纪的珠角石、志留纪的笔石、泥盆纪的石燕、二叠纪的大羽羊齿、侏罗纪的恐龙等,如图 2-4 所示。

(三)地层接触关系法

地层间的接触关系,是构造运动、岩浆活动和地质发展历史的记录。沉积岩、岩浆岩及其相互间均有不同的接触类型,据此可判别地层间的新老关系。

1. 沉积岩间的接触关系

沉积岩间的接触,基本上可分为整合接触与不整合接触两大类型。

(1)整合接触

一个地区在持续稳定的沉积环境下,地层依次沉积,各地层之间彼此平行,地层间的这种连续、平行的接触关系称为整合接触。其特点是:沉积时间连续,上、下岩层产状基本一致,如图 2-5a)所示。

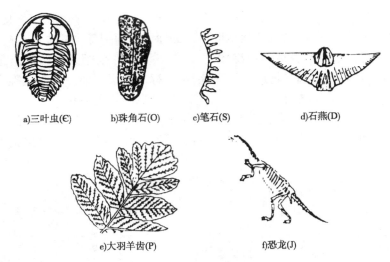

a)三叶虫(Є)   b)珠角石(O)   c)笔石(S)   d)石燕(D)

e)大羽羊齿(P)   f)恐龙(J)

图 2-4   几种标准化石图版

（2）不整合接触

当沉积岩地层之间有明显的沉积间断时,即沉积时间明显不连续,有一段时期没有沉积,称为不整合接触。不整合接触又可分为平行不整合接触和角度不整合接触两类。

①平行不整合接触:又称假整合接触。指上、下两套地层间有沉积间断,但岩层产状仍彼此平行的接触关系。它反映了地壳先下降接受稳定沉积,再抬升到侵蚀基准面以上接受风化剥蚀,然后又下降接受稳定沉积的地史过程,如图 2-5b)所示。

②角度不整合接触:指上、下两套地层间,既有沉积间断,岩层产状又彼此有一定角度差异的接触关系。它反映了地壳先下降沉积,再挤压变形和上升剥蚀,然后下降沉积的地史过程,如图 2-5c)所示。角度不整合接触关系容易与断层混淆,两者的区别是:角度不整合接触界面处有风化剥蚀形成的底砾岩;而断层界面处则无底砾岩,一般为构造岩。

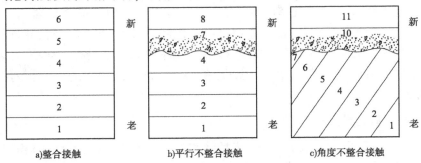

a)整合接触   b)平行不整合接触   c)角度不整合接触

图 2-5   沉积岩的接触关系

2.岩浆岩间的接触关系

主要表现为岩浆岩间的穿插接触关系(图 2-6)。后期生成的岩浆岩Ⅱ常插入早期生成的岩浆岩Ⅰ中,将早期岩脉或岩体切隔开。

3.沉积岩与岩浆岩之间的接触关系

沉积岩与岩浆岩之间的接触关系可分为侵入接触和沉积接触两类。

（1）侵入接触:指后期岩浆岩侵入早期沉积岩的一种接触关系,如图 2-7a)所示。早期沉积岩受后期岩浆挤压、烘烤并进行化学反应,在沉积岩与岩浆岩交界带附近形成一层变质带,称变质晕。

图2-6 岩浆岩的穿插关系

(2)沉积接触:指后期沉积岩覆盖在早期岩浆岩上的一种接触关系。早期岩浆岩因表层风化剥蚀,在后期沉积岩底部常形成一层含岩浆岩砾石的底砾岩,如图2-7b)所示。

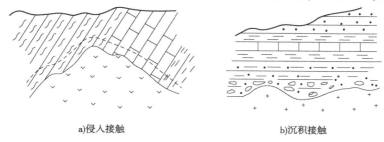

a)侵入接触   b)沉积接触

图2-7 沉积岩与岩浆岩的接触关系

三、地质年代单位与年代地层单位

划分地质年代单位和年代地层单位的主要依据是地壳运动和生物演变。地质学家根据几次大的地壳运动和生物界大的演变,把地质历史划分为隐生宙和显生宙两个大阶段,宙再细分为五个"代",每个代又分为若干"纪",纪内因生物发展及地质情况不同,又进一步划分为若干"世"和"期",以及一些更细的段落,这些统称为地质年代单位。

在地质历史上每个地质年代都有相应的地层形成,又赋予相应的地层单位(称为年代地层单位或时间地层单位),年代地层单位与地质年代单位的对应关系见表2-2。这些单位经国际地层委员会通过并在世界范围内通用。

地质年代单位与年代地层单位

表2-2

地质年代单位	宙	代	纪	世	期
年代地层单位	宇	界	系	统	阶

在此基础上,各国结合自己的实际情况,又建立了自己的地层年代表。我国在区域地质调查中常采用多重地层划分原则,即除上述地层单位外,主要使用岩石地层单位。

岩石地层单位是以岩石特征及其相对应的地层位置为基础的地层单位。没有严格的时限,往往呈现有规则的穿时现象。岩石地层最大单位为群,群再细分为组,组再细分为段,段再细分为层。

群:包括两个以上的组,群以重大沉积间断或不整合界面划分。

组:以同一岩相,或某一岩相为主,夹有其他岩相,或不同岩相交互构成。其中,岩相是指岩石形成的地理环境,如海相、陆相、泻湖相、河流相等。组是最常使用的地层单位,它是根据一定地区的岩石性质和岩层组合特征为基本划分,以代表性地层剖面的地名来命名的。

段:段为组的组成部分,由同一岩性特征构成。组不一定都划分出段。

层:指段中具有显著特征,可区别于相邻岩层的单层或复层。

四、地质年代表

第一个地质年代表是1756年由莱曼和以后的维尔纳提出的。现代的地质年代表是在19世纪发展起来的。

应用上述方法,根据地层形成顺序、生物演化阶段、构造运动、古地理特征以及同位素年龄测定,对全球性地层进行划分和对比,综合得出全球地质年代表,见表2-3。

地 质 年 代 表　　　　　　　　　　　　　　　表2-3

| 地质时代(地层系统及代号) | | | | 同位素年龄值 (Ma) | 生 物 界 | | 构造阶段 及构造运动 | |
宙(宇)	代(界)	纪(系)	世(统)		植物	动物		
显生宙(宇)	新生代(界 Kz)	第四纪(系 Q)	全新世(统 Q₄)	2	被子植物繁盛	出现人类	新阿尔卑斯构造阶段	(喜马拉雅构造阶段)
			晚更新世(统 Q₃)					
			中更新世(统 Q₂)					
			早更新世(统 Q₁)					
		第三纪(系 R)	晚第三纪(系 N)	上新世(统 N₂)	26		哺乳动物及鸟类繁盛		
				中新世(统 N₁)					
			早第三纪(系 E)	渐新世(统 E₃)					
				始新世(统 E₂)	65				
				古新世(统 E₁)					
	中生代(界 Mz)	白垩纪(系 K)	晚白垩世(统 K₂)	137	裸子植物繁盛	爬行动物繁盛	无脊椎动物继续演化发展	老阿尔卑斯构造阶段	燕山构造阶段
			早白垩世(统 K₁)					
		侏罗纪(系 J)	晚侏罗世(统 J₃)	193				
			中侏罗世(统 J₂)					
			早侏罗世(统 J₁)					
		三叠纪(系 T)	晚三叠世(统 T₃)	230				印支构造阶段
			中三叠世(统 T₂)					
			早三叠世(统 T₁)					
	古生代(界 Pz)	上古生代(界 Pz₂)	二叠纪(系 P)	晚二叠世(统 P₂)	283	蕨类及原始裸子植物繁盛	两栖动物繁盛		(海西)华力西构造阶段
				早二叠世(统 P₁)					
			石炭纪(系 C)	晚石炭世(统 C₃)	350				
				中石炭世(统 C₂)					
				早石炭世(统 C₁)					
			泥盆纪(系 D)	晚泥盆世(统 D₃)	400	裸蕨植物繁盛	鱼类繁盛		
				中泥盆世(统 D₂)					
				早泥盆世(统 D₁)					

续上表

地质时代（地层系统及代号）				同位素年龄值（Ma）	生物界		构造阶段及构造运动
宙（字）	代（界）	纪（系）	世（统）		植物	动物	
显生宙（字）	古生代（界Pz）	下古生代（界Pz₁） 志留纪（系S）	晚志留世（统S₃）	435	裸蕨植物繁盛	海生无脊椎动物繁盛	加里东构造阶段
			中志留世（统S₂）				
			早志留世（统S₁）		藻类及菌类植物繁盛		
		奥陶纪（系O）	晚奥陶世（统O₃）	500			
			中奥陶世（统O₂）				
			早奥陶世（统O₁）				
		寒武纪（系Є）	晚寒武世（统Є₃）	570			
			中寒武世（统Є₂）				
			早寒武世（统Є₁）				
隐生宙（字）	元古代（界Pt）	晚元古代（界Pt₃） 震旦纪（系Z）	晚震旦世（统Z₂）	800		裸露无脊椎动物出现	晋宁运动
			早震旦世（统Z₁）				
				1000		生命现象开始出现	吕梁运动
		中元古代（界Pt₂）		1900			
		早元古代（界Pt₁）		2500			五台运动 阜平运动
	太古代Ar			4600		地球形成	

第三节　岩层及岩层产状

　　构造运动引起地壳岩石变形和变位，这种变形、变位被保留下来的形态称为地质构造。地质构造的规模有大有小，但它们都是地壳运动的产物，都经历了长期复杂的地质过程。地质构造有三种主要类型：倾斜岩层、褶皱和断裂。

一、岩层

　　成层的岩石称为岩层，受地质构造作用的影响，岩层的分布状态可以是水平、倾斜、直立的。岩层的空间分布状态称为岩层产状，岩层按其产状可分为水平岩层、倾斜岩层和直立岩层。

　　（1）水平岩层。指岩层倾角为0°的岩层。绝对水平的岩层很少见，习惯上将倾角小于

5°的岩层都称为水平岩层,也称为水平构造。水平岩层一般出现在构造运动轻微的地区或大范围内均匀抬升、下降的地区,一般分布在平原、高原或盆地中部。水平岩层中新岩层总是位于老岩层之上,当岩层受切割时,老岩层出露在河谷低洼区,新岩层出露于高岗上。在同一高程的不同地点,出露的是同一岩层,如图 2-8a) 所示。

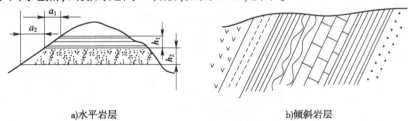

a)水平岩层   b)倾斜岩层

图 2-8   水平岩层与倾斜岩层

a-露头宽度;h-岩层厚度

(2)倾斜岩层。指岩层面与水平面有一定夹角的岩层。自然界绝大多数岩层是倾斜岩层,倾斜岩层是构造挤压或大区域内不均匀抬升、下降,使岩层向某个方向倾斜而成的,如图 2-8b) 所示。一般情况下,倾斜岩层仍然保持顶面在上、底面在下,新岩层在上、老岩层在下的产出状态,称为正常倾斜岩层。当构造运动强烈,使岩层发生倒转,出现底面在上、顶面在下,老岩层在上、新岩层在下的产出状态时,称为倒转倾斜岩层,如图 2-9a) 所示。

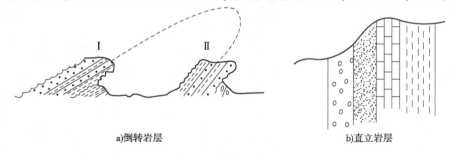

a)倒转岩层   b)直立岩层

图 2-9   倒转岩层与直立岩层

Ⅰ-正常层序,波峰朝上;Ⅱ-倒转层序,波峰朝下

岩层的正常与倒转主要依据化石确定,也可依据岩层层面构造特征(如岩层面上的泥裂、波痕、虫迹、雨痕等)或标准地质剖面来确定。

倾斜岩层按倾角 α 的大小又可分为缓倾岩层($\alpha < 30°$)、陡倾岩层($30° < \alpha < 60°$)和陡立岩层($\alpha > 60°$)。

(3)直立岩层。指岩层倾角等于90°时的岩层。绝对直立的岩层也较少见,习惯上将岩层倾角大于85°的岩层都称为直立岩层,如图 2-9b) 所示。直立岩层一般出现在构造强烈挤压的地区。

二、岩层产状

1. 产状三要素

确定岩层在空间分布状态的要素称为岩层产状要素。一般用岩层面在空间的水平延伸方向、倾斜方向和倾斜程度进行描述,分别称为岩层的走向、倾向和倾角,如图 2-10 所示。

（1）走向。岩层面与水平面的交线所指的方向（OA 和 OB），该交线是一条直线，被称为走向线，它有两个方向，相差180°。

（2）倾向。岩层面上最大倾斜线在水平面上投影所指的方向（OD'）。该投影线是一条射线，被称为倾向线，只有一个方向，倾向线与走向线互为垂直关系。

（3）倾角。岩层面与水平面的夹角。一般指最大倾斜线与倾向线之间的夹角，又称真倾角，如图2-10中的 α 角。

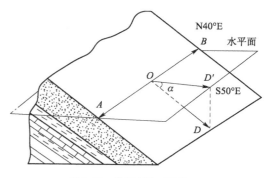

图 2-10 岩层产状三要素

2. 产状要素的测量与记录

（1）产状要素的测量：岩层各产状要素的具体数值，一般在野外用地质罗盘仪在岩层面上直接测量和读取。地质罗盘仪的构造如图2-11 所示。

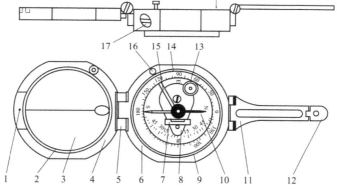

图 2-11 地质罗盘仪构造

1-瞄准钉;2-固定圈;3-反光镜;4-上盖;5-连接合页;6-外壳;7-长水准器;8-倾角指示器;9-压紧圈;10-磁针;
11-长照准合页;12-短照准合页;13-圆水准器;14-方位刻度环;15-拨杆;16-开关螺钉;17-磁偏角调整器

①岩层走向的测定。测走向时，先将罗盘上平行于刻度盘南北方向的长边贴于层面，然后放平，使圆水准泡居中，这时指北针（或指南针）所指刻度盘的读数，就是岩层走向的方位。走向线两端的延伸方向均是岩层的走向，所以同一岩层的走向有两个数值，相差180°。

②岩层倾向的测定。测倾向时，将罗盘上平行于刻度盘东西方向的短边与走向线平行，同时将罗盘的北端指向岩层的倾斜方向，调整水平，使圆水准泡居中后，这时指北针所指的度数就是岩层倾向的方位。倾向只有一个方向，同一岩层面的倾向与走向相差90°。

③岩层倾角的测定。测倾角时，将罗盘上平行于刻度盘南北方向的长边竖直贴在倾斜线上，紧贴层面使长边与岩层走向垂直，转动罗盘背面的倾斜器，使长管水准泡居中后，倾角指示针所指刻度盘读数就是岩层的倾角。

为测量方便起见，当岩层面出露不佳时，常利用硬纸片或金属薄片插入岩层面中，用测量纸片的产状数据，代替岩层的产状。

后面将要讲到的褶皱轴面、节理面或裂隙面、断层面等形态的产状意义、表示方法和测定方法，均与岩层相同。

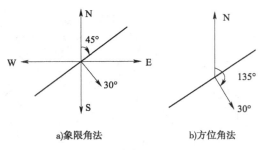

a)象限角法   b)方位角法

图 2-12　象限角法和方位角法

（2）产状要素的记录：由地质罗盘仪测得的数据，一般有两种记录方法，即象限角法和方位角法，如图 2-12 所示。

①象限角法。以东、南、西、北为标志，将水平面划分为 4 个象限，以正北（或正南）方向为 0°，正东（或正西）方向为 90°，再将岩层产状投影在该水平面上，将走向线和倾向线所在的象限以及它们与正北（或正南）方向所夹的锐角记录下来。一般按走向、倾角、倾向的顺序记录。例如 N45E ∠30SE 表示该岩层产状走向 N45E，倾角 30°，倾向 SE。

②方位角法。将水平面按顺时针方向划分为 360°，以正北方向为 0°。再将岩层产状投影到该水平面上，将走向线和倾向线与正北方向所夹角度记录下来，一般按倾向、倾角的顺序记录。例如 135∠30 表示该岩层产状为倾向距正北方向 135°，倾角 30°。

（3）产状要素的图示：在地质图上，产状要素用符号表示。例如，⚲30，长线表示走向线，短线表示倾向线，短线旁的数字表示倾角，当岩层倒转时，应画倒转岩层的产状符号，例如，⚲30，岩层产状符号应将走向线与倾向线交点画在测点位置。

第四节　褶皱构造

在构造运动作用下，岩层产生的连续弯曲变形形态，称为褶皱构造。绝大多数褶皱是在水平挤压作用下形成的，如图 2-13a）所示；有的褶皱是在垂直作用力下形成的，如图 2-13b）所示；还有一些褶皱是在力偶的作用下形成的，如图 2-13c）所示，且多发育在夹于两个坚硬岩层间的较弱岩层中或断层带附近。褶皱是地壳上广泛分布的最常见的地质构造形态，它在沉积岩层中最为明显，在块状岩体中则很难见到。褶皱构造的规模差异很大，大型褶皱构造延伸几十千米，小的褶皱构造在手标本上也可见到。

a)水平挤压力   b)垂直作用力   c)力偶作用

图 2-13　褶皱的力学成因

褶皱构造中任何一个单独的弯曲都称为褶曲，褶曲是组成褶皱的基本单元。褶曲有背斜和向斜两种基本形态，如图 2-14 所示。

（1）背斜。岩层弯曲向上凸出，核部地层时代老，两翼地层时代新。正常情况下，两翼地层相背倾斜。背斜经风化剥蚀后，组成背斜的地层在地面的分布规律是：从中心至两侧，地层由老至新呈对称重复出现。

（2）向斜。岩层弯曲向下凹陷，核部地层时代新，两翼地层时代老。正常情况下，两翼地层相向倾斜。向斜经风化剥蚀后，组成向斜的地层在地面的分布规律是：从中心至两侧，地层由新至老呈对称重复出现。

一、褶曲要素

为了描述和表示褶曲在空间的形态特征,对褶曲各个组成部分给予一定的名称,称为褶曲要素,如图 2-15 所示。褶曲要素有:

(1)核部。褶曲的中心部分,通常指位于褶曲中央最内部的一个岩层。

(2)翼部。位于核部两侧,岩层向不同方向倾斜的部分。

(3)轴面。通过核部大致平分褶曲两翼的假想平面。根据褶曲的形态,轴面可以是一个平面,也可以是一个曲面,可以是直立的面,也可以是一个倾斜、平卧或卷曲的面。

(4)轴线。轴面与水平面或垂直面的交线,代表褶曲在水平面或垂直面上的延伸方向。根据轴面的情况,轴线可以是直线,也可以是曲线。

(5)枢纽。褶曲中同一岩层面上最大弯曲点的连线。根据褶曲的起伏形态,枢纽可以是直线,也可以是曲线,可以是水平线,也可以是倾斜线。

(6)脊线。背斜横剖面上弯曲的最高点称顶,背斜中同一岩层面上最高点的连线称为脊线。

(7)槽线。向斜横剖面上弯曲的最低点称槽,向斜中同一岩层面上最低点的连线称为槽线。

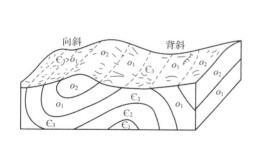

图 2-14　背斜与向斜

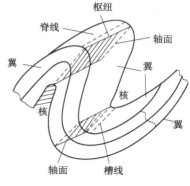

图 2-15　褶曲要素

二、褶曲的形态分类

褶曲的形态多种多样,不同形态的褶曲反映了褶曲形成时不同的力学条件及成因。为了更好地描述褶曲在空间的分布,研究其成因,常以褶曲的形态为基础,对褶曲进行分类。下面介绍两种形态分类。

(1)按褶曲横剖面形态分类:即按横剖面上轴面和两翼岩层产状分类,如图 2-16 所示。

①直立褶曲。轴面直立,两翼岩层产状倾向相反,倾角大致相等。

②倾斜褶曲。轴面倾斜,两翼岩层产状倾向相反,倾角不相等。

③倒转褶曲。轴面倾斜,两翼岩层产状倾向相同,其中一翼为倒转岩层。

④平卧褶曲。轴面近水平,两翼岩层产状近水平,其中一翼为倒转岩层。

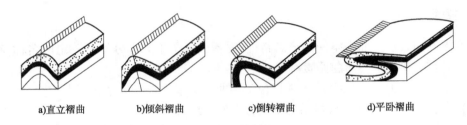

a)直立褶曲　　　　b)倾斜褶曲　　　　c)倒转褶曲　　　　d)平卧褶曲

图 2-16　褶曲按横剖面形态分类

（2）按褶曲纵剖面形态分类：即按枢纽产状分类,如图 2-17 所示。

①水平褶曲。枢纽近于水平,呈直线状延伸较远,两翼岩层界线基本平行,如图 2-17a）所示。若褶曲长宽比大于 10:1,在平面上呈长条状,称为线状褶曲。

②倾伏褶曲。枢纽向一端倾伏,另一端昂起,两翼岩层界线不平行,在倾伏端交汇成封闭弯曲线,如图 2-17b）所示。若枢纽两端同时倾伏,则两翼岩层界线呈环状封闭,其长宽比在 10:1 ~ 3:1 时,称为短轴褶曲,其长宽比小于 3:1 时,背斜称为穹隆构造,向斜称为构造盆地。

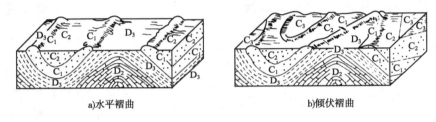

a)水平褶曲　　　　　　　　　　b)倾伏褶曲

图 2-17　水平褶曲和倾伏褶曲

三、褶曲的岩层分布判别

岩层受力挤压弯曲后,形成向上隆起的背斜和向下凹陷的向斜,所以在一般情况下,人们容易认为背斜为山,向斜为谷。但实际情况要比这复杂得多,因为经地表营力的长期改造,或地壳运动的重新作用,原有的隆起和凹陷在地表面有时可能看不出来,向斜山与背斜谷（图 2-18）的情况在野外也是比较常见的。为对褶曲形态做出正确鉴定,此时应主要根据地表出露岩层的分布特征进行判别。一般来讲,当地表岩层出现对称重复时,则有褶曲存在,若核部岩层老,两翼岩层新,则为背斜；若核部岩层新,两翼岩层老,则为向斜,如图 2-17 所示。然后,根据两翼岩层产状则可具体判别其横、纵剖面上褶曲形态的具体名称。

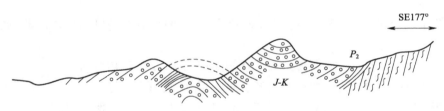

图 2-18　褶皱构造与地形

第五节　断 裂 构 造

岩层受构造运动作用,当所受的构造应力超过岩石强度时,岩石的连续性和完整性遭到破坏,产生断裂,称为断裂构造。按照断裂后两侧岩层沿断裂面有无明显的相对位移,断裂构造又分为节理和断层两种类型。

一、节理

节理是指岩层受力断开后,裂面两侧岩层沿断裂面没有明显的相对位移时的断裂构造。节理的断裂面称为节理面。节理分布普遍,几乎所有岩层中都有节理发育,节理的延伸范围变化较大,由几厘米到几十米不等。节理面在空间的状态称为节理产状,其定义和测量方法与岩层面产状类似。节理常把岩层分割成形状不同、大小不等的岩块,岩块的强度与包含节理的岩体的强度明显不同,岩石边坡失稳和隧道洞顶坍塌往往与节理有关。

(一)节理分类

节理可按成因、力学性质、与岩层产状的关系和张开程度等分类。

1. 按成因分类

节理按成因可分为原生节理、构造节理和表生节理,也有分为原生节理和次生节理,次生节理再分为构造节理和非构造节理的。

(1)原生节理:岩石形成过程中形成的节理。如玄武岩在冷却凝固时形成的柱状节理,如图2-19所示。

(2)构造节理:指由构造运动产生的构造应力形成的节理。构造节理常常成组出现,可将其中一个方向的一组平行破裂面称为一组节理。同一期构造应力形成的各组节理有成因上的联系,并按一定规律组合,如图2-20所示。

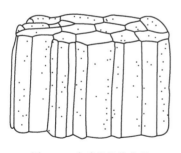

图2-19　玄武岩柱状节理　　　　图2-20　山东诸城白垩系砂岩中的两组共轭剪节理

(3)表生节理:由卸荷、风化、爆破等作用形成的节理,分别称为卸荷节理、风化节理、爆破节理等。常称这种节理为裂隙,属于非构造节理。表生节理一般分布在地表浅层,大多无一定方向性。

2. 按力学性质分类

(1)剪节理:为构造节理,由构造应力形成的剪切破裂面组成。与最大主应力成$(45° - \varphi/2)$角度相交,其中φ为岩石内摩擦角。剪节理面多平直,常呈密闭状态,或张开度很小,在砾岩中可以切穿砾石,如图 2-21 所示。

(2)张节理:可以是构造节理,也可以是表生节理、原生节理等,由张应力作用形成。张节理张开度较大,节理面粗糙不平,在砾岩中常绕开砾石,如图 2-21 所示。

3.按与岩层产状的关系分类

(1)走向节理:节理走向与岩层走向平行;

(2)倾向节理:节理走向与岩层走向垂直;

(3)斜交节理:节理走向与岩层走向斜交。

上述分类如图 2-22 所示。

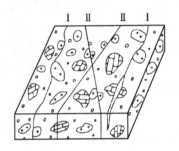
图 2-21　砾岩中的张节理和剪节理
Ⅰ-张节理;Ⅱ-剪节理

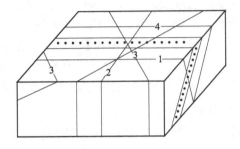
图 2-22　节理与岩层产状关系分类
1-走向节理;2-倾向节理;3-斜交节理;4-岩层走向

(二)节理的调查及统计

节理是广泛发育的一种地质构造,为了反映其分布规律及对岩体稳定性的影响,需要进行野外调查和室内资料整理工作,并利用统计图式,把岩体节理的分布情况表示出来。

节理调查的主要内容包括节理的成因类型、力学性质,节理的组数、密度和产状,节理的张开度、长度和节理面的粗糙度,节理的充填物质及厚度、含水情况等。调查时应先在工作地点选择一具代表性的基岩露头,对一定面积内(一般在 1m² 露头上)的节理进行上述内容的测量统计。

统计节理有多种图式,节理玫瑰图就是常用的一种,它可用来表示节理发育程度的大小。其资料的编制方法如下:

(1)节理走向玫瑰图通常是在一任意半径的半圆上,画上刻度网,把所测得的节理按走向以每 5°或每 10°分组,统计每一组内的节理条数并算出平均走向。自圆心沿半径引射线,射线的方位代表每组节理平均走向的方位,射线的长度代表每组节理的条数。然后用折线把射线的端点连接起来,即得到节理走向玫瑰图,如图 2-23a)所示。图中的每一个"玫瑰花瓣"代表一组节理的走向,"花瓣"的长度代表这个方向上节理的条数,"花瓣"越长,表示沿这个方向分布的节理越多。从图中可以看出,比较发育的节理有走向 330°、30°、60°、300°及走向东西的,共五组。

(2)节理倾向玫瑰图是先将测得的节理,按倾向以每 5°或每 10°为一组,统计每组内节理的条数,并算出其平均倾向,用绘制走向玫瑰图的方法,在注有方位的圆周上,根据平均倾向和节理条数,定出各组相应的端点。用折线将这些点连接起来,即为节理倾向玫瑰图,如图 2-23b)所示。如果用平均倾角表示半径方向的长度,用同样方法可以编制节理倾角玫瑰图。节理玫瑰图编制方法的优点是简单,但最大缺点是不能在同一张图上把节理的走向、倾向和倾角同时表示出来。

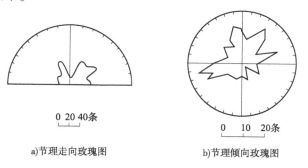

a)节理走向玫瑰图　　　　b)节理倾向玫瑰图

图 2-23　节理玫瑰图

二、断层

断层是指岩层受力断开后,断裂面两侧岩层沿断裂面有明显相对位移时的断裂构造。断层广泛发育,规模相差很大,大的断层延伸数百千米甚至上千千米,小的断层在手标本上就能见到,有的断层切穿了地壳岩石圈,有的则发育在地表浅层。断层是一种重要的地质构造,对工程建筑的稳定性起着重要作用。地震与活动性断层有关,隧道中大多数的坍方、涌水均与断层有关。

(一)断层要素

为阐明断层的空间分布状态和断层两侧岩层的运动特征,将断层各组成部分赋予一定名称,称为断层要素,如图 2-24 所示。

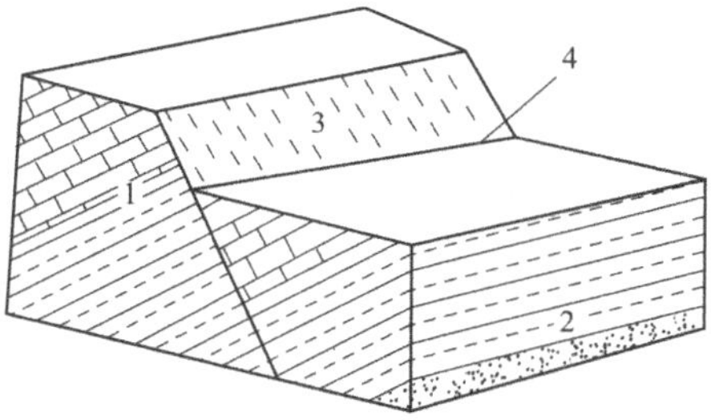

(1)断层面。断层中两侧岩层沿其运动的破裂面。它可以是一个平面,也可以是一个曲面。断层面的产状用走向、倾向、倾角表示,其测量方法同岩层产状。有的断层面是由一定宽度的破碎带组成的,称为断层破碎带。

(2)断层线。断层面与地平面的交线,代表断层的延伸方向。它可以是直线,也可以是曲线。

(3)断盘。断层两侧相对位移的岩层。当断层面倾斜时,位于断层面上方的叫上盘,位于断层面下方的叫下盘。

图 2-24　断层要素
1、2-断盘(1 为下盘,2 为上盘);3-断层面;
4-断层线

(4)断距。岩层中同一点被断层断开后的位移量。

(二)断层常见分类

1.按断层上下两盘相对运动方向分类

根据断层两盘相对位移的情况,可把断层分为正断层、逆断层和平移断层三种基本类型。

(1)正断层:上盘相对向下滑动,下盘相对向上滑动的断层,如图 2-25a)所示。正断层一般受地壳水平拉张力作用或受重力作用而形成,断层面多陡直,倾角大多在45°以上。

（2）逆断层：上盘相对向上滑动、下盘相对向下滑动的断层，如图 2-25b)所示。逆断层主要受地壳水平挤压应力形成，常与褶皱伴生。按断层面倾角，可将逆断层划分为逆冲断层、逆掩断层和辗掩断层。

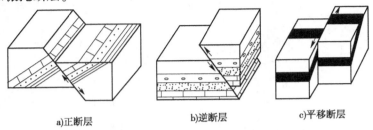

a)正断层　　　　　　　　b)逆断层　　　　　　　　c)平移断层

图 2-25　断层类型示意图

①逆冲断层。断层面倾角大于 45°的逆断层。

②逆掩断层。断层面倾角在 25°～45°的逆断层。常由倒转褶曲进一步发展而成。

③辗掩断层。断层面倾角小于 25°的逆断层。一般规模巨大，常有时代老的地层被推覆到时代新的地层之上，形成推覆构造，如图 2-26 所示。

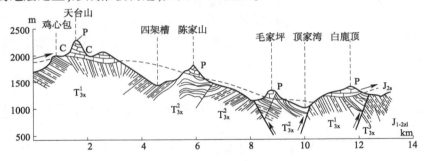

图 2-26　四川彭县推覆构造

（3）平移断层：断层两盘主要在水平方向上相对错动的断层，如图 2-25c)所示。

2. 按断层面产状与岩层产状的关系分类

（1）走向断层：断层走向与岩层走向一致的断层，如图 2-27 中的 F_1 断层。

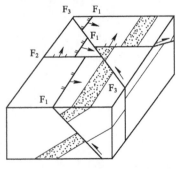

图 2-27　断层面产状与岩层产状的关系

（2）倾向断层：断层走向与岩层倾向一致的断层，如图 2-27 中的 F_2 断层。

（3）斜向断层：断层走向与岩层走向斜交的断层，如图 2-27 中的 F_3 断层。

3. 按断层力学性质分类

（1）压性断层：由压应力作用形成，其走向垂直于主压应力方向，多呈逆断层形式，断面为舒缓波状，断裂带宽大，常有角砾岩。

（2）张性断层：在张应力作用下形成，其走向垂直于张应力方向，常为正断层形式，断层面粗糙，多呈锯齿状。

（3）扭性断层：在剪应力作用下形成，与主压应力方向交角小于 45°，常成对出现。断层面平直光滑，常有大量擦痕。

4.按断层的组合类型分类

在一个地区断层往往是成群出现,并呈有规律的排列组合。常见的断层组合类型有下列几种。

(1)阶梯状断层:是由若干条产状大致相同的正断层平行排列组合而成,在剖面上各个断层的上盘呈阶梯状相继向同一方向依次下滑,如图 2-28 所示。

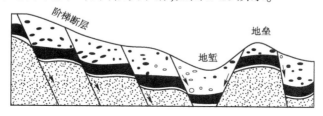

图 2-28　阶梯状断层及地堑、地垒

(2)地堑与地垒:是由走向大致平行、倾向相反、性质相同的两条或两条以上断层组成的(图 2-28),如果两个或两组断层之间岩块相对下降,两边岩块相对上升则叫地堑,反之中间上升两侧下降则称为地垒。两侧断层一般是正断层。

(3)叠瓦式断层:指一系列产状大致相同呈平行排列的逆断层的组合形式,各断层的上盘岩块依次上冲,在剖面上呈屋顶瓦片样依次叠覆,如图 2-29 所示。

图 2-29　叠瓦式逆断层

(三)断层存在的判别

在自然界,大部分断层由于后期遭受剥蚀破坏和覆盖,在地表上暴露得不清楚,因此需根据地层、构造等直接证据和地貌、水文等方面的间接证据来判断断层的存在与否及断层类型。

1.构造线和地质体的不连续

任何线状或面状的地质体,如地层、岩脉、岩体、变质岩的相带、不整合面、侵入体与围岩的接触界面、褶皱的枢纽及早期形成的断层等,在平面或剖面上的突然中断、错开等不连续现象是判断断层是否存在的一个重要标志,如图 2-30 所示。

2.地层的重复与缺失

在层状岩石分布地区,沿岩层的倾向,原来一套顺序排列的岩层发生不对称的重复现象或者是某些层位的缺失现象,一般是走向断层造成的,即断层使岩层发生错动,经剥蚀夷平作用使两盘地层处于同一水平面时,会使原来顺序排列的地层出现部分重复或缺失。断层造成的地层重复和褶皱造成的地层重复的区别是前者是垂向重复,后者为对称重复。断层造成的缺失与不整合造成的缺失也不同,断层造成的地层缺失只限于断层两侧,而不整合造成的缺失有区域特征。通常有6种情况造成的地层重复和缺失,见图2-31和表2-4。

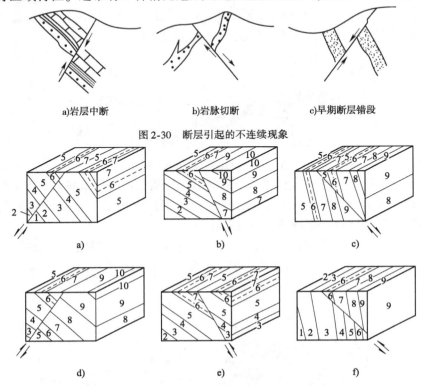

a)岩层中断   b)岩脉切断   c)早期断层错段

图2-30　断层引起的不连续现象

图2-31　走向断层造成的地层重复和缺失

走向断层造成的地层重复和缺失　　　　　　　　　　表2-4

断层性质	断层倾斜与地层倾斜的关系		
	两者倾向相反	两者倾向相同	
		断层倾角大于岩层倾角	断层倾角小于岩层倾角
正断层	重复[图2-31a]	缺失[图2-31b]	重复[图2-31c]
逆断层	缺失[图2-31d]	重复[图2-31e]	缺失[图2-31f]
断层两盘相对动向	下降盘出现新地层	下降盘出现新地层	上升盘出现新地层

3. 断层的伴生现象

当断层通过时,在断层面(带)及其附近常形成一些构造伴生现象,也可作为断层存在的标志。

(1)擦痕、阶步和摩擦镜面:断层上、下盘沿断层面做相对运动时,因摩擦作用,在断层面上形成一些刻痕、小阶梯或磨光的平面,分别称为擦痕、阶步和摩擦镜面(图2-32)。

(2)构造岩:因地应力沿断层面集中释放,常造成断层面处岩体十分破碎,形成一个断层破碎带。破碎带宽几十厘米至几百米不等,破碎

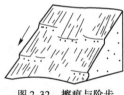

图2-32　擦痕与阶步

带内碎裂的岩、土体经胶结后称构造岩。构造岩中碎块颗粒直径大于 2mm 时叫断层角砾岩；碎块颗粒直径为 0.01 ~ 2mm 时叫碎裂岩；碎块颗粒直径更小时叫糜棱岩；颗粒被研磨成泥状且单个颗粒不易分辨而又未固结时叫断层泥。

（3）牵引现象：断层运动时，断层面附近的岩层受断层面上摩擦阻力的影响，在断层面附近形成弯曲现象，称为断层牵引现象，其弯曲方向一般为本盘运动方向，如图 2-33 所示。

图 2-33　牵引现象

4. 地貌标志

在断层通过地区，沿断层线常形成一些特殊地貌现象：

（1）断层崖和断层三角面：在断层两盘的相对运动中，上升盘常常形成陡崖，称为断层崖。如峨眉山金顶舍身崖、昆明滇池西山龙门陡崖等。当断层崖受到与崖面垂直方向的地表流水侵蚀切割，使原崖面形成一排三角形陡壁时，称为断层三角面。

（2）断层湖、断层泉：沿断层带常形成一些串珠状分布的断陷盆地、洼地、湖泊、泉水等，可指示断层延伸方向。

（3）错断的山脊、急转的河流：正常延伸的山脊突然被错断，或山脊突然断陷成盆地、平原，正常流经的河流突然产生急转弯，一些顺直深切的河谷，均可指示断层延伸的方向。

判断一条断层是否存在，主要是依据地层的重复、缺失和构造不连续这两个标志，其他标志只能作为辅证，不能依此下定论。

（四）断层运动方向的判别

判别断层性质，首先要确定断层面的产状，从而确定出断层的上、下盘，再确定上、下盘的运动方向，进而确定断层的性质。断层上、下盘运动方向，可由以下几点判别：

（1）地层时代。在断层线两侧，通常上升盘出露地层较老，下降盘出露地层较新。地层倒转时相反。

（2）地层界线。当断层横截褶曲时，背斜上升盘核部地层变宽，向斜上升盘核部地层变窄。

（3）断层伴生现象。刻蚀的擦痕凹槽较浅的一端、阶步陡坎方向，均指示对盘运动方向。牵引现象弯曲方向则指示本盘运动方向。

（4）符号识别。在地质平面图上，断层一般用粗红线醒目地标示出来，如图 2-34 所示，断层性质用相应符号表示。正断层和逆断层符号中，箭头所指为断层面倾向，角度为断层面的倾角，短齿所指方向为上盘运动方向。平移断层符号中箭头所指方向为本盘运动方向。

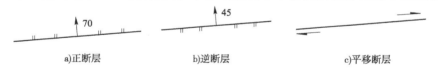

a)正断层　　　　　b)逆断层　　　　　c)平移断层

图 2-34　平面图上的断层符号

第六节　地　质　图

　　地质图是反映一个地区各种地质条件的图件。它是将自然界的地质情况,用规定的符号按一定的比例缩小投影绘制在平面上的图件,是工程实践中需要搜集和研究的一项重要地质资料。要清楚地了解一个地区的地质情况,需要花费不少的时间和精力,通过对已有地质图的分析和阅读,可帮助我们具体了解一个地区的地质情况,这对我们研究路线的布局,确定野外工程地质工作的重点等,都可以提供很好的帮助。因此,学会分析和阅读地质图是十分必要的。

一、地质图的种类

　　由于工作目的的不同,绘制的地质图也不同,常见的地质图有以下几种:

　　(1)普通地质图:简称为地质图,主要表示地区地层分布、岩性和地质构造等基本地质内容的图件。一幅完整的地质图包括地质平面图、地质剖面图和综合地层柱状图。

　　平面图是反映地表地质条件的图,一般是通过野外地质勘测工作,直接填绘到地形图上编制出来的;剖面图是反映地表以下某一断面地质条件的图,它可以通过野外测绘或勘探工作编制,也可以在室内根据地质平面图来编制;综合地层柱状图综合反映一个地区各地质年代的地层特征、厚度和接触关系等。地质平面图全面地反映了一个地区的地质条件,是最基本的图。地质剖面图是配合平面图,反映一些重要部位的地质条件,它对地层层序和地质构造现象的反映比平面图更清晰、更直观,因此,一般地质平面图都附有剖面图。

　　(2)构造地质图:用线条和符号,专门反映褶皱、断层等地质构造的图件。

　　(3)第四纪地质图:主要反映第四纪松散沉积物的成因、年代、成分和分布情况的图件。

　　(4)基岩地质图:假想把第四纪松散沉积物"剥掉",只反映第四纪以前基岩的时代、岩性和分布的图件。

　　(5)水文地质图:反映地区水文地质资料的图件,可分为岩层含水性图、地下水化学成分图、潜水等水位线图、综合水文地质图等类型。

　　(6)工程地质图:为各种工程建筑专用的地质图,如房屋建筑工程地质图、水库坝址工程地质图、矿山工程地质图、铁路工程地质图、公路工程地质图、港口工程地质图、机场工程地质图等。还可根据具体工程项目细分,如公路工程地质图还可分为路线工程地质图、工点工程地质图,工点工程地质图又可分为桥梁工程地质图、隧道工程地质图等。

二、地质图的规格和符号

(一)地质图的规格

　　地质平面图应有图名、图例、比例尺、编制单位和编制日期等。

　　图例是用各种颜色和符号,说明地质图上所有出露地层的新老顺序、岩石成因和产状及其构造形态。图例通常放在图幅右侧,严格要求自上而下或自左而右(上新下老或左新右老)按地层、岩石、构造顺序排列,所用的岩性符号、地质构造符号、地层代号及颜色都有统一规定。

比例尺的大小反映地质图的精度,比例尺越大,图的精度越高,对地质条件的反映越详细。比例尺的大小取决于地质条件的复杂程度和建筑工程的类型、规模及设计阶段。

(二)地质图的符号

地质图是根据野外地质勘测资料在地形图上填绘编制而成的。它除了应用地形图的轮廓和等高线外,还需要用各种地质符号来表明地层的岩性、地质年代和地质构造情况。所以,要分析和阅读地质图,了解地质图所表达的具体内容,就需要了解和认识常用的各种地质符号。

1.地层年代符号

在小于1∶100000的地质图上,沉积地层的年代是采用国际通用的标准色来表示的,在彩色的底子上,再加注地层年代和岩性符号。在每一系中,又用淡色表示新地层,深色表示老地层。岩浆岩的分布一般用不同的颜色加注岩性符号表示。在大比例尺的地质图上,多用单色线条或岩石花纹符号再加注地质年代符号的方法表示。当基岩被第四纪松散沉积层覆盖时,在大比例的地质图上,一般根据沉积层的成因类型,用第四纪沉积成因分类符号表示。

2.岩石符号

岩石符号是用来表示岩浆岩、沉积岩和变质岩的符号,由反映岩石成因特征的花纹及点线组成。在地质图上,这些符号画在什么地方,表示这些岩石分布到什么地方。

3.地质构造符号

地质构造符号,是用来说明地质构造的。组成地壳的岩层,经构造变动形成各种地质构造,这就不仅要用岩层产状符号表明岩层变动后的空间形态,而且要用褶皱轴、断层线、不整合面等符号说明这些构造的具体位置和空间分布情况。

三、地质条件在地质图上的表现形式

(一)不同产状岩层界线的分布特征

(1)水平岩层。岩层界线与地形等高线平行或重合,如图2-35所示。

(2)倾斜岩层。倾斜岩层的分界线在地质图上是一条与地形等高线相交的"V"字形曲线。当岩层倾向与地面倾斜的方向相反时,在山脊处"V"字形的尖端指向山麓,在沟谷处"V"字形的尖端指向沟谷上游,但岩层界线的弯曲程度比地形等高线的弯曲程度要小,如图2-36a)所示;当岩层倾向与地形坡向一致时,若岩层倾角大于地形坡角,则岩层分界线的弯曲方向和地形等高线的弯曲方向相反,如图2-36b)所示;当岩层倾向与地形坡向一致时,若岩层倾角小于地形坡角,则岩层分界线弯曲方向和等高线相同,但岩层界线的弯曲度大于地形等高线的弯曲度,如图2-36c)所示。

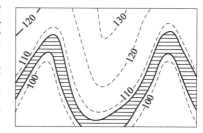

图2-35　水平岩层在地质图上的特征

(3)直立岩层。岩层界线不受地形等高线影响,沿走向呈直线延伸。

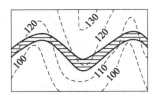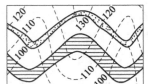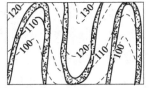

a)岩层倾向与坡向相反　　　b)岩层倾向与坡向相同，倾角>坡角　c)岩层倾向与坡向相同，倾角<坡角

图2-36　倾斜岩层在地质图上的分布特征

（二）褶曲

如果褶曲形成后地面还未受侵蚀，那么地面上露出的是成片的最新地层，这时只能根据地质图上所标出的各部分岩层的产状要素来判断褶曲构造，但这种情况是极少见的。大部分地区褶曲构造形成后，地表都已受到了侵蚀，因此构成褶曲的新老地层都有部分露出地表，则在地质图上主要根据地层分布的对称关系和新老地层的相对分布关系来判断褶曲构造。

遭受剥蚀的水平褶曲，其地层分界线在地质平面图上呈带状分布，对称的大致向一个方向平行延伸（图2-37）。倾伏褶曲的地层分界线在转折端闭合，当倾伏背斜与倾伏向斜相间排列时，地层分界线呈"S"形曲线（图2-38）。

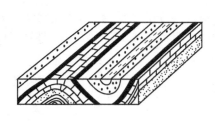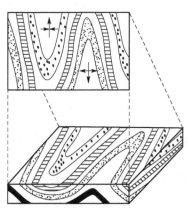

图2-37　水平褶曲在平面上的表现　　　图2-38　倾伏褶曲在平面上的表现

（三）断层

断层在地质图上用断层线表示。由于断层倾角一般较大，所以断层线在地形地质图上通常是一段直线或近于直线的曲线。但大部分地图上都用一定的符号表示出断层的类型和产状要素，因此，根据符号就可以在地质图上认识断层。在没有用符号表示断层的产状及类型的地质图上，由于断层两盘相对位移，在地质图上断层线两侧总是存在地层的中断、重复、缺失或宽窄变化。

当断层与褶曲轴线垂直或斜交时，不仅表现为翼部岩层顺走向不连续，而且还表现为褶曲轴部岩层的宽度在断层线两侧有变化。在背斜处，上升盘轴部岩层出露的范围变宽，下降盘轴部岩层出露的范围变窄，如图2-39a)所示。向斜的情况与背斜相反，上升盘轴部岩层变窄而下降盘轴部岩层变宽，如图2-39b)所示。

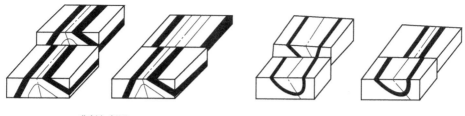

a)背斜与断层　　　　　　　　　　　b)向斜与断层

图2-39　褶曲被断层错开引起的效应

（四）地层接触关系

整合和平行不整合在地质图上的表现是上下相邻岩层的产状一致,岩层分界线彼此平行,即相邻岩层的界线弯曲特征一致,只是前者相邻岩层时代连续,而后者不连续。角度不整合在地质图上的特征是上下相邻两套岩层之间的地质年代不连续,而且产状也不相同,新岩层的分界线遮断了下部老岩层的分界线。侵入接触表现为沉积岩层界线在侵入体出露处中断,但在侵入体两侧无错动;沉积接触表现为侵入体界线被沉积岩层覆盖切断。

四、阅读地质图

（一）读图步骤及注意事项

(1)读地质图时,先看图名和比例尺,了解图的位置及精度。

(2)阅读图例。图例自上而下,按从新到老的年代顺序,列出了图中出露的所有地层符号和地质构造符号,通过图例,可以概括了解图中出现的地质情况。在看图例时,要注意地层之间的地质年代是否连续,中间是否存在地层缺失现象。

(3)正式读图时先分析地形,通过地形等高线或河流水系的分布特点,了解地区的山川形势和地形高低起伏情况。

这样,在具体分析地质图所反映的地质条件之前,能使我们对地质图所反映的地区,有一个比较完整的概括了解。

(4)阅读岩层的分布、新老关系、产状及其与地形的关系,分析地质构造。地质构造有两种不同的分析方法,一种是根据图例和各种地质构造所表现的形式,先了解地区总体构造的基本特点,明确局部构造相互间的关系,然后对单个构造进行具体分析;另一种是先研究单个构造,然后结合单个构造之间的相互关系,进行综合分析,最后得出整个地区地质构造的结论。两者并无实质性的区别,可以得出相同的分析结论。

图上如有几种不同类型的构造时,可以先分析各年代地层的接触关系,再分析褶曲,然后分析断层。

分析不整合接触时,要注意上下两套岩层的产状是否大体一致,分析是平行不整合还是角度不整合,然后根据不整合面上部的最老岩层和下伏的最新岩层,确定不整合形成的年代。

分析褶曲时,可以根据褶曲轴部及两翼岩层的分布特征及其新老关系,分析是背斜还是向斜;然后看两翼岩层是大体平行延伸,还是向一端闭合,分析是水平褶曲还是倾伏褶曲;其次是根据褶曲两翼岩层产状,推测轴面产状,根据轴面及两翼岩层的产状,可将直立、倾斜、倒转和平卧等不同形态类型的褶曲加以区别;最后,可以根据未受褶曲影响的最老岩层和受到褶曲影响的最新岩层,判断褶曲形成的年代。

在水平构造、单斜构造、褶曲和岩浆侵入体中都会发生断层。不同的构造条件以及断层与岩层产状的不同关系,都会使断层露头在地质平面图上的表现形式具有不同的特点。因此,在分析断层时,应首先了解发生断层前的构造类型,断层后断层产状和岩层产状的关系;根据断层的倾向,分析断层线两侧哪一盘是上盘,哪一盘是下盘;然后根据两盘岩层的新老关系和岩层露头的变化情况,再分析哪一盘是上升盘,哪一盘是下降盘,确定断层的性质和类型;最后判断断层形成的年代。断层发生的年代,早于覆盖于断层之上的最老岩层,晚于被错段的最新岩层。

最后需要说明一点,长期风化剥蚀,能够破坏出露地面的构造形态,会使基岩在地面出露的情况变得更为复杂,使我们在图上不能一次看清构造的本来面目。所以,在读图时要注意与地质剖面图的配合,这样会更好地加深对地质图内容的理解。

上述分析,不但能使我们对一个地区的地质条件有一个清晰的认识,而且综合各方面的情况,也可说明地区地质历史发展的概况。这样,我们就可以根据自然地质条件的客观情况,结合工程的具体要求,进行合理的工程布局和正确的工程设计。我们阅读地质图的目的,就在这里。

(二)读图示例

现根据宁陆河地区地质平面图(图2-40)及综合地层柱状图(图2-41),对该区地质条件分析如下:

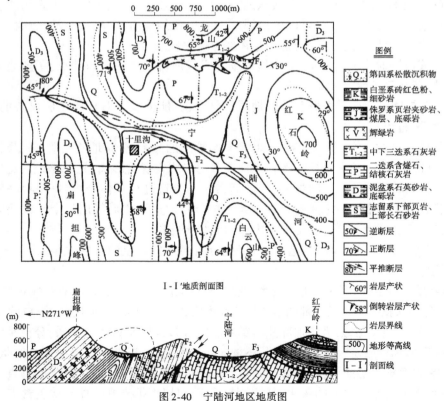

图2-40　宁陆河地区地质图

本区最低处在东南部宁陆河谷,高程约300多米,最高点在二龙山顶,高程达800多米,全区最大相对高差近500m。宁陆河在十里沟以北地区,从北向南流,至十里沟附近,折向东南。区内地貌特征主要受岩性及地质构造条件的控制。一般在页岩及断层带分布地带多形成河谷低地,而在石英砂岩、石灰岩及地质年代较新的粉细砂岩分布地带则形成高山。山脉多沿岩层走向大体南北向延伸。

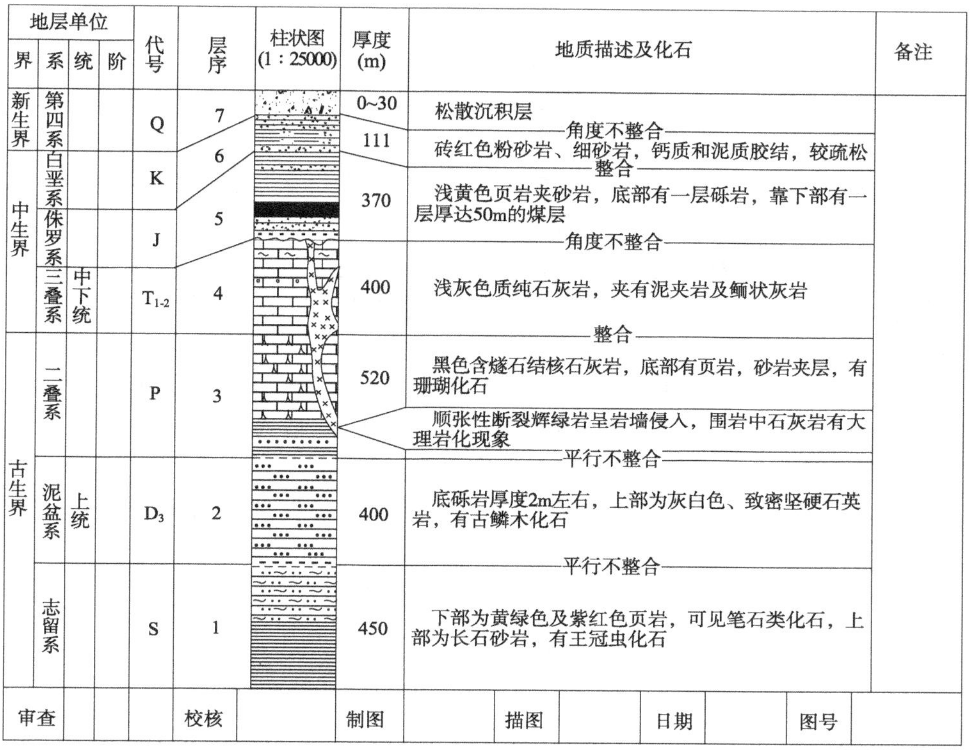

地层单位				代号	层序	柱状图 (1:25000)	厚度 (m)	地质描述及化石	备注
界	系	统	阶						
新生界	第四系			Q	7		0~30	松散沉积层	
								——角度不整合——	
中生界	白垩系			K	6		111	砖红色粉砂岩、细砂岩,钙质和泥质胶结,较疏松	
								——整合——	
	侏罗系			J	5		370	浅黄色页岩夹砂岩,底部有一层砾岩,靠下部有一层厚达50m的煤层	
								——角度不整合——	
	三叠系	中下统		T_{1-2}	4		400	浅灰色质纯石灰岩,夹有泥夹岩及鲕状灰岩	
								——整合——	
古生界	二叠系			P	3		520	黑色含燧石结核石灰岩,底部有页岩,砂岩夹层,有珊瑚化石	
								顺张性断裂辉绿岩呈岩墙侵入,围岩中石灰岩有大理岩化现象	
								——平行不整合——	
	泥盆系	上统		D_3	2		400	底砾岩厚度2m左右,上部为灰白色、致密坚硬石英岩,有古鳞木化石	
								——平行不整合——	
	志留系			S	1		450	下部为黄绿色及紫红色页岩,可见笔石类化石,上部为长石砂岩,有王冠虫化石	
审查				校核		制图		描图	日期	图号

图2-41　宁陆河地区综合地层柱状图

本区出露地层有:志留系(S)、泥盆系上统(D_3)、二叠系(P)、三叠系下中统(T_{1-2})、辉绿岩墙(V_t)、侏罗系(J)、白垩系(K)及第四系(Q)。第四系主要沿宁陆河分布,侏罗系及白垩系主要分布于红石岭一带。

从图中可以看出,本区泥盆系与志留系地层间虽然岩层产状一致,但缺失中下泥盆系地层,且上泥盆系底部有底砾岩存在,说明两者之间为平行不整合接触。二叠系与泥盆系地层之间,缺失石炭系,所以也为平行不整合接触。图中的侏罗系与泥盆系上统、二叠系及三叠系下中统三个地质年代较老的岩层接触,且产状不一致,所以为角度不整合接触。第四系与老岩层之间也为角度不整合接触。辉绿岩是沿F_1张性断裂呈岩墙状侵入到二叠系及三叠系石灰岩中,因此辉绿岩与二叠系、三叠系地层为侵入接触,而与侏罗系间则为沉积接触。所以辉绿岩的形成时代,应在中三叠世以后,侏罗世以前。

宁陆河地区有三个褶曲构造,即十里沟褶曲、白云山褶曲和红石岭褶曲。

十里沟褶曲的轴部在十里沟附近,轴向近南北延伸。轴部地层为志留系页岩、长石砂岩,上部广泛有第四纪松散沉积物覆盖,两翼对称分布的是泥盆系上统(D_3)、二叠系(P)、三叠系下中统(T_{1-2})地层,但西翼只见到泥盆系上统和部分二叠系地层,三叠系已出图幅。两翼岩层走向大致南北,均向西倾,但西翼倾角较缓,为45°~50°,东翼倾角较陡,为63°~71°。所以十里沟褶曲为倒转背斜。十里沟倒转背斜构造,因受F_3断裂构造的影响,其轴部已向北偏移至宁陆河南北向河谷地段。

白云山褶曲的轴部在白云山至二龙山附近,南北向延伸。褶曲轴部地层为中下三叠系,由轴部向翼部,地层依次为二叠系、泥盆系上统、志留系,其中西翼为十里沟倒转背斜东翼,东翼志留系地层已出图外,而二叠系与泥盆系上统因受上覆不整合的侏罗系与白垩系地层的影响,只在图幅的东北角和东南角出露。两翼岩层均向西倾斜,是一个倾角不大的倒转向斜。

红石岭褶曲,由白垩系、侏罗系地层组成,褶曲舒缓,两翼岩层相向倾斜,倾角约30°,为直立对称向斜褶曲。

区内有三条断层,F_1断层面向南倾斜,倾角约70°,断层走向与岩层走向基本垂直,北盘岩层分界线有向西移动现象,是正断层。由于倾斜向斜轴部紧闭,断层位移幅度小,所以F_1断层引起的轴部地层宽窄变化并不明显。

F_2断层走向与岩层走向平行,倾向一致,但岩层倾角大于断层倾角。西盘为上盘,出露的岩层年代较老,且使二叠系地层出露宽度在东盘明显变窄,故为压性逆掩断层。

F_3为区内规模最大的一条断层。从十里沟倒转背斜轴部志留系地层分布位置可以明显看出,断层的东北盘相对向西北错动,西南盘相对向东南错动,是扭性平移断层。

第三章 地质作用

地质作用是指由自然动力引起地球(最主要是地幔和岩石圈)的物质组成、内部结构和地表形态发生变化的作用。主要表现为对地球的矿物、岩石、地质构造和地表形态等进行的破坏和建造作用。

引起地质作用的能量来自地球本身和地球以外,故分为内能和外能。内能指来自地球内部的能量,主要包括旋转能、重力能、热能。外能指来自地球外部的能量,主要包括太阳辐射能、日月引力能和生物能,其中太阳辐射能主要引起大气环流和水的循环。

按照能源和作用部位的不同,地质作用又分为内动力地质作用和外动力地质作用。由内能引起的地质作用称内动力地质作用,主要包括构造运动、岩浆活动和变质作用,在地表主要形成山系、裂谷、隆起、凹陷、火山、地震等现象。由外能引起的地质作用称外动力地质作用,主要有风化作用、风的地质作用、流水的地质作用、冰川的地质作用、冰水的地质作用、重力的地质作用等,在地表主要形成戈壁、沙漠、黄土塬、洪水、泥石流、滑坡、岩溶、深切谷、冲积平原等现象。本章只介绍具有普遍意义的风化作用和水的地质作用。

第一节 风化作用

地壳表层的岩石在太阳辐射、大气、水和生物等风化营力的作用下,发生物理和化学的变化,使岩石崩解破碎以至逐渐分解的作用,称为风化作用。风化作用是最普遍的一种外力地质作用,在大陆的各种地理环境中,都有风化作用在进行。风化作用在地表最显著,随着深度的增加,其影响就逐渐减弱以致消失。

风化作用使坚硬致密的岩石松散破坏,改变了岩石原有的矿物组成和化学成分,使岩石的强度和稳定性大为降低,对工程建筑条件有不良的影响。此外,如滑坡、崩塌、碎落、岩堆及泥石流等不良地质现象,大部分都是在风化作用的基础上逐渐形成和发展起来的。所以了解风化作用,认识风化现象,分析岩石的风化程度,对评价工程建筑条件是必不可少的。

一、风化作用的类型

根据岩石风化破碎方式的不同,可以把风化作用分为物理风化、化学风化和生物风化三种密切联系的类型。

(一)物理风化作用

岩石在自然因素作用下发生机械破碎,而无明显成分改变的风化作用称物理风化作用,又称机械风化作用。物理风化作用的方式主要有气温变化、冰劈作用等。此外,岩石释重(卸荷)和盐类的结晶等,也能促使岩石发生物理风化作用。

1. 温度变化

温度变化是导致物理风化的一种主要因素。由于温度的变化产生温差,温差可促使岩石膨胀和收缩交替地进行,久而久之则引起岩石破裂。我们知道,岩石是热的不良导体,导热性差,白昼受太阳照射时,表层首先受热发生膨胀,而内部还未受热,仍然保持着原来的体积,这样,必然会在岩石的表层引起壳状脱离。在夜间,外层首先冷却收缩,而内部余热未散,仍保持着受热状态时的体积,这样表层便会发生径向开裂,形成裂缝。由于温度变化所引起的这种表里不协调的膨胀和收缩作用,昼夜不停地长期进行,就会削弱岩石表层和内部之间的联结,使之逐渐松动,在重力或其他外力作用下产生表层剥落。

另外,岩石中各种矿物受热的体积膨胀系数各不相同,如花岗岩中正长石膨胀系数为0.00017,石英的膨胀系数为0.00031,角闪石的膨胀系数为0.00028。故由多种矿物组成的岩石在温度变化的影响下,各种矿物的体积胀缩亦有差异,在它们的接触界面产生应力,从而破坏它们之间的结合能力。这样,岩石便产生纵横交错的裂缝,有的裂缝平行于岩石表面,形成层状剥离现象,有的裂缝垂直于岩石表面。长此以往,岩石裂缝逐渐加大加深,由表及里地不断崩解、破碎成大大小小的碎块,见图3-1。

图3-1 温度变化使岩石逐渐崩解的过程示意图

温度变化所引起的风化强弱主要决定于温度变化的速度和幅度,特别是昼夜温度变化的幅度越大,则风化越强烈,如在昼夜温度变化剧烈的干旱沙漠地区,昼夜温差可达50~60℃。

2. 冰劈作用

充填在岩石裂隙中的水分结冰会使岩石产生破坏,这是温度变化间接地使岩石破碎的现象。地表岩石的裂隙中,常有水分充填,当温度下降到0℃时会冻结成冰。水结成冰时,体积可比原来增大9%左右。由于体积的增大,对岩石的裂隙可产生很大的压力(可达96~200MPa),使岩石裂隙加宽、加深,故称冰劈作用。当气温回升至0℃以上,冰体融化,水沿扩大的裂缝更深地渗入岩石内部,同时水可填满裂缝使水量增加。若气温变化在0℃上下波动时,充填在岩石裂隙中的水分时而冻结、时而融化,岩石在这样反复地作用下,裂隙不断扩大、加深,从而使岩石崩裂成碎块,见图3-2。

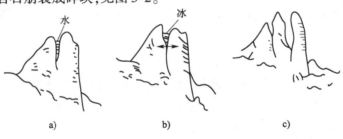

图3-2 冰劈作用

3. 岩石释重

无论是岩浆岩、沉积岩还是变质岩，在其形成以后，都会因为上覆巨厚的岩层而承受巨大的静压力。一旦上覆岩层遭受剥蚀而卸荷时，岩石上部释重，随之产生向上或向外的膨胀力作用，形成一系列与地表平行的节理。处于地下深处承受巨大静压力的岩石，其潜在的膨胀力是十分惊人的。在一些矿山，当岩石初次露在掌子面时，膨胀是如此迅速，以致碎片炸裂飞出。岩石释重所形成的节理，为水和空气的活动提供了通路，使它们的风化作用更有效。

4. 盐类结晶作用

在干旱及半干旱气候区，广泛地分布着各种可溶盐类。有些盐类具有很大的吸湿性，能从空气中吸收大量的水分而潮解，最后成为溶液。温度升高，水分蒸发，盐分又结晶析出，体积显著增大。由于可溶盐溶液在岩石的孔隙和裂隙中结晶时的撑裂作用，使裂隙逐渐扩大，导致岩石松散破坏。可溶盐的结晶撑裂作用，在干旱的内陆盆地是十分惊人的。盐类结晶对岩石所起的物理破坏作用，主要决定于可溶盐的性质。

可以看出，对物理风化影响最强烈的因素是温度，特别是温差。因此远离海洋的大陆腹地，因温差大而物理风化强烈。我国西北及内蒙古地区、中亚各国及蒙古国等亚欧大陆腹地的干旱、半干旱地区广泛分布的戈壁、沙漠等就是强烈物理风化的产物。

物理风化的结果，首先是岩石的整体性遭到破坏，随着风化程度的增加，逐渐成为岩石碎屑和松散的矿物颗粒。由于碎屑逐渐变细，使热力方面的矛盾逐渐缓和，因而物理风化随之相对削弱，但同时随着碎屑与大气、水、生物等营力接触的自由表面不断增大，使风化作用的性质发生相应地变化。在一定的条件下，化学作用将在风化过程中起主要作用。

（二）化学风化作用

岩石在自然因素作用下发生化学成分改变，从而导致岩石破坏的过程称为化学风化作用。引起化学风化的自然因素主要是水和空气中含的各种化学成分，如氧和二氧化碳等。常见的化学风化作用有溶解作用、水化作用、水解作用、氧化作用和碳酸化作用等。

1. 溶解作用

水直接溶解岩石中矿物的作用称为溶解作用。溶解作用的结果，使岩石中的易溶物质被逐渐溶解而随水流失，从而使岩石孔隙增多或增大，岩石完整性降低至破坏。典型的例子为石灰岩的溶解作用，形成岩溶现象，其化学反应式如下：

$$CaCO_3 + H_2O + CO_2 \longrightarrow Ca(HCO_3)_2 \longrightarrow Ca^{2+} + 2HCO_3^-$$

2. 水化作用

有些矿物与水接触后和水发生化学反应，吸收一定量的水到矿物中形成含水矿物，这种作用称为水化作用。如硬石膏经过水化作用变为石膏就是很好的例子，但此时体积会增大1.5倍，使岩石破坏。

$$CaSO_4 + 2H_2O \longrightarrow CaSO_4 \cdot 2H_2O$$
$$\text{硬石膏} \qquad\qquad\qquad \text{石膏}$$

3. 水解作用

某些矿物溶于水后，出现离解现象，其离解产物可与水中的 H^+ 和 OH^- 离子发生化学反应，形成新的矿物，这种作用称为水解作用。例如正长石经水解作用后，开始形成的 K^+ 与水中 OH⁻离子结合,形成 KOH 随水流失,析出一部分 SiO_2 可呈胶体溶液随水流失,或形成蛋白石($SiO_2 \cdot nH_2O$)残留于原地,其余部分可形成难溶于水的高岭石而残留于原地。

$$2K(AlSi_3O_8) + 3H_2O \longrightarrow 2KOH + Al_2Si_2O_5(OH)_4 + 4SiO_2$$

　　　　　　正长石　　　　　　　　　　　　高岭石

4. 氧化作用

矿物中的低价元素与大气中的游离氧化合变为高价元素的作用,称为氧化作用。氧化作用是地表极为普遍的一种自然现象,在湿润的情况下,氧化作用更为强烈。自然界中,有机化合物、低价氧化物、硫化物最容易遭受氧化作用,尤其是低价铁常被氧化成高价铁。例如岩石中常见的黄铁矿(FeS_2)在含有游离氧的水中,经氧化作用形成褐铁矿($Fe_2O_3 \cdot nH_2O$),同时产生对岩石腐蚀性极强的硫酸,可使岩石中的某些矿物分解形成洞穴和斑点,致使岩石破坏。

$$4FeS_2 + 15O_2 + 11H_2O \longrightarrow 2Fe_2O_3 \cdot 3H_2O + 8H_2SO_4$$

5. 碳酸化作用

当水中溶有 CO_2 时,水溶液中除 H^+ 和 OH^- 离子外,还有 CO_3^{2-} 和 HCO_3^- 离子,碱金属及碱土金属与之相遇会形成碳酸盐,这种作用称为碳酸化作用。硅酸盐矿物经碳酸化作用,其中碱金属变成碳酸盐随水流失,如花岗岩中的正长石经碳酸化作用生成碳酸钾、二氧化硅胶体及黏土矿物——高岭石就是典型的例子。几乎所有硅酸盐类矿物都可以产生这类反应,生成黏土矿物。其反应式如下:

$$2K(AlSi_3O_8) + CO_2 + 3H_2O \longrightarrow K_2CO_3 + Al_2Si_2O_5(OH)_4 + 4SiO_2 \cdot H_2O$$

(三)生物风化作用

有生物活动参与的岩石风化过程称生物风化作用。生物风化作用主要发生在岩石的表层和土中。生物风化作用既有机械的,也有化学的,具有双重性。如岩石裂隙中生长的树,随着树的生长,根系发育延伸,岩石被劈裂,即属生物物理风化;岩石表面生长的地衣分泌的有机酸腐蚀岩石,使其分解,即属生物化学风化。这些都是生物风化作用的例子。

岩石风化的基本类型是物理风化和化学风化。一般情况下,两种风化方式同时进行,相互促进,但是在不同地区,由于自然条件不同,两种风化作用又有主次之分。干旱气候区,昼夜温差变化大,水分缺乏,物理风化盛行;雨量充沛的潮湿炎热气候区则以化学风化为主。

二、影响岩石风化的因素

岩石的风化作用不仅取决于外部各种自然因素的影响,还受到岩石本身性质及地质构造的影响。在外部自然因素相同的条件下,岩石性质和地质构造的不同会导致大不相同的风化结果。此外,即使岩石相同,由于所处的地质构造部位不同,受构造影响不同,岩石风化也呈现明显的差异。

1. 岩石性质

岩石的成因、矿物成分及结构、构造不同,对风化的抵抗能力也不同。

(1)成因:岩石的成因反映它生成时的环境和条件。风化作用实质上是由岩石生成时的环境和条件与目前它所处的环境和条件的差异造成的。如果岩石生成的环境和条件与目前地表环境、条件接近,则岩石抵抗风化能力强,反之则容易风化。因此,喷出岩比浅成岩抗风化能力强,浅成岩又比深成岩抗风化能力强。一般情况下,沉积岩比岩浆岩和变质岩抗风化能力强。

(2)矿物成分:组成岩石的矿物成分的化学稳定性和矿物的种类,是决定岩石抵抗风化能力的重要因素。不同矿物的化学稳定性不同,其中,石英化学稳定性最好,抗风化能力最强;其次是正长石、酸性斜长石、角闪石和辉石,而基性斜长石、黑云母和黄铁矿等矿物是很容易被风化的。一般来说深色矿物风化快,浅色矿物风化慢。碎屑岩和黏土岩抗风化能力主要取决于胶结物成分,硅质胶结的比钙质胶结的抗风化能力强。一般情况下,单矿岩比复矿岩抗风化能力强。

(3)结构和构造:一般均匀、细粒结构岩石比粗粒结构岩石抗风化能力强,等粒结构比斑状结构岩石耐风化,而隐晶质岩石最不易风化。从构造上看,具有各向异性的层理、片理状岩石较致密块状岩石更容易风化,而厚层、巨厚层岩石比薄层状岩石更耐风化。

2. 地质构造

地质构造对风化的影响主要是岩石在构造变形时生成多种节理、裂隙和破碎带,使岩石破碎,为各种风化因素侵入岩石内部提供了途径,扩大了岩石与空气、水的接触面积,大大促进了岩石风化。因此在褶曲轴部、断层破碎带及其附近裂隙密集的岩石风化程度比完整的岩石更严重。

三、风化岩层的分带

前面已经指出,岩石的风化是由表及里的,地表部分受风化作用的影响最为显著,由地表往下风化作用的影响逐渐减弱以至消失,因此在风化剖面的不同深度上,岩石的物理力学性质也会有明显的差异。从工程地质的角度,一般把风化岩层自上而下或从外到内分为4个带。表3-1列出了岩石风化分带及各带的基本特征。

岩石风化分带及各带基本特征　　　　　　　　　　　　　　　　表3-1

风化分带	基本特征						
	颜色	矿物成分	结构、构造	破碎程度	力学性质	纵波特征	其他特征
全风化带	原岩完全变色,常呈黄褐、棕红等色	除石英外其余大部分矿物风化为次生矿物	结构、构造完全破坏,仅外观保持原岩的状态,矿物晶粒间失去胶结联系	呈土状用手可折断、捏碎	强度很低,抗压强度仅为新鲜岩石的1/4左右	纵波波速值低,为1000~2000m/s	锤击声哑,用铁镐可挖动
强风化带	大部分变色,岩石中心较新鲜	矿物大部分风化为次生矿物,仅岩块中心变质较轻	结构、构造大部分破坏	岩石呈干砌块石状,岩块上裂纹密布,疏松易碎	强度较低,岩块抗压强度低于新鲜岩石的1/3	纵波波速值较低,为2000~3000m/s	锤击声哑,用铁镐开挖偶需爆破
弱风化带	岩体表面及裂隙面大部分变色,断口颜色仍较新鲜	沿裂隙面矿物变质明显,有次生矿物出现	结构、构造大部分完好	岩体一般完好,原生结构、构造清晰,风化裂隙发育	强度较原岩低,抗压强度为原岩的1/3~2/3	纵波波速值高,为2500~5000m/s	锤击声音不够清脆,需爆破开挖

续上表

风化分带	基本特征						
	颜色	矿物成分	结构、构造	破碎程度	力学性质	纵波特征	其他特征
微风化带	仅沿裂隙面颜色略有改变	仅沿裂隙面有矿物轻微变异并有铁锈	结构、构造未变	岩体完整性好,风化裂隙少见	与新鲜岩石相差无几,不易区别	纵波波速值高,为5000~6000m/s	锤击声音清脆,需爆破开挖

四、风化程度的分级

岩石风化后,工程性质变差,风化严重的可以丧失强度,风化轻微的其工程性质可能略有下降或有不同程度的降低。因此,确定岩石的风化程度,充分利用岩石的"剩余"强度,对于工程建设来说有重要意义。目前,岩石的风化程度主要依据野外观察岩石中矿物颜色变化、矿物成分改变、岩石破碎程度和岩石强度降低四方面的特征确定。

(1)矿物颜色变化:岩石中矿物成分的风化首先反映在其颜色的改变上。未风化矿物颜色是新鲜的,光泽明亮可见,风化后颜色暗淡,失去光泽,风化越严重,变化越明显。

(2)矿物成分改变:岩石风化必然引起矿物成分的变化,这在易风化矿物中表现最为显著,所以要特别观察易于风化的矿物(如黑云母等)的变化。例如,长石失去光泽,表面似有土状粉末,即表明已开始风化。

(3)岩石破碎程度:风化后岩石产生许多裂隙,显然岩石风化程度愈严重,岩石愈破碎。

(4)岩石强度变化:风化严重的岩石强度降低,根据岩石强度的变化可以确定风化程度。野外调查时,可用手锤敲击、小刀刻划、镐头挖掘等方法测试其强度变化。

根据上述四方面的变化,《工程岩体分级标准》(GB/T 50218—2014)将岩石风化程度划分为5级,见表3-2。在《岩土工程勘察规范》(GB 50021—2001)中,根据岩石野外特征、纵波速度、波速比、风化系数进行了更详细的分类描述,可供参照。

岩石风化程度的划分   表3-2

名　　称	风 化 特 征
未风化	结构构造未变化,岩质新鲜
微风化	结构构造、矿物色泽基本未变,部分裂隙面有铁锰质渲染
中风化	结构构造部分破坏,矿物色泽较明显变化,裂隙面出现风化矿物或存在风化夹层
强风化	结构构造大部分破坏,矿物色泽明显变化,长石、云母等多风化成次生矿物
全风化	结构构造全部破坏,矿物成分除石英外,大部分风化成土状

五、防治风化的措施

实践表明,某些岩石完整、坚硬、抗风化能力极强,如花岗岩、厚层石灰岩等,在这些岩石中开挖隧道可以不设支撑、不衬砌,暴露在空气中的岩石数十年几乎没有风化迹象。而另外一些岩石,风化速度极快或极易风化,如某水工隧洞砂页岩,开挖一年后风化深度达1m以上。因此,对于容易风化或风化速度较快的岩石,必须采取措施,防止风化引起岩石力学性质的恶化。

防止岩石风化作用发展的措施之一是向岩石孔隙、裂隙灌注各种浆液,提高岩石整体性和强度,增强岩石抗风化能力;措施之二是在岩石表层设置绿化、喷抹水泥砂浆、沥青或石灰水泥砂浆封闭岩面,防止空气、水分与岩石接触或渗入其中,也是防治岩石风化的有效措施。在基础工程建设中,对于已经存在的严重风化层,若其厚度不大,应予清除,使建筑物地基落在未风化或微、弱风化的岩石上;若厚度较大不能全部挖除,则应采取相应措施,如采用桩基穿透风化层至新鲜岩石。边坡、隧道工程可根据风化层厚度及风化程度采用加强支护、支挡、衬砌等措施。

第二节 地表流水的地质作用

在自然界,水有气体、液体和固体三种不同状态,它们存在于大气中,覆盖在地球表面和赋存于地下土、石的孔隙、裂隙或空洞中,可分别称为大气水、地表水和地下水。

自然界中这三部分水之间有密切的联系。在太阳辐射热的作用下,地表水经过蒸发和生物蒸腾变成水蒸气,上升到大气中,随气流移动,在适当条件下,水蒸气凝结成雨、露、雪、雹降落到地面,称为大气降水。降到地面的水,一部分沿地面流动,汇入江、河、湖、海,成为地表水;另一部分渗入地下,成为地下水。地下水沿地下土、石的孔隙、裂隙流动,当条件适合时,以泉的形式流出地表或由地下直接流入海洋。大气水、地表水和地下水之间这种不间断的运动和相互转化,称为自然界中水的循环。按其循环范围的不同,可分为大循环和小循环,如图 3-3 所示。

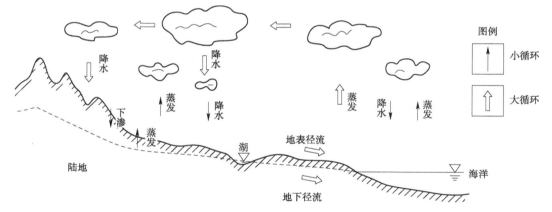

图 3-3 自然界中水循环

大循环是指水在整个地球范围内,在海洋和陆地之间的循环。水从海洋表面蒸发,被气流带到陆地上空,通过大气降水落到地面,其中一部分渗入地下,然后以地表水或地下水的形式流回海洋。

小循环是地球上局部范围内的水循环。例如:水从海洋面蒸发,又以海洋上空降水的形式落到海洋,通常称为海上内循环;水从陆地江、河、湖面蒸发进入大气,又以大气降水的形式重新降落到陆地,通常称为内陆循环。

据已有资料,地球上总水量约为 145432.7 万 km^3,它的质量占地球总质量的 0.024%,约占地壳质量的 6.91%。如果地球表面完全没有起伏,则全球将被一层厚 2745m 的海水覆盖。实际上,地球表面起伏很大,使 29.2% 的地面露在水面上,其余 70.8% 的地面处于水下。

水是一切有机物的生长要素,海洋是生命起源地。水既是一种人类生活和生产不可缺少的重要资源,又是一种重要的地质作用动力,它促使地表形态和地壳表层物质的物理性质和化学成分不断发生变化。土木工程建设中遇到的问题,通常与地表流水和地下水的地质作用有关。本节先介绍地表流水的地质作用。

一、概述

地表流水可分为暂时流水和经常流水两类。暂时流水是一种季节性、间歇性流水,它主要以大气降水为水源,所以一年中有时有水,有时干枯,如大气降水后沿山坡坡面或山间沟谷流动的水。经常流水在一年中水流不断,它的水量虽然也随季节发生变化,但不会干枯无水,这就是通常所说的河流。一条暂时流水的沟谷,若能不间断地获得水源的供给,就会变成一条河流。实际上,一条河流的水源往往是多方面的,除大气降水外,高山冰、雪融化水和地下水都可能是它的重要水源。暂时流水与河流相互连接,脉络相通,组成统一的地表流水系统。

地表流水的地质作用主要包括侵蚀作用、搬运作用和沉积作用。

地表流水对坡面的洗刷作用及对沟谷及河谷的冲刷作用,不断使原有地面遭到破坏,这种破坏被称为侵蚀作用。侵蚀作用造成地面大量水土流失、冲沟发展,引起沟谷斜坡滑塌、河岸坍塌等各种不良地质现象和工程地质问题。因此,研究地表流水的侵蚀作用就显得十分重要。

地表流水把地面被破坏的破碎物质带走,称为搬运作用。搬运作用使被破碎物质覆盖的新地面暴露出来,为新地面的进一步破坏创造了条件。在搬运过程中,被搬运物质对沿途地面加强了侵蚀。同时,搬运作用为沉积作用准备了物质条件。

当地表流水流速降低时,部分物质不能被继续搬运而沉积下来,称为沉积作用。沉积作用是地表流水对地面的一种建设作用,形成某些最常见的第四纪沉积层。

第四纪沉积层是指现代沉积的松散物质。从粒度成分看,它们包括块石、碎石、砾石、卵石、各种砂和黏性土。第四纪沉积层根据形成原因不同,可分为风成的、海成的、湖成的、冰川形成的和地表流水形成的等,这种分类法被称为土的成因分类,不同类别有各自的特征。此外,第四纪沉积层生成年代最新,处于地壳最表层。工程建筑如果修筑在广阔的大平原上,可能只接触第四纪沉积层而不接触岩石。在山区进行工程建筑,虽然经常遇到岩石,但也难以完全避开第四纪沉积层。本章主要介绍四种最常见的第四纪沉积层(残积层、坡积层、洪积层及冲积层)的形成过程及其工程地质特征。

二、暂时流水的地质作用

暂时流水是大气降水后短暂时间内在地表形成的流水,因此在雨季,特别是强烈集中暴雨后,暂时流水的作用特别显著,往往造成较大灾害。

(一)淋滤作用及残积层(Q^{el})

在大气降水渗入地下的过程中,渗流水不仅能把地表附近的细小破碎物质带走,还能把周围岩石中的易溶成分溶解带走。经过渗流水的这些物理和化学作用后，地表附近岩石逐渐失去其完整性、致密性，残留在原地的则为不易溶解的松散物质。这个过程称淋滤作用，残留在原地的松散破碎物质称残积层。由其形成过程，可知残积层有下述特征：

（1）残积层是位于地表以下、基岩风化带以上的一层松散破碎物质。其破碎程度在地表最大，越向地下越小，逐渐过渡到基岩风化带。基岩全风化带经过淋滤作用后应当包括在残积层之内。

（2）残积层的物质成分与下伏基岩成分密切相关，因为残积层就是下伏原岩经过风化淋滤之后残留下来的物质。

（3）残积层的厚度与地形、降水率、水中化学成分等多种因素有关。若地形较陡，被破坏的物质容易冲走，残积层就薄；若降水量大，水中 CO_2 多，则化学风化作用强烈，残积层可能较厚。各地残积层厚度相差很大，厚的可达数十米，薄的只有数十厘米，甚至完全没有残积层。

（4）残积层具有较大的孔隙率、较高的含水率，作为建筑物地基，强度较低。特别是当残积层下伏基岩面倾斜、残积层中有水流动或近于被水饱和时，在残积层内开挖边坡，或把建筑物置于残积层之上，均易发生残积层滑动。

（二）洗刷作用及坡积层（Q^{dl}）

大气降水沿地表流动的部分，在汇入洼地或沟谷以前，往往沿整个山坡坡面漫流，把覆盖在坡面上的风化破碎物质携带到山坡坡脚处，这个过程称洗刷作用，在坡脚处形成的沉积层称坡积层（图 3-4）。坡积层具有下述特征：

（1）坡积层位于山坡坡脚处，其厚度变化较大，一般是坡脚处最厚，向山坡上部及远离山脚方向均逐渐变薄尖灭。

（2）坡积层多由碎石和黏土组成，其成分与下伏基岩无关，而与山坡上部基岩成分有关。

（3）由于从山坡上部到坡脚搬运距离较短，故坡积层层理不明显，碎石棱角清楚。

（4）坡积层松散、富水，作为建筑物地基强度很差。坡积层很容易发生滑动，坡积层下原有地面越陡，坡积层中含水越多，坡积层物质粒度越小、黏土含量越高，则越容易发生坡积层滑坡。

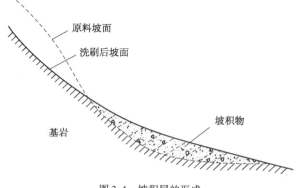

图 3-4　坡积层的形成

（三）冲刷作用及洪积层（Q^{pl}）

地表流水逐渐向低洼沟槽中汇集，水量渐大，携带的泥沙石块也渐多，侵蚀能力加强，使沟槽向更深处下切，同时使沟槽不断变宽，这个过程称为冲刷作用。冲刷作用使地面进一步遭到破坏,形成很多冲沟。

1. 冲沟

如果地表岩石或土比较疏松、裂隙发育,地面坡度较陡,再加上地面缺少植物覆盖,则该地区极易形成冲沟。经常、反复进行的冲刷作用,先在地表低洼处形成小沟,小沟又不断被加深、扩宽形成大沟,大沟两侧及上游又形成许多新的小支沟,如图3-5所示。随着冲沟的形成和不断发展,使当地产生大量水土流失,地表被纵横交错的大、小冲沟切割得支离破碎。

在冲沟地区修筑建筑,首先必须查明该地区冲沟形成的各种条件和原因,特别要研究该地区冲沟的活动程度,分清哪些冲沟正处于剧烈发展阶段,哪些冲沟已处于衰老休止阶段,然后有针对性地进行治理。冲沟治理应以预防为主。通常采用的主要措施是调整地表水流、填平洼地、禁止滥伐树木、人工种植草皮等。对那些处于剧烈发展阶段的冲沟,必须从上部截断水源,用排水沟将地表水疏导到固定沟槽中;同时在沟头、沟底和沟壁受冲刷处采取加固措施。在大冲沟中筑石堰、修梯田,沿沟铺设固定排水槽,也是有效措施。在缺乏石料的地区,则可改用柴捆堰、篱笆堰等加固设备,效果也较好。对那些处于衰老阶段的冲沟(在地貌上常表现为山坳,见图3-6),由于沟壁坡度平缓,沟底宽平且有较厚沉积物,沟壁和沟底都有植物生长,表明冲沟发展暂时处于休止状态,应当大量种植草皮和多年生植物加固沟壁,以免支沟重新复活。道路通过时应尽量少挖方,新开挖的边坡则应及时采取保护措施。

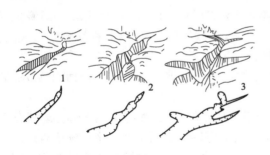

图3-5 冲沟形成和发展示意图

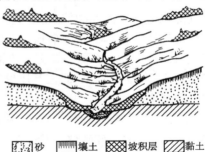

▦砂　▥壤土　▧坡积层　▨黏土

图3-6 山坳

2. 洪积层的特征

集中暴雨或积雪骤然大量融化,都会在短时间内形成巨大的地表暂时流水,一般称为洪流。洪流携带大量被剥蚀沿沟谷流动的泥沙石块,当流到山前平原、山间盆地或沟谷进入河流的谷口时,流速显著降低,携带的大量泥沙石块沉积下来,形成洪积层。洪积层有下述特征:

(1)洪积层多位于沟谷进入山前平原、进入山间盆地、流入河流处。从外貌看,洪积层多呈扇形,称洪积扇(图3-7)。扇顶位于较高处的沟谷内,扇缘在陡坡与缓坡交界处成一弧形。

(2)洪积层成分较复杂,由沟谷上游汇水区内的岩石种类决定。

(3)从平面上看,扇顶洪积物较粗大,多为砾石、卵石;向扇缘方向越来越细,由砂至粉土直至黏土。从断面上看,地表洪积物颗粒较细,向地下越来越粗。也就是说,洪积层初具分选性和层理。同时,由于携带物搬运距离较远,沿途受到摩擦、碰撞,使洪积物具有一定磨圆度。

由于洪积层的上述特点,对于规模很大的洪积层一般可划分为三个工程地质条件不同的地段(图3-8):靠近洪积层扇顶的粗碎屑沉积地段,孔隙大,透水性强,地下水埋藏深,压缩性小,承载力比较高,是良好的天然地基;洪积层扇缘的细碎屑沉积地段,如果在沉积过程中受到周期性的干燥,黏土颗粒发生凝聚并析出可溶盐分时,则洪积层的结构颇为结实,承载力也是比较高的;在上述两地段之间的过渡带,因为常有地下水溢出,水文地质条件不良,对工程建筑不利。

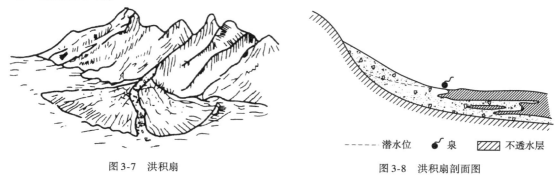

图3-7 洪积扇   ----- 潜水位 · 泉 ▨ 不透水层

                              图3-8 洪积扇剖面图

三、河流的地质作用

我国是多河流国家,我国长江、黄河、珠江和黑龙江四大水系流域总面积近400万 km²,占我国总面积40%以上。由于我国幅员辽阔,地形高差大,各地自然环境条件相差悬殊,构成了我国河流区域性特点以及一条大河不同段落上的复杂性和多变性。

一条河流从河源到河口一般可分为三段:上游、中游和下游。上游多位于高山峡谷,急流险滩多,河道较直,流量不大但流速很高,河谷横断面多呈"V"字形;中游河谷较宽广,河漫滩和河流阶地发育,横断面多呈"U"字形;下游多位于平原地区,流量大而流速较低,河谷宽广,河曲发育,在河口处易形成三角洲。

河流的侵蚀作用、搬运作用和沉积作用在整条河流上同时进行,相互影响。在河流的不同段落上,三种作用进行的强度并不相同,常以某一种作用为主。

(一)河流的侵蚀、搬运和沉积作用

1.侵蚀作用

河流侵蚀作用的能力由水量和流速决定。以 Q 表示河水流量(m^3/s),v 为流速(m/s),则河水动能 E 由式(3-1)表示:

$$E = \frac{1}{2}Qv^2 \qquad (3-1)$$

由式(3-1)可知,河水动能与流量成正比,与流速的平方成正比。显然,流速对动能的影响比流量更大,河水的动能一方面用于侵蚀作用,另一方面用于搬运被侵蚀下来的泥沙、石块。因而河流的侵蚀与搬运两种作用是相互依存、相互制约的。

河流的侵蚀作用按其作用的方式,可分为溶蚀和机械侵蚀两种。溶蚀是指河水对组成河床的可溶性岩石不断地进行化学溶解,使之逐渐随水流失。河流的溶蚀作用在石灰岩、白云岩等可溶性岩类分布地区比较显著。此外,如河水对其他岩石中可溶性矿物发生溶解,使

岩石的结构松散破坏,则有利于机械侵蚀作用的进行。机械侵蚀作用包括流动的河水对河床组成物质的直接冲击和夹带的砂砾、卵石等固体物质对河床的磨蚀。机械侵蚀在河流的侵蚀作用中具有普遍的意义,它是山区河流的一种主要侵蚀方式。

河流的侵蚀作用,按照河床不断加深和拓宽的发展过程,可分为下蚀作用和侧蚀作用。下蚀和侧蚀是河流侵蚀过程中互相制约和互相影响的两个方面,它们是同时进行的,但河流上游以下蚀为主,下游以侧蚀为主。

(1)下蚀作用

河水在流动过程中使河床逐渐下切加深的作用,称为河流的下蚀作用。河水夹带固体物质对河床的机械破坏,是使河流下蚀的主要因素。其作用强度取决于河水的流速和流量,同时也与河床的岩性和地质构造有密切的关系。下蚀作用使河床不断加深,切割成槽形凹地,形成河谷。在山区河流下蚀作用强烈,可形成深而窄的峡谷。金沙江虎跳峡,谷深达3000m。长江三峡,谷深达1500m。滇西北的金沙江河谷,平均每千年下蚀60cm。北美科罗拉多河谷,平均每千年下蚀40cm。

河流的侵蚀过程总是从河的下游逐渐向河源方向发展的,这种溯源推进的侵蚀过程称为溯源侵蚀。分水岭不断遭到剥蚀切割,河流长度的不断增加,以及河流的袭夺现象都是河流溯源侵蚀造成的结果。

河流的下蚀作用并不是无止境地继续下去,而是有它自己的基准面。因为随着下蚀作用的发展,河床不断加深,河流的纵坡逐渐变缓,流速降低,侵蚀能量削弱,达到一定的基准面后,河流的侵蚀作用将趋于消失。河流下蚀作用消失的平面,称为侵蚀基准面。流入主流的支流,基本上以主流的水面为其侵蚀基准面;流入湖泊海洋的河流,则以湖面或海平面为其侵蚀基准面。大陆上的河流绝大部分都流入海洋,而且海洋的水面也较稳定,所以又把海平面称为基本侵蚀基准面。侵蚀基准面并不是固定不变的,由于构造运动的区域性和差异性,会引起水系侵蚀基准面发生变化。侵蚀基准面一经变动,则会引起相关水系的侵蚀和堆积过程发生重大的改变。所以,根据河谷侵蚀与堆积地貌组合形态的研究,能够对地区新构造运动的情况作出判断。

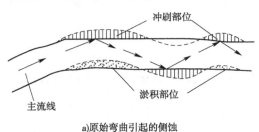

a)原始弯曲引起的侧蚀

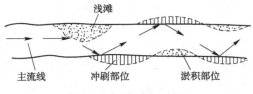

b)河床中障碍物引起的侧蚀

图3-9 河流产生侧蚀

(2)侧蚀作用

河水在流动过程中,一方面不断刷深河床,同时也不断地冲刷河床两岸,这种使河床不断加宽的作用,称为河流的侧蚀作用。河水在运动过程中横向环流的作用,是促使河流产生侧蚀的经常性因素。所以原始河床一处微小的弯曲都将使河水主流线不再平行河岸而引起冲刷,致使弯曲程度越来越大,见图3-9a)。此外,如河水受支流或支沟排泄的洪积物以及其他重力堆积物的障碍顶托,致使主流流向发生改变,引起对岸产生局部冲刷,这也是一种在特殊条件下产生的河流侧蚀现象,见图3-9b)。在天然河道上能形成横向环流的地方很多,但在河湾部分最为显著,见图3-10a)。当运动的河水进入河湾后,由于受离心力的作用,表层水流以很大的流速冲向凹岸,产生强烈冲刷,使凹岸岸壁不断坍塌后退,并将冲刷下来的碎屑物质由底层水流带向凸岸堆积下来,见图3-10b)。

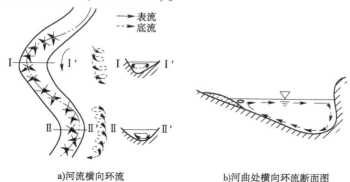

a)河流横向环流　　　　　　　b)河曲处横向环流断面图

图3-10　横向环流示意图

随着侧蚀的不断进行,受冲刷的河岸越来越向外凸出,相对一岸越来越向内凹进,使河流形成连续的左右交替的弯曲,称河曲。由于河水主流线不是垂直而是斜向冲刷河岸,故这种弯曲向河流前进方向凸出,随着侧蚀不断发展,这些弯曲逐渐向下游方向推进。河曲进一步发展,河流弯曲程度越来越大,河流也越来越长,导致河床底坡变缓,流速降低。当流速减小到一定程度,河流只能携带泥沙克服阻力流动,而无力进行侧蚀的时候,河曲不再发展,此时的河曲可称为蛇曲。河流的蛇曲地段,弯曲程度很大,某些河湾之间非常接近,只隔一条狭窄地段,到了洪水季节,洪水将能冲决这一狭窄地段,河水经由新冲出的距离短、流速大的河道流动,残余的河曲两端逐渐淤塞,脱离河床而形成特殊形状的牛轭湖(图3-11)。湖中水分逐渐

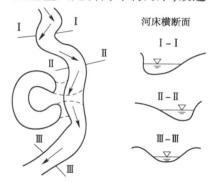

图3-11　河曲及牛轭湖

蒸发,将发展成为沼泽。长江下游荆州、汉口等地段,由被遗弃的古河道形成的湖泊、洼地和沼泽星罗棋布。

2. 搬运作用

河流具有一定的搬运能力,能把侵蚀作用生成的各种物质以不同方式向下游搬运,直至搬运到湖、海、盆地中。河流搬运能力与流速关系最大,当流速增加一倍,被搬运物质的重量可增大到原来的4倍。当流速减小时,就有大量泥沙、石块沉积下来。

流水搬运的方式可分为物理搬运和化学搬运两大类。物理搬运的物质主要是泥沙、石块,化学搬运的物质则是可溶解的盐类和胶体物质。根据流速、流量和泥沙、石块的大小不同,物理搬运又可分为悬浮式、跳跃式和滚动式三种方式。悬浮式搬运的主要是颗粒细小的砂和黏粒,这些物质悬浮于水中或水面,顺流而下。悬浮式搬运是河流搬运的重要方式之一,搬运的物质数量最大,例如黄河中大量黄土颗粒主要是悬浮式搬运的产物,每年的悬浮搬运量可达6.72亿t;长江每年的悬浮搬运量也有2.58亿t。跳跃式搬运的物质一般为块石、卵石和粗砂,它们有时被急流、涡流卷入水中向前搬运,有时则被缓流推着沿河底滚动。滚动式

搬运的主要是巨大的块石、砾石,它们只能在水流强烈冲击下,沿河底缓慢向下游滚动。

化学搬运的距离最远,水中各种离子和胶体颗粒多被搬运到湖泊、海洋之中,当条件适合时,在湖、海盆地中产生沉积。

河流在搬运过程中,随着流速逐渐减小,被携带物质按其大小和重量陆续沉积在河床中,上游河床中沉积物较粗大,越向下游沉积物颗粒越细小;从河床断面上看,流速逐渐减小时,粗大颗粒先沉积下来,细小颗粒后沉积、覆盖在粗大颗粒之上,从而在垂直方向上显示出层理。在河流平面上和断面上,沉积物颗粒大小的这种有规律的变化,称河流的分选作用。大小均匀的分选性好,大小悬殊的分选性差。另外,在搬运过程中,被搬运物质与河床之间、被搬运物质互相之间,都不断发生摩擦、碰撞,从而使原来有棱角的岩屑、碎石逐渐磨去棱角而成浑圆形状,成为在河床中常常见到的砾石、卵石和砂,它们都具有一定的磨圆度,这种作用称河流的磨蚀作用,搬运距离越长,磨圆度越高。良好的分选性和磨圆度是河流沉积物区别于其他成因沉积物的重要特征。

3. 沉积作用和冲积层(Q^{al})

河流在运动过程中,能量不断受到损失,当河水夹带的泥砂、砾石等搬运物质超过了河水的搬运能力时,被搬运的物质便在重力作用下逐渐沉积下来,河流的沉积物称冲积层。由于河流在不同地段流速降低的情况不同,各处形成的沉积层就具有不同特点。

在山区,河流底坡陡、流速大,沉积作用较弱,河床中冲积层多为巨砾、卵石和粗砂。当河流由山区进入平原时,流速骤然降低,大量物质沉积下来,形成冲积扇。冲积扇的形状和特征与前述洪积扇相似,但冲积扇规模较大,冲积层的分选性及磨圆度更高。以永定河由北京西山进入华北平原时在三家店形成的大冲积扇为例(图 3-12),根据研究结果,该冲积扇以永定河出山口处的三家店为顶点,微呈隆起的平凸地形向北东、南东和南西方向作辐射状倾斜,倾斜坡度为 2% ~ 3%;扇顶部高程平均约 90m,扇边缘平均高程为 4 ~ 5m。整个冲积扇面积约 3000km²,北京及其附近广大地区均位于这个冲积扇上。冲积扇还常分布在大山的山麓地带,例如祁连山北麓、天山北麓

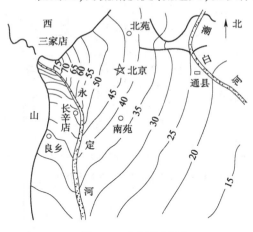

图 3-12 永定河冲积扇

和燕山南麓的大量冲积扇。如果山麓地带几个大冲积扇相互连接起来,则形成山前倾斜平原。

在河流下游,则由细小颗粒的沉积物组成广大的冲积平原,例如黄河下游、海河及淮河的冲积层构成的华北大平原。在河流入海的河口处,流速几乎降到零,河流携带的泥沙绝大部分都要沉积下来。若河流沉积下来的泥沙量被海流卷走,或河口处地壳下降的速度超过河流泥沙量的沉积速度,则这些沉积物不能保留在河口或不能露出水面,这种河口则形成港湾。例如我国南方钱塘江河口处,由于海浪和潮汐作用强烈,使冲积层不能形成,而成为港湾。更多的情况是大河河口都能逐渐积累冲积层,它们在水面以下呈扇形分布,扇顶位于河口,扇缘则伸入海中,冲积层露出水面的部分形如一个其顶角指向河口的倒三角形,故称河

口冲积层为三角洲(图 3-13)。三角洲的内部构造与洪积扇、冲积扇相似:下粗上细,即近河口处较粗,距河口越远越细。不同的是,在河口外,有一个比河床更陡的斜坡,斜坡在水下伸向海洋,此斜坡远离海岸后渐趋平缓,三角洲就沉积在此斜坡上。随着河流不断带来沉积物,三角洲的范围也不断向海洋方面扩展,随各种条件不同,扩展速度也不同。例如天津市在汉代是海河河口,元朝时附近为一片湿地,现在则已成为距海岸约 90km 的城市。长江下游自江阴以东地区,就是由大三角洲逐渐发展而成的。我国河流中携带泥沙量最多的黄河,其三角洲已向黄海伸进 480km,每年伸进 300m。

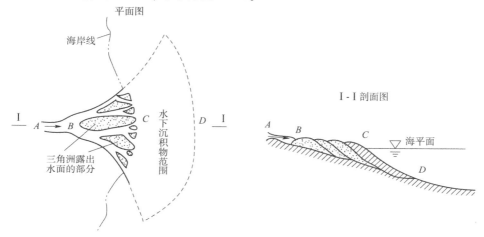

图 3-13 三角洲

从冲积层的形成过程,可知它具有以下特征:

(1)冲积层分布在河床、冲积扇、冲积平原或三角洲中,其成分非常复杂,河流汇水面积内的所有岩石和土都能成为该河流冲积层的物质来源。与前面讨论过的其他三种第四纪沉积层相比,冲积层分选性好,层理明显,磨圆度高。

(2)由于冲积层分布广,表面坡度比较平缓,多数大、中城市都坐落在冲积层上,道路也多选择在冲积层上通过。作为工程建筑物的地基,砂、卵石的承载力较黏土高,黏土较低。在冲积平原应特别注意冲积层中两种不良沉积物,一种是软弱土层,例如牛轭湖、沼泽地中的淤泥、泥炭等;另一种是容易发生流砂现象的细、粉砂层。勘察时要注意辨别,一旦发现,应采取专门的设计和施工处理措施。

(3)冲积层中的砂、卵石、砾石层常被选用为建筑材料。厚度稳定、延续性好的砂、卵石是丰富的含水层,可以作为良好的供水水源。

(二)河谷横断面及河流阶地

河流地质作用的结果形成各种复杂的侵蚀和沉积地貌,河谷地貌形态可以用河谷横断面表示。道路经常沿河或跨河前进,各种道路建筑物处于河谷断面的部位应当重视。

1. 河谷横断面

如图 3-14 所示,(1)为河床,是经常被流水占据的部位;(2)为河漫滩,是洪水期被淹没、枯水期露出水面的部位;(3)为河谷斜坡,是河漫滩以上向两侧延伸的斜坡,对于有阶地的河谷,它是河漫滩以上Ⅰ级阶地的斜坡;(4)、(5)、(6)分别为河流Ⅰ级、Ⅱ级、Ⅲ级阶地。

2. 河流阶地

河谷内河流侵蚀或沉积作用形成的阶梯状地形称阶地或台地。若阶地延伸方向与河流方向垂直,称横向阶地;若阶地延伸方向与河流方向平行,称纵向阶地。

横向阶地是由于河流经过各种悬崖、陡坎,或经过各种软硬不同的岩石,其下切程度不同而造成的。河流在经过横向阶地时常呈现为跌水或瀑布,故横向阶地上较难保存冲积物,并且随着强烈下蚀作用的继续进行,这些横向阶地将向河源方向不断后退。

纵向阶地如图3-14所示,它们是地壳上升运动与河流地质作用的结果。地壳每一次剧烈上升,使河流侵蚀基准面相对下降,大大加速了下蚀的强度,河床底被迅速向下切割,河水面随之下降,以致再到洪水期时也淹没不到原来的河漫滩了。这样,原来的老河漫滩就变成了最新的Ⅰ级阶地,原来的Ⅰ级阶地变为Ⅱ级,…,以此类推,在最下面则形成新的河漫滩。道路沿河流行进,通常都选择在纵向阶地上,故一般不加说明时,阶地即指纵向阶地。

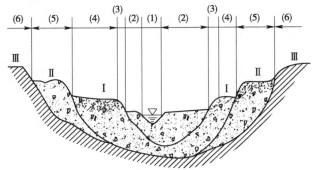

图3-14 河谷横断面

一条河流有多少级阶地是由该地区地壳上升次数决定的,每剧烈上升一次就应当有相应的一级阶地,例如兰州地区的黄河就有六级阶地。但是,由于河流地质作用的复杂性,使河流两岸生成的阶地级数及同级阶地的大小范围并不完全对称相同,例如左岸共有Ⅰ、Ⅱ、Ⅲ三级阶地,右岸可能只有Ⅱ、Ⅲ两级阶地;左岸的Ⅲ级阶地可能比较宽广、完整,右岸的Ⅲ级阶地则可能支离破碎、残余面积不大。河流阶地用罗马数字编号,自河漫滩以上顺序排列,编号越大,阶地位置越高,生成年代越早,则可能被侵蚀破坏得越严重,越不易完整保存下来。

根据河流阶地组成物质的不同,可以把阶地分为以下三种基本类型(图3-15):

(1)侵蚀阶地,也称基岩阶地。指阶地表面由河流侵蚀而成,表面只有很少的冲积物,主要由被侵蚀的岩石构成,侵蚀阶地多位于山区,是由地壳上升、河流下切极强造成的。

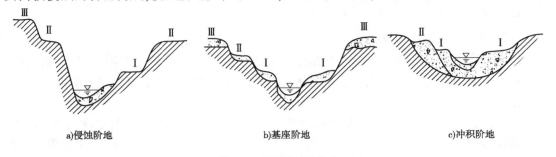

a)侵蚀阶地   b)基座阶地   c)冲积阶地

图3-15 河流阶地的类型

（2）基座阶地。指阶地表面有较厚的冲积层，但地壳上升、河流下切较深，以致切透了冲积层，切入了下部基岩以内一定深度，从阶地斜坡上明显地看出，阶地由上部冲积层和下部基岩两部分构成。

（3）冲积阶地，也称堆积阶地或沉积阶地。指整个阶地在阶地斜坡上出露的部分均由冲积层构成，表明该地区冲积层很厚，地壳上升引起的河流下切未能把冲积层切透。

根据阶地的形成过程，在野外辨认河流阶地时需注意下述两方面特征：形态特征和物质组成特征。从形态上看，阶地表面一般较平缓，纵向微向下游倾斜，倾斜度与本段河床底坡接近，横向微向河中心倾斜。河床两侧同一级阶地，其阶地表面距河水面高差应当相近。某些较老的阶地，由于长时间受到地表水的侵蚀作用，平整的阶地表面被破坏，形成高度大致相等的小山包。应当指出，不能只从形态上辨认阶地，以免与人工梯田、台坎混淆，还必须从物质组成上研究。由于阶地是由老的河漫滩形成的，它应由黏土、砂、卵石等冲积层组成。就侵蚀阶地而言，在基岩表面上也应或多或少地保留冲积物。因此，冲积物是阶地物质组成中最重要的物质特征。

由于河流的长期侵蚀堆积，成形的河谷一般都有不同规模的阶地存在，它一方面缓和了山谷坡脚地形的平面曲折和纵向起伏，有利于路线平纵面设计和减少工程量，另一方面又不易遭受山坡变形和洪水淹没的威胁，容易保证路基稳定。所以阶地在通常情况下，是河谷地貌中敷设路线的理想地貌部位。当有几级阶地时，除考虑过岭高程外，一般以利用Ⅰ、Ⅱ级阶地敷设路线为好。

第三节　地下水的地质作用

地下水主要由大气降水和地表水渗入地下形成，在干旱地区，水蒸气可以直接在土层及岩石的空隙中凝成地下水。地下水是自然界水资源的重要组成部分，它常成为人们的生活和生产用水的水源，在干旱、半干旱地区则更是主要的甚至是唯一的可靠水源。另一方面，地下水与岩土相互作用，会使岩体及土体的强度与稳定性降低，产生各种不良的自然地质现象和工程地质现象，如滑坡、岩溶、潜蚀、地基的沉陷与冻胀等，对工程建筑造成危害。在工程的设计与施工中，当考虑路基及隧道围岩的强度与稳定性、桥梁基础的埋置深度、施工开挖中的涌水等问题时，均必须研究地下水的问题，研究地下水的埋藏条件、类型及其活动的规律性，以便采取相应措施，保证结构物的稳定和正常使用。此外，在某些情况下，地下水还会对工程建筑材料如水泥混凝土等产生腐蚀作用，使结构物遭到破坏。因此，工程上对地下水问题向来是十分重视的。通常把与地下水有关的问题称为水文地质问题，把与地下水有关的地质条件称为水文地质条件。

一、水在岩土中的存在状态

地下水存在于地下岩土的孔隙、裂隙中，根据岩土中水的物理力学性质不同及水与岩土颗粒间的相互关系，地下水的赋存可以有以下几种状态。

1. 气态水

即水蒸气，它和空气一起充满于岩土的孔隙、裂隙中。岩土中的气态水可以由大气中的气态水进入地下形成,也可由地下液态水蒸发形成。气态水有极大的活动性,受气流或温、湿度的影响,由蒸气压力大的地方向蒸气压力小的地方移动。在温度降低或湿度增大到足以使气态水凝结时,便变成液态水。

2. 吸着水

岩土中的气态水分子被分子引力和电力吸附到岩土颗粒表面,形成吸着水,也叫强结合水。当被吸附在岩土颗粒表面的水分子逐渐增多成为包围颗粒的一层连续的水膜时,水膜厚度等于水分子的直径,吸着水量达到最大值(图3-16中的1、2)。

岩土颗粒表面具有分子引力,水分子是偶极分子,它们之间吸引力非常大,超过一万个大气压,比水分子所受重力大得多。因此,吸着水不同于一般液态水,它不受重力影响,一般情况下不能移动,只有在受热超过105～110℃时,才能变为气态水离开颗粒表面。

3. 薄膜水

当孔隙、裂隙中相对湿度较大时,岩土颗粒可以在吸着水膜以外吸附更多的水分子,成为几个水分子到几百个水分子直径厚的水膜,称为薄膜水(图3-16中的3、4),也叫弱结合水。由于颗粒与水分子间的吸引力离颗粒表面越远越小,当两个颗粒的薄膜水接触后,薄膜水由水膜厚的地方向薄的地方缓慢地移动,直到薄膜厚度接近相等为止。薄膜水仍不能在重力作用下自由流动,也不能传递静水压力。

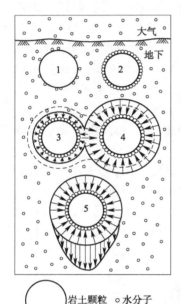

图 3-16　岩土中水的状态
1-具有不完全吸着水量的颗粒;2-具有最大吸着水量的颗粒;3、4-具有薄膜水的颗粒;5-具有重力水的颗粒

吸着水和薄膜水都属于分子结合水,它们在岩土中的含量取决于颗粒的总表面积,颗粒越细小,总表面积越大,吸着水和薄膜水含量也越多。例如,黏土所含的吸着水和薄膜水可分别达到18%和45%,而砂土所含吸着水和薄膜水分别为不到0.5%和2%。对于具有裂隙和溶洞的坚硬岩石来说,所含吸着水和薄膜水微不足道,没有实际意义。

根据上述水的性质,吸着水和薄膜水含量对岩土的持水性、给水性和透水性都有很大影响,特别是对黏土和黏土质岩石的工程性质有决定性的影响。随着黏土和黏土质岩石中含水率的变化,它们的可塑性、体积胀缩性和孔隙度也会发生改变。

4. 毛细水

存在于岩土毛细孔隙和毛细裂隙中的水称毛细水,属非结合水。通常,土中直径小于1mm的孔隙为毛细孔隙;岩石中宽度小于0.25mm的裂隙为毛细裂隙。毛细水同时受重力和毛细力的作用,毛细力大于重力,水就上升,反之则下降,毛细力与重力相等时,毛细水的上升达到最大高度。毛细水上升速度及高度,取决于毛细孔隙的大小,而孔隙的大小与颗粒大小有密切关系。毛细水在非饱和土力学的研究中有重要意义。表3-3给出了几种松散土毛细水上升的最大高度。

松散土毛细水上升最大高度(cm) 表3-3

土的种类	粗砂	中砂	细砂	轻砂黏土	砂黏土	黏土
高度	2～4	12～35	35～120	120～250	300～350	500～600

通常,在地下水面之上,若岩土中有毛细孔隙,则水沿毛细孔隙上升,在地下水面上形成一个毛细水带。毛细水受重力作用能垂直运动,可以传递静水压力,能被植物吸收,对于土的盐渍化、冻胀等有重大影响。

5.重力水

当薄膜水厚度逐渐增大,颗粒与水分子间的引力越来越小,以致水分子不再受这种引力控制的时候,这些水分子形成液态水滴,在重力作用下向下移动(图3-16中的5),形成重力水,属非结合水。在饱和的岩土中,孔隙、裂隙中的水除薄膜水外都是重力水。重力水在重力作用下可以在岩土孔隙、裂隙中自由流动,又称自由水。重力水是构成地下水的主要部分,通常所说的地下水就指重力水。

6.固态水

固态水主要是指岩土孔隙、裂隙中的冰。在我国华北、东北、西北某些地区,地下温度随季节不同有周期性的变化,当温度低于0℃时,液态水变为固态冰;温度高于0℃时,固态冰又变为液态水。这种周期性的冻胀、融沉造成了地面建筑物失稳。在我国东北及高山、高原的某些地区,地下温度终年处于0℃以下,地下水也就终年以固态形式存在。

各种状态的水在岩土中的存在形式可以下例说明:假设从地面向下打一口井,就会看到图3-17所示的情况。开始挖出的土看起来像干的,实际上土中已有气态水甚至吸着水和薄膜水存在了。继续向下挖,随着薄膜水逐渐增加,挖出的土逐渐潮湿,颜色加深,这样逐渐变化直至见到地下水面为止。如果在地下水面以上存在一个毛细水带,则上述的逐渐变化在到达毛细水位(图3-17中毛细水的上部界限)时,能够

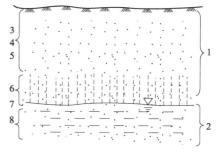

图3-17 各种状态地下水在地下的垂直分布情况

1-包气带;2-饱水带;3-气态水;4-吸着水;5-薄膜水;6-毛细水;7-地下水面;8-重力水

有一个较明显的改变,在毛细带中挖土时,井壁、井底都不断有水渗出来。地下水面以下是自由流动的重力水,称为饱水带。地下水面以上直到地表统称为包气带。在包气带中,岩土孔隙、裂隙并没有完全被水充满,含有与大气圈相连的空气。

二、地下水的物理性质和化学成分

由于地下水在运动过程中与各种岩土相互作用、溶解岩土中可溶物质等原因,使地下水成为一种复杂的溶液。研究地下水的物理性质和化学成分,对于了解地下水的成因与动态,确定地下水对混凝土等的侵蚀性,进行各种用水的水质评价等,都有着实际的意义。

(一)地下水的物理性质

地下水的物理性质包括温度、颜色、透明度、气味、味道、相对密度、导电性及放射性等。

1. 温度

地下水的温度与其埋藏深度、地下补给条件及地质条件等因素有关。按照地下水的温度高低,可把地下水分为:低于 0℃的过冷水;0～4℃的极冷水;4～20℃的冷水;20～37℃的温水;37～42℃的热水;42～100℃的极热水及高于 100℃的过热水七种。

2. 颜色

地下水的颜色决定于水中化学成分及悬浮物,而纯水是无色的。地下水颜色与水中所含成分的关系见表 3-4。

地下水所含成分与颜色的关系 表 3-4

所含成分	硬水	氧化亚铁	氢氧化铁	硫化氢	硫细菌	锰化合物	悬浮物	腐殖质
地下水颜色	浅蓝	浅灰蓝	锈黄	浅蓝绿	红	暗红	浅灰	暗黄、灰黑

3. 透明度

纯水是透明的,然而地下水中多含有一定数量的矿物质、有机质或胶体物质,从而使地下水透明度有很大不同,所含各种成分越多,透明度越差。根据透明程度可将地下水分为四个等级,见表 3-5。

地下水透明度分级 表 3-5

透明度分级	野外鉴别特征
透明的	无悬浮物及胶体,60cm 水深可见 3mm 粗线
微浊的	有少量悬浮物,大于 30cm 水深可见 3mm 粗线
混浊的	有较多悬浮物,半透明状,小于 20cm 水深可见 3mm 粗线
极浊的	有大量悬浮物或胶体,似乳状,水深很小也不能看清 3mm 粗线

4. 气味

纯水无气味,含一般矿物质时也无气味,但当水中含有某些气体或有机质时就有了某种气味。例如,水中含 H_2S 时有臭鸡蛋味,含腐殖质时有霉味等。有些气味在低温时较轻,在温度升高后则加重。

5. 味道

地下水的味道主要决定于水中化学成分,表 3-6 举例说明了这种关系。

地下水所含成分与味道的关系 表 3-6

成分	NaCl	Na_2SO_4	$MgCl$、$MgSO_4$	大量有机物	铁盐	腐殖质	H_2S 与碳酸气同时存在	CO_2 与适量 $Ca(HCO_3)_2$、$Mg(HCO_3)_2$
味道	咸	涩	苦	甜	墨水	沼泽	酸	良好适口

6. 相对密度

地下水相对密度取决于所含各种成分的含量。纯水相对密度为 1,水中溶解的各种成分较多时相对密度可达 1.2～1.3。

7. 导电性

盐类水溶液是电解质溶液,因此,地下水的导电性取决于溶解于地下水中的含盐量。反之,也可利用地下水导电性大小粗略判断水的总矿化度。

8.放射性

地下水的放射性是由地下水中的镭射气(氡)及少量放射性盐类引起的。事实上,除个别情况外,地下水在一定程度上都具有放射性。同时,水中氡的含量又是研究地下水连通性的常用标识物。

(二)地下水的化学成分

1.地下水的主要化学成分

地下水在流动和储存过程中,与周围岩土不断发生化学作用,使岩土中可溶成分以离子或化合物状态进入地下水,形成地下水的主要化学成分。地下水的化学成分比较复杂,目前在地下水中已发现的化学元素约 60 多种,但它们在地下水中的含量很不均衡,有的含量很高,有的含量甚微,这主要是由它们在地壳中分布的广泛程度和它们的溶解度决定的。在地壳中分布广、溶解度高的成分在地下水中含量较高。因此,地下水的化学成分主要取决于与地下水相接触的岩土成分及其性质。此外,气候条件和地下水径流、补给条件对地下水化学成分也有较大影响。

地下水中化学成分以离子、化合物和气体三种状态出现:

以离子状态出现的有:H^+、Na^+、K^+、NH_4^+、Mg^{2+}、Ca^{2+}、Fe^{2+}、Fe^{3+}、Mn^{2+} 等阳离子和 OH^-、Cl^-、HCO_3^-、NO_2^-、NO_3^-、SO_4^{2-}、CO_4^{2-}、SiO_4^{2-}、PO_4^{3-} 等阴离子。上述离子中的 Na^+、K^+、Ca^{2+}、Mg^{2+} 和 Cl^-、HCO_3^-、SO_4^{2-} 七种离子是地下水的主要离子成分,它们分布最广,在地下水中占绝对优势,它们决定了地下水化学成分的基本类型和特点。

以化合物状态出现的有:Fe_2O_3、Al_2O_3、H_2SiO_3 等。地下水中的化合物多以沉淀物或胶体形式存在。

以气体状态出现的有:N_2、O_2、CO_2、CH_4、H_2S 及放射性气体等。地下水中的气体也是重要的化学成分。地下水中的 O_2 和 N_2 主要来源于大气,它们随同大气降水及地表水的补给进入地下水中,因此越靠近地表含量越多,越向地下深处越少。地下水中的 CO_2 有两个来源,一是生物化学作用,如生物的呼吸及有机质残骸的分解发酵,这种作用发生于大气、土壤及地表水中,生成的 CO_2 随同渗入水进入地下水中,主要分布于浅部地下水中;另一种是碳酸盐岩石在高温作用下分解生成的 CO_2,是深部变质作用形成的。地下水中出现 H_2S,表明处于缺氧的还原环境,一般出现在深层地下水中。

2.地下水按化学成分分类

以不同的化学成分为主,按其含量多少,可以对地下水进行不同的分类。下面介绍三种常用的分类。

(1)按 pH 值分类

水中氢离子浓度的负对数值称为水的 pH 值,即 $pH = -lg[H^+]$。pH 值的大小表示水的酸碱性强弱,因为在纯水中 H^+ 与 OH^- 的浓度是相同的,22℃时纯水导电实验测得 H^+ 与 OH^- 浓度都是 $10^{-7}g/L$,纯水呈中性反应。当 H^+ 浓度大于 OH^- 浓度时,水呈酸性反应;当 OH^- 浓度大于 H^+ 浓度时,水呈碱性反应。因此,当 H^+ 离子浓度为 $10^{-7}g/L$ 时,pH=7,水呈中性。pH 值越小,地下水酸性越强;pH 值越大,地下水碱性越强。地下水按 pH 值分类见表 3-7。根据地域的不同,地下水的酸碱度不同,自然界中大多数地下水的 pH 值在 6.5 ~ 8.5 之间。

地下水按 pH 值分类 表 3-7

地下水类型	强酸性水	弱酸性水	中性水	弱碱性水	强碱性水
pH 值	<5	5~7	7	7~9	>9

（2）按总矿化度分类

地下水中所含各种离子、分子及化合物的总量称总矿化度。它反映了地下水中溶解盐的多少，而不包括气体在内。因此，总矿化度是用水在 105~110℃ 温度下烘干后称得的干涸残渣的质量来表示（g/L）。多数地下水总矿化度小于 1g/L，干旱地区地下水总矿化度可高达数克每升至数十克每升。按总矿化度大小，地下水可分为五种类型（表 3-8）。

地下水按总矿化度分类 表 3-8

地下水类型	淡水	微咸水（低矿化水）	咸水	盐水（高矿化水）	卤水
总矿化度/（g/L）	<1	1~3	3~10	10~50	>50

（3）按硬度分类

地下水的硬度是指水中所含 Ca^{2+}、Mg^{2+} 的数量。水中所含 Ca^{2+}、Mg^{2+} 总量称总硬度。若将水加热至沸腾，水中一部分 Ca^{2+}、Mg^{2+} 与水中 HCO_3^- 化合生成碳酸盐沉淀，这一部分因煮沸化合从水中去掉的 Ca^{2+}、Mg^{2+} 含量称暂时硬度，煮沸后仍保留在水中的 Ca^{2+}、Mg^{2+} 含量称永久硬度。总硬度等于暂时硬度与永久硬度之和。

表示硬度的方法很多，我国常用的硬度表示法有两种：一种是德国度，每一度相当于 1L 水中含有 10mg 的 CaO 或 7.2mg 的 MgO；另一种是每升水中 Ca^{2+} 和 Mg^{2+} 的毫摩尔数（1 毫摩尔硬度 =2.8 德国度）。根据硬度可将水分为五类（表 3-9）。

地下水按硬度分类 表 3-9

	地下水类型	极软水	软水	微硬水	硬水	极硬水
硬度	Ca^{2+} 和 Mg^{2+} 的毫摩尔数/L	<1.5	1.5~3.0	3.0~6.0	6.0~9.0	>9.0
	德国度	<4.2	4.2~8.4	8.4~16.8	16.8~25.2	>25.2

三、地下水的基本类型

为了有效地利用地下水和对地下水特征进行深入研究，需要对地下水进行分类。由于利用地下水和研究地下水的目的和要求不同，地下水有多种分类方法。目前，我国工程地质工作中大多采用的是按埋藏条件和含水层空隙性质进行的综合分类（表 3-10）。所谓地下水的埋藏条件是指含水层在地质剖面中所处的部位及受隔水层限制的情况。据此可将地下水分为上层滞水、潜水、承压水。根据含水层空隙性质的不同可将地下水分为孔隙水、裂隙水及岩溶水。将两者综合可将地下水分为孔隙上层滞水、裂隙潜水、岩溶承压水等九种基本类型。

地下水按埋藏条件和含水层空隙性质分类 表 3-10

埋藏条件	含水层空隙性质		
	孔隙水 （疏松岩土孔隙中的水）	裂隙水 （坚硬岩石裂隙中的水）	岩溶水 （岩溶裂隙空洞中的水）
上层滞水	包气带中局部隔水层上的水、土壤水等	基岩风化壳中各种季节性存在的水	岩溶区垂直渗入带中的水

续上表

埋藏条件	含水层空隙性质		
	孔隙水 （疏松岩土孔隙中的水）	裂隙水 （坚硬岩石裂隙中的水）	岩溶水 （岩溶裂隙空洞中的水）
潜水	坡积物、洪积物、冲积物、湖积物、冰碛和冰水沉积物中的水，沙漠和滨海沙丘中的水等	基岩上部裂隙中的水或岩层层间裂隙中的无压水	裸露岩溶化岩层中的无压水
承压水	疏松岩土构成的向斜或自流盆地中的水，疏松岩土构成的单斜或自流斜地中的水	构造盆地、向斜和单斜基岩中的裂隙承压水，构造断裂带及不规则裂隙中的深部水	构造盆地、向斜和单斜岩溶化岩层中的承压水

（一）地下水按埋藏条件分类及其特征

1. 上层滞水

埋藏在地面以下包气带中的水，称上层滞水。上层滞水可分为非重力水和重力水两种。非重力水主要指吸着水、薄膜水和毛细水，又称土壤水。重力水则指包气带中局部隔水层上的水（图3-18）。

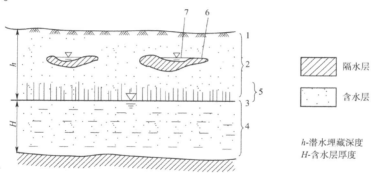

图3-18　上层滞水和潜水示意图

1-地面；2-包气带；3-潜水面；4-潜水带；5-毛细水带；6-局部隔水层；7-上层滞水

上层滞水的特征是：分布于接近地表的包气带内，与大气圈关系密切，这类水是季节性的，主要靠大气降水和地表水下渗补给，故分布区与补给区一致，以蒸发或逐渐向下渗透到潜水中的方式排泄；雨季水量增加，干旱季节减少甚至重力上层滞水完全消失；土壤水不能直接被人们取出应用，但对农作物和植物有重要作用；重力上层滞水分布面积小，水量也小，季节变化大，容易受到污染，只能用作小型或暂时性供水水源；从供水角度看意义不大，但从工程地质角度看，上层滞水常常是引起土质边坡滑坍、黄土路基沉陷、路基冻胀等病害的重要因素。

2. 潜水

埋藏在地面以下，第一个稳定隔水层以上的饱水带中的重力水称潜水（图3-18）。潜水分布极广，主要埋藏在第四纪松散沉积物中，在第四纪以前的某些松散沉积物及基岩的裂隙、空洞中也有分布。

潜水有一个无压的自由水面，该水面称潜水面。潜水面至地面的垂直距离称潜水埋藏深度（h）。潜水面至下部隔水层顶面的垂直距离称含水层厚度或潜水层厚度（H）（图3-18）。潜水面上每一点的绝对高程称潜水位，即：

$$潜水位 = 地面绝对高程 - 潜水埋藏深度$$

(1)潜水的特征

潜水的埋藏条件,决定了潜水具有以下特征:

①潜水通过包气带与地表相通,所以大气降水和地表水可直接渗入补给潜水,成为潜水的主要补给来源。一般情况下,潜水分布区与补给区是一致的,但也可不一致,如在河谷、山前平原地区潜水分布区与补给区基本一致;而山区的裂隙潜水、岩溶潜水则不一定一致。

②潜水的埋藏深度和含水层的厚度受气候、地形和地质条件的影响,变化甚大。在强烈切割的山区,埋藏深度可达几十米甚至更深,含水层厚度差异也大。而在平原地区,埋藏深度较浅,通常为数米至十余米,有时可为零,含水层厚度差异也小。潜水的埋藏深度和含水层的厚度不仅因地而异,就是在同一地区,也随季节不同而有显著变化。在雨季,潜水面上升,埋藏深度变小,含水层厚度随之加大,旱季则相反。

③潜水具有自由表面,在重力作用下,自水位较高处向水位较低处渗流(图3-19中箭头所指方向),流动的快慢取决于含水层的渗透性能和潜水面的水力坡度。潜水面的形状与地形有一定程度的一致性,地面坡度越大,潜水面的坡度也越大,但比地形的起伏要平缓得多;在山脊地带,潜水位的最高处可形成潜水分水岭(图3-19)。当潜水流向冲沟、河谷等排泄区时,其水位逐渐下降,形成倾向于排泄区的曲面(图3-20);但当高水位河水补给潜水时,潜水面可以变成从河水倾向潜水的曲面(图3-20)。

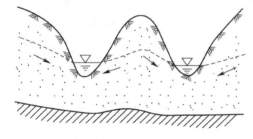
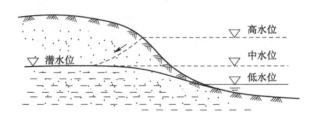

图3-19　地表地形对潜水面影响示意图　　　　图3-20　河流水位变化时沿岸地下水位的动态

④潜水的排泄主要有垂直排泄和水平排泄两种方式。在埋藏浅和气候干燥的条件下,潜水通过上覆岩层不断蒸发而排泄时,称为垂直排泄。垂直排泄是平原地区与干旱地区潜水排泄的主要方式。潜水以地下径流的方式补给相邻地区含水层,或出露于地表直接补给地表水时,称为水平排泄。水平排泄方式在地势比较陡峻的河流的中、上游地区最为普遍。由于水平排泄可使溶解于水中的盐分随水一同带走,不容易引起地下水矿化度的显著变化,所以山区潜水的矿化度一般较低。而垂直排泄时,因只有水分蒸发,并不排泄水中的盐分,结果便导致水量消耗,潜水矿化度升高。因此,在干旱和半干旱的平原地区,潜水矿化度一般较高。若潜水的矿化度高,而埋藏又很浅时,则往往促使土壤盐渍化的发生。

(2)潜水等水位线图

潜水面形状一般有两种表示方法:一种是剖面图的形式,即具有代表性的剖面线上,按一定比例尺绘制水文地质剖面图,在该图上不仅要表明含水层、隔水层的岩性及厚度的变化情况,以及各层的层位关系、构造特征等地质情况,还应将各水文地质点(钻孔、井、泉等)标于图上,并标出上述各点同一时期的水位,绘出潜水面的形状。另一种是以平面图的形式表示,即绘制等水位线图。等水位线图即潜水面的等高线图,就是潜水面上高程相等各点的连线图(图3-21)。它是以一定比例尺的地形等高线图作底图,按一定的水位间隔,将某一时间潜水位相同的各点连成不同高程的等水位线而构成。由于潜水等水位线图能够表明潜水的埋藏条件、埋藏深度、流向、含水层厚度及其动态变化等,所以在工程上有很大的实用价值,是评价工程所在地区水文地质条件的重要图件。

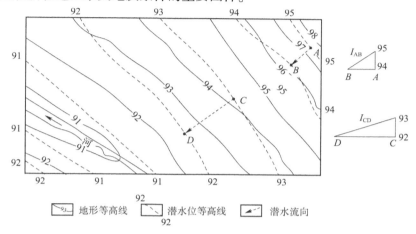

图3-21　潜水等水位线图(标高单位:m)

根据潜水等水位线图,可以解决下列实际问题:

①确定任一点的潜水流向。潜水自水位高的地方向水位低的地方流动,形成潜水流。在等水位线图上,垂直于等水位线的方向,即为潜水的流向,如图3-21箭头所示的方向,即A流向B,C流向D。

②确定沿潜水流动方向上两点间水力坡度。即两点潜水位高度差与两点间水平距离之比,见图3-21中的I_{AB}和I_{CD}。水力坡度的大小直接影响到该两点间潜水的平均流速。

③确定任一点潜水埋藏深度。如图3-21中D点潜水埋藏深度$h=92.5m-92m=0.5m$。

④确定潜水与地表水之间的补给关系。如果潜水流向指向河流,则潜水补给河水;如果潜水流向背向河流,则潜水接受河水补给。如图3-21所示,河流两岸的潜水均补给河水。

3. 承压水

埋藏并充满两个隔水层之间的地下水,是一种有压重力水,称承压水。上隔水层称承压水的顶板,下隔水层称底板。由于承压水承受压力,当由地面向下钻孔或挖井打穿顶板时,这种水能沿钻孔或井上升,若水压力较大时,甚至能喷出地表形成自流,故也称自流水(图3-22)。由于承压水具有这一特点,因而是良好的水源。

(1)承压水的分布

承压水主要分布在第四纪以前的较老岩层中,在某些第四纪沉积物岩性发生变化的地区也可能分布着承压水。承压水的形成和分布特征与当地地质构造有密切关系,最适宜形成承压水的地质构造有向斜构造和单斜构造两种。有承压水分布的向斜构造可称为自流盆地,有承压水分布的单斜构造可称为自流斜地。

①自流盆地

一个完整的自流盆地一般可分为三个区,即补给区(图3-22中"A")、承压区(图3-22中"B")和排泄区(图3-22中"C")。

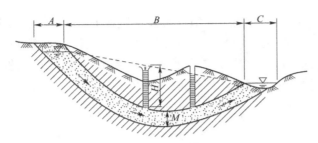

图3-22 自流盆地承压水

1-隔水层;2-含水层;3-承压水位;4-流向;5-喷水钻孔;6-不喷水钻孔

补给区含水层在自流盆地边缘出露于地表,它可接受大气降水和地表水的补给,所以称为承压水的补给区。在补给区,由于含水层之上并无隔水层覆盖,故地下水具有与潜水相似的性质。承压水压力水头的大小,在很大程度上取决于补给区出露地表的高程。

承压区位于自流盆地的中部,是自流盆地的主体,分布面积较大。这里,地下水由于承受水头压力,当钻孔打穿隔水层顶板时,地下水即沿钻孔上升至一定高度,静止时水位的高程称为承压水位。承压水位至隔水层顶板底面的距离即为该处的承压水头(H),隔水层顶板底面与底板顶面间的垂直距离称含水层厚度(M)。承压区压力水头的大小各处不一,取决于含水层隔水顶板与承压水位间的高差,通常隔水顶板的相对位置越低,压力水头越高。当水头高出地面高程时,水便沿钻孔涌出地表,这种压力水头称正水头;如果地面高程高于承压水位,则地下水位只能上升到地面以下的一定高度,这种压力水头称负水头(图3-22)。

排泄区与承压区相连,高程较低,常位于低洼地区。承压水在此处或补给潜水含水层,或向流经其上的河流排泄,有时则直接出露地表形成泉水流走。

②自流斜地

自流斜地在地质构造上有两种情况,一种是含水层的一端露出地表,另一端在地下某一深度处尖灭,见图3-23。这种自流斜地常分布在山前地带,含水层多由第四纪洪积物构成。因下部被隔水层隔断,故多余的水只能在含水层出露地带的地势低洼处以泉的形式排泄。

另一种是断裂构造形成的自流斜地,通常分布在单斜产状的基岩中,见图3-24。当断层带岩性破碎能够透水时,含水层中的承压水沿断层带上升,若断层带出露地表处低于含水层出露地表处,则承压水可沿断层带喷出地表形成自流,以泉的形式排泄,断层带成为这种自流斜地的排泄区。当断层带被不透水岩层充填时,这种自流斜地的特征就与图3-23所示的相同了。

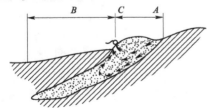

图3-23 岩层尖灭形成的自流斜地

1-隔水层;2-含水层;3-地下水流向;4-地下水位;5-泉

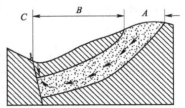

图3-24 断裂构造形成的自流斜地

1-隔水层;2-含水层;3-地下水流向;4-导水断层;
5-不导水断层;6-泉

（2）承压水的补给和排泄

承压水的上部由于有连续隔水层的覆盖,大气降水和地表水不能直接补给整个含水层,只有在含水层直接出露的补给区,方能接受大气降水或地表水的补给,所以承压水的分布区和补给区是不一致的,一般补给区远小于分布区。实际上承压水主要是通过潜水形式补给的,其潜水来源也是各种各样的,可以包括补给区内大气降水下渗,地表水下渗,也可能由补给区外的潜水流入补给区内成为补给承压水的重要来源(图3-25)。此外,由于受隔水层的覆盖,所以受气候及其他水文因素的影响也较小,故其不易蒸发,水量变化不大,且不易被污染。因此,承压水的动态也是比较稳定的。

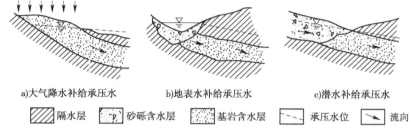

a)大气降水补给承压水　　b)地表水补给承压水　　c)潜水补给承压水

░▒▓ 隔水层　　░ 砂砾含水层　　░ 基岩含水层　　～～ 承压水位　　↘ 流向

图3-25　承压水的补给来源

承压水排泄方式也很多:地面切割使含水层在低于补给区的位置出露于地表,承压水以泉的形式排泄,见图3-26a);河谷下切至含水层,则承压水向地表水排泄,见图3-26b);当排泄区含水层与潜水含水层连通时,承压水流入潜水,见图3-26c)。

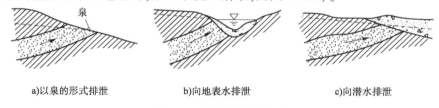

a)以泉的形式排泄　　b)向地表水排泄　　c)向潜水排泄

图3-26　承压水的排泄方式

（3）承压水等水位线图

与潜水等水位线图相似,如果在承压区打许多钻孔,并把测得的承压水头绝对标高(即承压水位)相等的点连接起来,即可得到承压水的等水压线图,见图3-27。承压水面不同于潜水面,潜水面是一个实际存在的地下水位面,而承压水面是一个压力面,这个面可以与地形极不吻合,甚至高出地面。因此,承压水等水压线图上必须附有地形等高线和顶板等高线,后者表明钻孔钻到什么深度能见到承压水(即初见水位)。

根据等水压线图可以确定承压含水层的下列重要指标:

①确定承压水流向。承压水自水位高的地方流向水位低的地方,并且垂直等水压线,常用箭头表示。箭头由水位高的方向指向水位低的方向即为承压水流向。

②确定承压水初见水位。用地面高程减去含水层顶板高程即可。

③确定承压水埋藏深度。由地面高程减去承压水位即可。这个数值越小,开采利用越方便。该值是负值时表示在自流区,开采的水会自溢于地表,据此可选定开采承压水的地点。

④确定承压水头大小。由承压水位减去含水层顶板高程即可得承压水头。

⑤确定承压水的水力坡度。在承压水流方向上取两点的水位高差,除以两点间的距离,即为该点承压水的水力坡度。

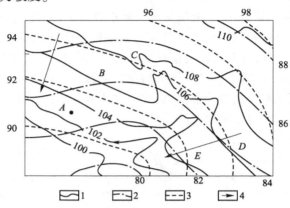

图 3-27　承压水等水压线图
1-地形等高线;2-含水层顶板等高线;3-等水压线;4-地下水流向

(二)地下水按含水层空隙性质分类及其特征

1. 孔隙水

在孔隙含水层中储存和运动的地下水称孔隙水。孔隙含水层多为松散沉积物,主要是第四纪沉积物。少数孔隙度较高、孔隙较大的基岩,如某些胶结程度不好的碎屑沉积岩,也能成为孔隙含水层。

根据孔隙含水层埋藏条件的不同,可分为孔隙—上层滞水,孔隙—潜水和孔隙—承压水三种基本类型,常见情况是孔隙—潜水型。

就含水层性质来说,岩土的孔隙性对孔隙水影响最大。例如,岩土颗粒粗大而均匀,就使孔隙较大,透水性好,因此孔隙水水量大,流速快,水质好。其次,岩土的成因和成分以及颗粒的胶结情况对孔隙水也有较大影响。所以在研究孔隙水时,必须对含水层岩土的颗粒大小、形状、均匀程度、排列方式、胶结情况及岩土的成因和岩性进行详细研究。

2. 裂隙水

在裂隙含水层中储存和运动的地下水称裂隙水。裂隙水的埋藏分布与运动规律,主要受岩石的裂隙类型、裂隙性质、裂隙发育的程度等因素控制,与孔隙水相比,裂隙水特征主要体现在:埋藏与分布极不均匀,透水性在各个方向上往往呈现各向异性,动力性质比较复杂。裂隙水根据裂隙成因不同,可分为风化裂隙水、成岩裂隙水与构造裂隙水。

(1)风化裂隙水。风化裂隙水是分布在基岩表面风化裂隙中的地下水,多数为层状裂隙水。由于风化裂隙彼此相连通,因此在一定范围内形成的地下水也是相互连通的,水平方向透水性均匀,垂直方向随深度而减弱,多属潜水,有时也存在上层滞水。如果风化壳上部的覆盖层透水性很差时,其下部裂隙带有一定的承压性,风化裂隙水主要接受大气降水的补给,常以泉的形式排泄于河流中。

风化裂隙含水和透水的强弱,随岩石的风化程度、风化层物质等因素的不同而各异。在全风化带及一些强风化带中,因富含黏土物质,含水性和透水性反而减弱。风化裂隙水的水量随岩性不同,地形起伏而发生变化。例如,以砂岩为主的地段比以泥岩为主的地段,水量多一倍至几倍;而同一岩层分布地区的分水岭地带比河谷附近的水量少很多。一般认为,微风化带的性质近似于不透水层。

(2)成岩裂隙水。成岩裂隙是在岩石形成过程中由于冷凝、固结、干缩而形成的,如玄武岩中的柱状节理,页岩中的某些干缩节理等。成岩裂隙的特点是:垂直岩层层面分布,延伸不远,不切层,在同一层中发育均匀,彼此连通。因此成岩裂隙水多具层状分布特点且多形成潜水。当成岩裂隙岩层上覆不透水层时,可形成承压水。由于沉积岩和深成岩浆岩的成岩裂隙多为闭合的,含水意义不大。

我国西南地区分布大面积二叠系峨眉山玄武岩,自四川西部一直向南延伸到云南中部,其中某些地区成岩裂隙很发育,含有丰富的成岩裂隙水,泉流量一般为 $0.1\sim0.6$L/s。

(3)构造裂隙水。构造裂隙水是岩石在构造应力作用下产生的裂隙中赋存的地下水。构造裂隙水可呈层状分布,也可呈脉状分布;可形成潜水,也可形成承压水。断层带是构造应力集中释放造成的断裂。大断层常延伸数十千米至数百千米,断层带宽数百米。发育于脆性岩层中的张性断层,中心部分多为疏松的构造角砾岩,两侧张裂隙发育,具有良好的导水能力。当这样的断层沟通含水层或地表水体时,断层带兼具贮水空间、集水廊道与导水通道的能力,对地下工程建设危害较大,必须给予高度重视。

综上所述,裂隙水的存在、类型、运动、富集等受裂隙发育程度、性质及成因控制,所以我们只有很好的研究裂隙发生、发展的变化规律,才能更好地掌握裂隙水的规律性。

3. 岩溶水

岩溶水是指赋存和运移于可溶岩的溶隙中的地下水。根据埋藏条件的不同,可分为上层滞水、潜水、承压水。

由于岩溶空隙空间的形态和分布极不均匀,导致岩溶水分布极为复杂,既可呈脉状、树枝状的地下水系分布,也可呈带状、网状的含水带或含水层分布,大气降水和地表水是岩溶水的主要补给来源。岩溶水随深度不同,有不同的径流排泄特征,分述如下(图3-28):

(1)垂直循环带:位于地面以下包气带内,水沿垂直裂隙及垂直洞穴下渗,可以形成季节性的上层滞水,常以季节性泉水形式出露地表。

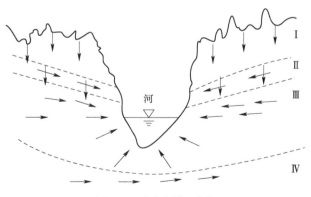

图3-28 岩溶水循环分类

Ⅰ-垂直循环带;Ⅱ-季节循环带;Ⅲ-水平循环带;Ⅳ-深部循环带

(2)季节循环带:介于地下潜水最高水位与最低水位之间,高水位地下水以水平运动为主,低水位以垂直运动为主,可发育间歇性暗河。

(3)水平循环带:位于最低地下水位之下,常年充满地下水,地下水作水平运动,多向河谷排泄,多形成水平溶洞或暗河。

(4)深部循环带:位于地下深处,与当地地表水无关,向较远处排泄,地下水交替运动缓慢。

除上述岩溶水分布的一般特征外,由于岩溶地区侵蚀基准面的变化(详见第六章第四节),原有的岩溶地下水通道被淤积、堵塞,原地下溶洞、地下河段中的水被封闭其中,形成岩溶地区特有的地下水窖、水库。

因此,岩溶水具有空间分布不均匀、流量大、动态变化强烈、补给迅速、排泄集中等特点。水量丰富的岩溶水既是理想的供水水源,又是洞室涌水的主要威胁。

(三)泉

泉是地下水在地表的天然露头。它是地下水的一种重要的排泄方式。山区地面切割强烈,有利于地下水的出露,所以山区多泉,平原地区堆积物深厚,又很少被河流切割,地下水不易出露,所以在平原区很难找到泉。

泉的实际意义很大,它可以作为生活饮用水,出水量大的泉还可以作为灌溉水源和动力资源,有些泉水含有特殊的化学成分,具有一定的医疗保健作用。同时研究泉也是了解一个地区的地质构造和地下水的重要依据之一。

泉的类型众多,从不同角度可以作不同的分类。下面介绍几种常用的分类。

1. 根据补给源及水流特征划分

(1)下降泉。为潜水及上层滞水补给,在出露口附近水是自上而下运动,见图 3-29a)、图 3-29c)。

(2)上升泉。为承压水补给,在出露口附近水是自下而上运动,见图 3-29b)、图 3-29d)。

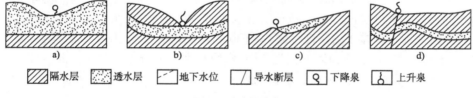

图 3-29   泉的分类

2. 根据泉水出露原因划分

(1)侵蚀泉。河谷冲沟向下切割到潜水含水层时,潜水即出露成泉,称为侵蚀下降泉,见图 3-29a)。切穿承压含水层的隔水顶板时,承压水便喷涌成泉,称为侵蚀上升泉,见图 3-29b)。

(2)接触泉。透水性不同的岩层相接触,地下水流受阻,沿接触面出露,称为接触泉,见图 3-29c)。

(3)断层泉。当承压含水层被断层切割,且断层是导水的,地下水便沿断层上升,在地面高程低于承压水位处出露成泉,称为断层泉,见图 3-29d)。沿断层线可看到呈串珠状分布的断层泉。

3. 根据泉水温度划分

(1)冷泉。泉水温度大致相当或略低于当地年平均气温,这种泉大多由潜水补给。

(2)温泉。泉水温度高于当地年平均气温。如陕西临潼华清池温泉水温 50℃,云南腾冲一些温泉水温高达100℃。温泉多由深层自流水补给。温泉的形成与岩浆活动和地下深处地热的影响有关,因此,温泉往往出现于近代火山活动和深大断裂分布的地区。温泉往往溶有较多的化学成分,有的还含有放射性元素或特殊的化学元素,具有医疗功效,称为矿泉。

四、地下水的地质作用

地下水对岩层的破坏和建造作用称为地下水的地质作用。地下水在流动过程中对流经的岩石可产生破坏作用,并把破坏的产物从一地搬运到另一地,在适宜的条件下再沉积下来。因此,地下水的地质作用包括剥蚀作用、搬运作用和沉积作用。

(一)剥蚀作用

地下水的剥蚀作用是在地下进行的,所以又称为潜蚀作用。按作用的方式分为机械潜蚀作用与化学溶蚀作用。

1.机械潜蚀作用

机械潜蚀作用是指地下水在流动过程中,对土、石的冲刷破坏作用。地下水在土、石中渗透,水体分散,流速缓慢,动能很小,机械冲刷力量微弱,只能将松散堆积物中颗粒细小的粉砂、泥土物质冲走,使其结构变松,孔隙扩大。但经过长时间的冲刷作用,也可以形成地下空洞,甚至引起地面陷落,出现落水洞和洼地。这种现象常见于黄土发育地区,疏松的钙质粉砂岩也易受到冲刷破坏。地下水充满松散沉积物的孔隙时,水可润滑、削弱、以致破坏颗粒间的结合力,产生流沙现象;或浸润黏土物质,使之具有可塑性,引起黏土体积膨胀,导致土层蠕动和变形。

地下水中的地下河的地质作用与地表河流相似,具有很大的动力,其机械侵蚀作用可视为冲刷。

2.化学溶蚀作用

化学溶蚀作用是指地下水可溶解可溶性岩石所产生的破坏作用,又称岩溶作用。化学作用是地下水地质作用的主要形式。地下水中普遍含有一定数量的二氧化碳,这种水是一种较强的溶剂,它能溶解碳酸盐岩,使碳酸盐变为溶于水的重碳酸盐,随水流失。碳酸盐岩中常发育裂隙,更易遭受溶蚀,岩石中的裂隙逐渐扩大成溶隙或洞穴。在碳酸盐岩地区,岩溶作用可产生一系列如溶沟、石芽、溶洼、溶柱、落水洞、溶洞、暗河、地下湖和石林等岩溶地貌。在钙质或硫酸盐含量较高的黏土岩中,岩溶作用可产生土洞、土林等地貌。近年研究发现,红层边坡、隧道的破坏与地下水的溶蚀作用有极为密切的关系。

(二)搬运作用

地下水将其剥蚀产物沿垂直或水平运动方向进行搬运,称为搬运作用。由于流速缓慢,地下水的机械搬运力较小,一般只能携带粉砂、细砂前进。只有流动在较大洞穴中的地下河,才具有较大的机械动力,能搬运数量较多、粒径较大的砂和砾石,并在搬运过程中稍具分选作用和磨圆作用,这些特征类似于地表河流。

地下水主要进行化学搬运。化学搬运的溶质成分取决于地下水流经地区的岩石性质和风化状况,通常以重碳酸盐为主,氯化物、硫酸盐、氢氧化物较少,搬运物呈真溶液或胶体溶液状态。化学搬运的能力与温度和压力有关,随地下水温度增高和承受压力加大而增大。

地下水化学搬运物除少数沉积在包气带的中、下部外,大部分搬运至饱和带,最后输入河流、湖泊和海洋。全世界河流每年运入海洋的 23.4 亿 t 溶解物质中大部分来源于地下水。

(三)沉积作用

沉积作用包括机械沉积作用和化学沉积作用,以化学沉积作用为主。

地下河流到平缓、开阔的洞穴中,水动力减小,在这些洞穴中形成砾石、砂和粉砂等堆积,由于水动力较小,地下河机械沉积物具有粒细、量少、分选性与磨圆性差的特征,沉积物中可能混杂有溶蚀崩落作用产生的呈角砾状的崩积物。

含有溶解物质的地下水在运移中,由于温度、压力变化,可发生化学沉积。例如,由于温度升高或压力降低,二氧化碳逸出,重碳酸钙分解而发生沉淀;或由于水温骤降或水分蒸发,水中溶解物质达到过饱和而发生沉淀。

地下水中溶质在粒间孔隙内沉淀,可把松散堆积物胶结成致密的坚硬岩石。常见的起胶结作用的物质有铁质(氧化铁或氢氧化铁)、钙质(碳酸钙)和硅质(二氧化硅)等。

地下水中溶质在岩石裂隙内沉淀或结晶,构成脉体。如由碳酸钙组成的方解石脉,由二氧化硅组成的石英脉、含铁、锰的沉淀物在裂隙面上呈柏叶状,称假化石。

饱含重碳酸钙的地下水,沿岩石的裂隙或断层流入溶洞,压力降低,二氧化碳逸出,水分蒸发,碳酸钙沉淀。沉淀物呈锥状、柱状,横切面具圈层构造,称为溶洞滴石,包括石钟乳石、石笋和石柱。

含有溶质的地下水流出地表,在泉口处沉淀形成的化学堆积物,称为泉华,泉华疏松多孔。成分为碳酸钙的称钙华或石灰华,成分为二氧化硅的称硅华。

第四章 地　貌

　　由于内、外力地质作用的长期进行,在地壳表面形成的各种不同成因、不同类型、不同规模的起伏形态,称为地貌。地貌学是专门研究地壳表面各种起伏形态的形成、发展和空间分布规律的科学。

　　应当指出,随着地貌学的发展,人们对地形和地貌两个词已分别赋予了不同的含义。地形一词,通常用来专指地表既成形态的某些外部特征,如高低起伏、坡度大小和空间分布等,它既不涉及这些形态的地质结构,也不涉及这些形态的成因和发展,一般只用等高线把这些形态特征表示出来就行了,地形图通常反映的就是这方面的内容。地貌一词则含义广泛,它不仅包括地表形态的全部外部特征,如高低起伏、坡度大小、空间分布、地形组合及其与邻近地区地形形态之间的相互关系等,而且更为重要的是,还包括运用地质动力学的观点,分析和研究这些形态的成因和发展。这些内容单靠地形图来表达无疑是困难的,因此就必须借助于地貌图。地貌图是按照规定的图例和一定的比例尺,将各种地貌表示在平面图上的一种图件,它和地质图一样,通常也是以地形图为底图,因此有了阅读地形图和地质图的基础知识,阅读地貌图并不难。

　　地貌条件与公路及铁路工程的建设及运营有着密切的关系。公路及铁路是建筑在地壳表面的线型建筑物,它们常常穿越不同的地貌单元,因此,地貌条件便成为评价线路工程地质条件的重要内容之一。各种不同的地貌,都关系到线路勘测设计、桥隧位置选择等技术经济问题和养护管理等。为了处理好工程建筑物与地貌条件之间的关系,就必须学习和掌握一定的地貌知识。

第一节 概　　述

一、地貌的形成和发展

(一)地貌形成和发展的动力

　　地壳表面的各种地貌都在不停地形成和发展变化着。促使地貌形成和发展变化的动力,是内、外力地质作用。

　　内力作用形成了地壳表面的基本起伏,对地貌的形成和发展起着决定性的作用。首先,地壳的构造运动不仅使地壳岩层受到强烈的挤压、拉伸或扭动而形成一系列褶皱带和断裂带,而且还在地壳表面造成大规模的隆起区和沉降区,使地表变得高低不平。隆起区将形成大陆、高原、山岭,沉降区则形成海洋、平原、盆地。其次,地下岩浆的喷发活动对地貌的形成和发展也有一定的影响。裂隙喷发形成的熔岩盖,覆盖面积可达数百以至数十万平方公里,厚度可达数百、数千米,内蒙古的汉诺坝高原就是由熔岩盖形成高原的一个例子。内力作用不仅形成了地壳表面的基本起伏,而且还对外力作用的条件、方式和过程产生深刻的影响。例如,地壳上升,侵蚀、剥蚀、搬运等作用增强,堆积作用变弱;地壳下降,则堆积作用增强,侵蚀、剥蚀、搬运等作用变弱;不仅河流的侵蚀、搬运和堆积作用如此,其他外力作用如暂时性流水、地下水、湖、海、冰川等的地质作用也均是如此。

外力作用则对内力作用所形成的基本地貌形态,不断地进行雕塑、加工,使之复杂化。外力作用根据其作用过程,可分为风化、剥蚀、搬运、堆积和成岩等作用。此外,还可根据其动力性质分为风化、重力、风力、流水、冰川、冻融、溶蚀等作用。从这些外动力作用总的结果来说,也都在各自不断地进行着剥蚀、搬运和堆积的过程。也就是说,它们各自都在把由内力作用所造成的隆起部分进行剥蚀破坏,同时把破坏了的碎屑物质搬运堆积到由内力作用所造成的低地和海洋中去。因此外力作用的总趋势是:削高补低,力图把地表夷平。但是,如同内力作用不断造成地表的上升或下降会不断地改变地壳已有的平衡,从而引起各种外力作用的加剧一样,当外力作用把地表夷平后,也会改变地壳已有的平衡,从而又为内力作用产生新的地面起伏提供条件。

由此可见,地貌的形成和发展是内、外力共同作用的结果。由于内、外力作用始终处于对立统一的发展过程之中,因而在地壳表面便形成了各种各样的地貌形态。我们现在看到的各种地貌形态,就是地壳在内、外力作用下发展到现阶段的形态表现。

(二)地貌形成、发展规律和影响因素

地貌的形成和发展虽然错综复杂,但却有其一定的规律。首先,它决定于内、外力作用之间的量的比例关系。例如,在内、外力作用这一矛盾斗争中,如果内力作用使地表上升的上升量,大于外力作用的剥蚀量,则地表就会升高,最后形成山岭地貌;反之,如果内力作用使地表上升的上升量,小于外力作用的剥蚀量,则地表就会降低或被削平,最后形成剥蚀平原。同样,如果内力作用使地表下降的下降量,大于外力作用所造成的堆积量,则地表就会下降,形成低地;反之,如果内力作用使地表下降的下降量,小于外力作用所能造成的堆积量,则地表就会被填平甚至增高,形成堆积平原或各种堆积地貌。

此外,地貌的形成和发展变化也取决于地貌水准面。当内力作用造成地表的基本起伏后,如果地壳运动由活跃期转入宁静期,此时内力作用变弱,但外力作用并没有因内力作用的变弱而变弱,它仍在继续作用着,长此下去,最终将会把地表夷平,形成一个夷平面,这个夷平面就是高地被削平、凹地被填充的水准面,所以称为地貌水准面,例如在第三章中曾经讲到的河流侵蚀基准面,就是地貌水准面的一种。地貌水准面是外力作用力图最终达到的剥蚀界面,所以也称为侵蚀基准面。在此过程中,由外力作用所形成的各种地貌,其形成和发展均要受它的控制。地貌水准面并非一个,一般认为有多少种外力作用,就有多少相应的地貌水准面,这些地貌水准面可以是单因素的,但在更多情况下则常常是多种因素互相组合的,因为在同一地区各种外力作用常常是同时进行的。地貌水准面有局部地貌水准面和基本地貌水准面之分。如果地貌水准面不与海平面发生联系,则它只能控制局部地区地貌的形成和发展,这种地貌水准面称为局部地貌水准面。如果地貌水准面能够和海平面发生联系,那么海平面就成为控制整个地区地貌形成和发展的地貌水准面,所以海平面也称为基本地貌水准面。当某一地区地貌的发展达到它的地貌水准面时,特别是当有许多河流穿插切割时,地表就会变成波状起伏的侵蚀平原,称为准平原。当准平原形成后,如果地壳运动由相对宁静期转入活跃期,则由于该地区地壳上升或海平面相对下降,就会使准平原遭到破坏,所以现在很难看到完整无缺的准平原,一般所看到的多是古准平原的残余。但这充分说明,地貌的发展是能够而且力图达到它的地貌水准面的。

地貌的形成和发展除受上述规律制约外,还受地质构造、岩性、气候条件等因素的影响。外力作用改造地表形态的能力,常常是与地质构造和岩石性质相联系的。地质构造对地貌的影响,明显地见于山区及剥蚀地区,例如各种构造破碎带常常是外力作用表现最强烈的地方,而单斜山、桌状山等也多是岩层产状在地貌上的反映。岩性不同,其抵抗风化和剥蚀的能力也就不同,软者剥蚀,强者突出,从而形成不同的地貌。影响岩石抵抗风化和剥蚀能力的主要因素,是由岩石成分、结构和构造等决定的岩石的坚硬程度。气候条件对地貌形成和发展的影响也是显著的,例如,高寒的气候地带常形成冰川地貌,干旱地带则形成风沙地貌等等。此外,除重力作用外,任何一种外力作用所形成的地貌,也都在一定程度上受到气候条件的影响。

二、地貌的分级与分类

(一)地貌分级

不同等级的地貌,其成因不同,形成的主导因素也不同。地貌等级一般划分为下列四级:

(1)巨型地貌:如大陆与海洋,大的内海及大的山系。巨型地貌几乎完全是由内力作用形成的,所以又称为大地构造地貌。

(2)大型地貌:如山脉、高原、山间盆地等,基本上也是由内力作用形成的。

(3)中型地貌:如河谷以及河谷之间的分水岭等,主要是由外力作用造成的。内力作用产生的基本构造形态是中型地貌形成和发展的基础,而地貌的外部形态则决定于外力作用的特点。

(4)小型地貌:如残丘、阶地、沙丘、小的侵蚀沟等,基本上受着外力作用的控制。

(二)地貌的形态分类

地貌的形态分类,就是按地貌的绝对高度、相对高度以及地面的平均坡度等形态特征进行分类。表4-1是大陆上山地和平原的一种常见的分类方案。

大陆地貌的形态分类　　　　　　　　　　　　　表4-1

形态类别		绝对高度(m)	相对高度(m)	平均坡度(°)	举　　例
山地	高山	>3500	>1000	>25	喜马拉雅山、天山
	中山	3500~1000	1000~500	10~25	大别山、庐山、雪峰山
	低山	1000~500	500~200	5~10	川东平行岭谷、华蓥山
	丘陵	<500	<200		闽东沿海丘陵
平原	高原	>600	>200		青藏、内蒙古、黄土、云贵高原
	高平原	>200			成都平原
	低平原	0~200			东北、华北、长江中下游平原
	洼地	低于海平面高度			吐鲁番盆地

顺便指出,在表4-1中,公路选线人员常习惯地把丘陵进一步划分为重丘和微丘。其中相对高度大于100m的叫重丘,小于100m的叫微丘。

(三)地貌的成因分类

目前还没有公认的地貌成因分类方案,这里只介绍以地貌形成的主导因素作为分类基础的方案,这个方案比较简单实用。

(1)内力地貌:即以内力作用为主所形成的地貌,它又可分为:

①构造地貌:是由地壳的构造运动所造成的地貌,其形态能充分反映原来的地质构造形态。如高地符合于构造隆起和上升运动为主的地区,盆地符合于构造坳陷和下降运动为主的地区,又如褶皱山、断块山等。

②火山地貌:是由火山喷发出来的熔岩和碎屑物质堆积所形成的地貌,如熔岩盖、火山锥等。

(2)外力地貌:即以外力作用为主所形成的地貌,根据外动力的不同它又分为:

①水成地貌:以水的作用为地貌形成和发展的基本因素。水成地貌又可分为:面状洗刷地貌、线状冲刷地貌、河流地貌、湖泊地貌与海洋地貌等。

②冰川地貌:以冰雪的作用为地貌形成和发展的基本因素。冰川地貌又可分为冰川剥蚀地貌与冰川堆积地貌,前者如冰斗、冰川槽谷等,后者如侧碛、终碛等。

③风成地貌:以风的作用为地貌形成和发展的基本因素。风成地貌又可分为风蚀地貌与风积地貌,前者如风蚀洼地、蘑菇石等,后者如新月形沙丘、沙垄等。

④岩溶地貌:以地表水和地下水的溶蚀作用为地貌形成和发展的基本因素。其所形成的地貌如溶沟、石芽、溶洞、峰林、地下暗河等。

⑤重力地貌:以重力作用为地貌形成和发展的基本因素。其所形成的地貌如崩塌、滑坡等。

此外,还有黄土地貌、冻土地貌等。

第二节　山岭地貌

一、山岭地貌的形态要素

山岭地貌具有山顶、山坡、山脚等明显的形态要素。

山顶是山岭地貌的最高部分。山顶呈长条状延伸时叫山脊,山脊标高较低的鞍部,即相连的两山顶之间较低的部分称为垭口。山顶的形状与岩性和地质构造等条件有着密切关系。一般来说,山体岩性坚硬,岩层倾斜或因受冰川的侵蚀时,多呈尖顶,见图4-1a);在气候湿热、风化作用强烈的花岗岩及其他松软岩石分布地区,岩石经风化剥蚀,多呈圆顶,见图4-1b);在水平岩层或古夷平面分布地区,则多呈平顶,见图4-1c),典型的方山、桌状山就都是平顶山,如图4-2所示。

山坡是山岭地貌的重要组成部分。在山岭地区,山坡分布的面积最广。山坡的形状有直线形、凹形、凸形以及复合形等各种类型,这取决于新构造运动、岩性、岩体结构以及坡面剥蚀和堆积的演化过程等因素。

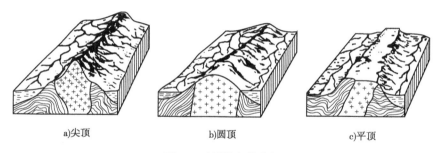

a)尖顶   b)圆顶   c)平顶

图 4-1　山顶的各种形态

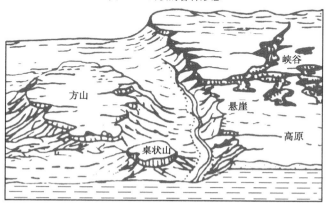

图 4-2　方山和桌状山

山脚是山坡与周围平地的交接处。由于坡面剥蚀和坡脚堆积,使山脚在地貌上一般并不明显,在那里通常有一个起着缓和作用的过渡地带,见图 4-3,它主要是由一些坡积裙、冲积锥、洪积扇以及岩堆、滑坡堆积体等流水堆积地貌和重力堆积地貌组成。

图 4-3　山前缓坡过渡地带

二、山岭地貌的类型

(一)形态分类

山岭地貌最突出的特点,是它具有一定的海拔高度、相对高度和坡度,故其形态分类一般多是根据这些特点进行划分的。常用的分类方案如表 4-1 所示。

(二)成因分类

根据上节所述的地貌成因分类方案,山岭地貌的成因类型可以划分如下:

1.构造变动形成的山岭

(1)平顶山。这是由水平岩层构成的一种山岭(图 4-2),多分布在顶部岩层坚硬(如灰岩、胶结紧密的砂岩或砾岩)和下卧层软弱(如页岩)的硬软互层发育地区,在侵蚀、溶蚀和重力崩塌作用下,使四周形成陡崖或深谷,由于顶面硬岩抗风化力强而兀立如桌面。由水平硬岩层覆盖其表面的分水岭,有可能成为平坦的高原。

(2)单面山。这是由单斜岩层构成的沿岩层走向延伸的一种山岭,见图4-4a)。它常常出现在构造盆地的边缘和舒缓的穹窿、背斜和向斜构造的翼部,其两坡一般不对称。与岩层倾向相反的一坡短而陡,称为前坡。前坡由于多是经外力的剥蚀作用所形成,故又称为剥蚀坡;与岩层倾向一致的一坡长而缓,称为后坡或构造坡。如果岩层倾角超过40°,则两坡的坡度和长度均相差不大,其所形成的山岭外形很像猪背,所以又称猪背岭,见图4-4b)、c)。单面山的发育,主要受构造和岩性控制。如果各个软硬岩层的抗风化能力相差不大,则上下界限分明,前后坡面不对称,上为陡崖,下为缓坡;若软岩层抗风化能力很弱,则陡坡不明显,上部出现凸坡,下部出现凹坡。如果上部硬岩层很薄,下部软弱层很厚,则山脊走线弯曲;反之若上厚下薄,则山脊走线比较顺直,陡崖很高。如果岩层倾角较小,则山脊走线弯曲;反之,若倾角较大,则山脊走线顺直。此外,顺岩层走向流动的河流,河谷一侧坡缓,另一侧坡陡,称为单斜谷。猪背岭由硬岩层构成,山脊走线很平直,顺岩层倾向的河流,可以将岩层切成深狭的峡谷。

a)单面山   b)猪背岭   c)猪背岭

图4-4 单面山山岭

单面山的前坡(剥蚀坡),由于地形陡峻,若岩层裂隙发育,风化强烈,则容易产生崩塌,且其坡脚常分布有较厚的坡积物和倒石堆,稳定性差,故对布设路线不利。后坡(构造坡)由于山坡平缓,坡积物较薄,故常常是布设路线的理想部位。不过在岩层倾角大的后坡上深挖路堑时,应注意边坡的稳定问题,因为开挖路堑后,与岩层倾向一致的一侧,会因坡脚开挖而失去支撑,特别是当地下水沿着其中的软弱岩层渗透时,容易产生顺层滑坡。

(3)褶皱山。这是由褶皱岩层所构成的一种山岭。在褶皱形成的初期,往往是背斜形成高地(背斜山),向斜形成凹地(向斜谷),地形是顺应构造的,所以称为顺地形。但随着外力剥蚀作用的不断进行,有时地形也会发生逆转现象,背斜因长期遭受强烈剥蚀而形成谷地,而向斜则形成山岭,这种与地质构造形态相反的地形称为逆地形。一般在年轻的褶曲构造上顺地形居多,在较老的褶曲构造上,由于侵蚀作用进一步发展,逆地形则比较发育。此外,在褶曲构造上还可能同时存在背斜谷和向斜谷,或者演化为猪背岭或单斜山、单斜谷。

(4)断块山。这是由断裂变动所形成的山岭。它可能只在一侧有断裂,也可能两侧均为断裂所控制。断块山在形成的初期可能有完整的断层面及明显的断层线,断层面构成了山前的陡崖,断层线控制了山脚的轮廓,使山地与平原或山地与河谷间界线相当明显而且比较顺直。以后由于剥蚀作用的不断进行,断层面便可能遭到破坏而后退,崖底的断层线也被巨厚的风化碎屑物所掩盖。此外,在第二章中已经指出过,由断层面所构成的断层崖,也常受垂直于断层面的流水侵蚀,因而在谷与谷之间就形成一系列断层三角面,它常是野外识别断层的一种地貌证据。

（5）褶皱断块山。上述山岭都是由单一的构造形态所形成，但在更多情况下，山岭常常是由它们的组合形态所构成。由褶皱和断裂构造的组合形态构成的山岭，称褶皱断块山，这里曾经是构造运动剧烈和频繁的地区。

2. 火山作用形成的山岭

火山作用形成的山岭，常见者有锥状火山和盾状火山。锥状火山是多次火山活动造成的，其熔岩黏性较大，流动性小，冷却后便在火山口附近形成坡度较大的锥状外形。盾状火山则是由黏性较小、流动性大的熔岩冷凝形成，故其外形呈基部较大、坡度较小的盾状。

3. 剥蚀作用形成的山岭

这种山岭是在山体地质构造的基础上，经长期外力剥蚀作用所形成的。例如，地表流水侵蚀作用所形成的河间分水岭，冰川刨蚀作用所形成的刃脊、角峰，地下水溶蚀作用所形成的峰林等，都属于此类山岭。由于此类山岭的形成是以外力剥蚀作用为主，山体的构造形态对地貌形成的影响已退居不明显地位，所以此类山岭的形态特征主要取决于山体的岩性，外力的性质以及剥蚀作用的强度和规模。

三、垭口与山坡

在山区线路勘测中，经常会遇到选择合适越岭垭口和展线山坡的问题，这里专门对它们进行一些讨论。

（一）垭口

山岭垭口是在山岭地质构造的基础上经外力剥蚀作用而形成的。山岭的岩性、地质构造和外力作用的性质、强度决定了垭口地貌的特点及其工程地质条件。根据垭口形成的主导因素，可以将垭口归纳为如下三个基本类型：

1. 构造型垭口

这是由构造破碎带或软弱岩层经外力剥蚀所形成的垭口。常见的有下列三种：

（1）断层破碎带型垭口（图 4-5）。这种垭口的工程地质条件比较差。由于岩体的整体性被破坏，经地表水侵入和风化，岩体破碎严重，不宜采用隧道方案，如采用路堑，也需控制开挖深度或考虑边坡防护，以防止边坡发生崩塌。

（2）背斜张裂带型垭口（图 4-6）。这种垭口虽然构造裂隙发育，岩层破碎，但工程地质条件较断层破碎带型为好，这是因为垭口两侧岩层外倾，有利于排除地下水，有利于边坡稳定，一般可采用较陡的边坡坡度，使挖方工程量和防护工程量都比较小。如果选用隧道方案，施工费用和洞内衬砌也比较节省，是一种较好的垭口类型。

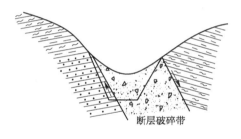

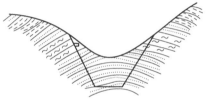

图 4-5　断层破碎带型垭口　　　　　　图 4-6　背斜张裂带型垭口

（3）单斜软弱层型垭口（图4-7）

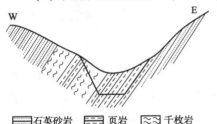

图4-7 单斜软弱层型垭口

这种垭口主要由页岩、千枚岩等易于风化的软弱岩层构成。两侧边坡多不对称，一坡岩层外倾可略陡一些。由于岩性松软，风化严重，稳定性差，故不宜深挖，若采取路堑深挖方案，与岩层倾向一致的一侧边坡的坡角应小于岩层的倾角，两侧坡面都应有防风化的措施，必要时应设置护壁或挡土墙。穿越这一类垭口，宜优先考虑隧道方案，可以避免因风化带来的路基病害，还有利于降低越岭线的高程，缩短展线工程量或提高公路纵坡标准。

2. 剥蚀型垭口

这是以外力强烈剥蚀为主导因素所形成的垭口，其形态特征与山体地质结构无明显联系。此类垭口的共同特点是松散覆盖层很薄，基岩多半裸露。垭口的肥瘦和形态特点主要取决于岩性、气候以及外力的切割程度等因素。在气候干燥寒冷地带，岩性坚硬和切割较深的垭口本身较薄，宜采用隧道方案；采用路堑深挖也比较有利，是一种良好的垭口类型。在气候温湿地区和岩性较软弱的垭口，则本身较平缓宽厚，采用深挖路堑或隧道对穿都比较稳定，但工程量比较大。在石灰岩地区的溶蚀性垭口，无论是明挖路堑或开凿隧道，都应注意溶洞或其他地下溶蚀地貌的影响。

3. 剥蚀—堆积型垭口

这是在山体地质结构的基础上，以剥蚀和堆积作用为主导因素所形成的垭口。其开挖后的稳定条件主要决定于堆积层的地质特征和水文地质条件。这类垭口外形浑缓，垭口宽厚，宜于线路展线，但松散堆积层的厚度较大，有时还发育有湿地或高地沼泽，水文地质条件较差，故不宜降低过岭标高，通常多以低填或浅挖的断面形式通过。

（二）山坡

山坡是山岭地貌形态的基本要素之一，不论越岭线或山脊线，路线的绝大部分都是设置在山坡或靠近岭顶的斜坡上的。所以在路线勘测中总是把越岭垭口和展线山坡作为一个整体通盘考虑的。

自然山坡是在长期地质历史过程中逐渐形成的。山坡的形态特征是新构造运动、山坡的地质结构和外动力地质条件的综合反映，对公路及铁路的建筑条件有着重要的影响。

山坡的外部形态特征包括山坡的高度、坡度及纵向轮廓等。山坡的外形是各种各样的，这里根据山坡的纵向轮廓和山坡的坡度，将山坡简略地概括为下面几种类型。

1. 按山坡的纵向轮廓分类

（1）直线形坡。在野外见到的直线形山坡，概括地说有三种情况。一种是山坡岩性单一，经长期的强烈冲刷剥蚀，形成纵向轮廓比较均匀的直线形山坡，这种山坡的稳定性一般较高；另一种是由单斜岩层构成的直线形山坡，这种山坡在讲单面山时曾经指出过，其外形在山岭的两侧不对称，一侧坡度陡峻，另一侧则与岩层层面一致，坡度均匀平缓，从地形上看，有利于布设线路，但开挖路基后遇到的均系顺倾向边坡，在不利的岩性和水文地质条件下，很容易发生大规模的顺层滑坡；第三种情况是由于山体岩性松软或岩体相当破碎，在气候干旱,物理风化强烈的条件下,经长期剥蚀碎落和坡面堆积而形成的直线形山坡,这种山坡在青藏高原和川西峡谷比较发育,其稳定性最差,选作傍山线路的路基,应注意避免挖方内侧的塌方和路基沿山坡滑塌。

(2)凸形坡。这种山坡上缓下陡,自上而下坡度渐增,下部甚至呈直立状态,坡脚界线明显。这类山坡往往是由于新构造运动加速上升,河流强烈下切所造成。其稳定条件主要决定于岩体结构,一旦发生山坡变形,则会形成大规模的崩塌。凸形坡上部的缓坡可选作道路路基,但应注意考察岩体结构,避免因人工扰动和加速风化导致失去稳定,如图4-8a)、b)所示。

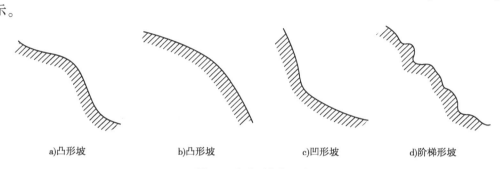

a)凸形坡 b)凸形坡 c)凹形坡 d)阶梯形坡

图4-8 各种形态的山坡

(3)凹形坡。这种山坡上部陡,下部急剧变缓,坡脚界线很不明显。山坡的凹形曲线可能是新构造运动的减速上升所造成,也可能是山坡上部的破坏作用与山麓风化产物的堆积作用相结合的结果。分布在松软岩层中的凹形山坡,不少都是在过去特定条件下由大规模的滑坡、崩塌等山坡变形现象形成的,凹形坡面往往就是古滑坡的滑动面或崩塌体的依附面。从近年来我国地震后的地貌调查统计资料中可以明显看出,凹形山坡在各种山坡地貌形态中是稳定性比较差的一种。在凹形坡的下部缓坡上,也可进行线路布线,但设计路基时,应注意稳定平衡,沿河谷的路基应注意冲刷防护,如图4-8c)所示。

(4)阶梯形坡。阶梯形山坡有两种不同的情况:一种是由软硬不同的水平岩层或微倾斜岩层组成的基岩山坡,由于软硬岩层的差异风化而形成阶梯状的山坡外形,这种山坡的表面剥蚀强烈,覆盖层薄,基岩外露,稳定性一般比较高;另一种是由于山坡曾经发生过大规模的滑坡变形,由滑坡台阶组成的次生阶梯状斜坡,这种斜坡多存在于山坡的中下部,如果坡脚受到强烈冲刷或不合理的切坡,或者受到地震的影响,可能引起古滑坡复活,威胁建筑物的稳定,如图4-8d)所示。

2.按山坡的纵向坡度分类

按山坡的纵向坡度,坡度小于15°的为微坡,介于16°～30°之间的为缓坡,介于31°～70°的为陡坡,山坡坡度大于70°的为垂直坡。

从路线角度来讲,山坡稳定性高,坡度平缓,对布设线路无疑是有利的。特别对越岭线的展线山坡,坡度平缓不仅便于展线回头,而且可以拉大上下线间的水平距离,既有利于路基稳定,又可减少施工时的干扰。但平缓山坡特别是在山坡的一些坳洼部分,通常有厚度较大的坡积物和其他重力堆积物分布,坡面径流也容易在这里汇聚,当这些堆积物与下伏基岩的接触面因开挖而被揭露后,遇到不良水文地质情况时,很容易引起堆积物沿基岩顶面发生滑动。

第三节　平原地貌

平原地貌是在地壳升降运动微弱或长期稳定的条件下，经过风化剥蚀夷平或岩石风化碎屑经搬运而在低洼地面堆积填平所形成的。平原地貌具有大地表面开阔平坦、地势高低起伏不大的外部形态。一般说来，平原地貌有利于线路选线，在选择有利地质条件的前提下，可以设计成比较理想的公路或铁路线形。

按高程，平原可分为高原、高平原、低平原和洼地（表4-1）。

按成因，平原可分为构造平原、剥蚀平原和堆积平原。

1. 构造平原

此类平原主要由地壳构造运动所形成，其特点是地形面与岩层面一致，堆积物厚度不大。构造平原又可分为海成平原和大陆坳曲平原，前者系由地壳缓慢上升海水不断后退所形成，其地形面与岩层面一致，上覆堆积物多为泥砂和淤泥，并与下伏基岩一起微向海洋倾斜；后者系由地壳沉降使岩层发生拗曲所形成，岩层倾角较大，平原面呈凹状或凸状，其上覆堆积物多与下伏基岩有关。

由于基岩埋藏不深，所以构造平原的地下水一般埋藏较浅。在干旱或半干旱地区如排水不畅，常易形成盐渍化，在多雨的冰冻地区则常易造成道路的冻胀和翻浆。

2. 剥蚀平原

此类平原系在地壳上升微弱的条件下，经外力的长期剥蚀夷平所形成，其特点是地形面与岩层面不一致，上覆堆积物常常很薄，基岩常常裸露地表，只是在低洼地段有时才覆盖有厚度稍大的残积物、坡积物、洪积物等。按外力剥蚀作用的动力性质不同，剥蚀平原又可分为河成剥蚀平原、海成剥蚀平原、风力剥蚀平原和冰川剥蚀平原，其中较为常见的是前面两种剥蚀平原。河成剥蚀平原系由河流长期侵蚀作用所造成的侵蚀平原，亦称准平原，其地形起伏较大，并向河流上游逐渐升高，有时在一些地方则保留有残丘。海成剥蚀平原系由海流的海蚀作用所造成，其地形一般极为平缓，微向现代海平面倾斜。

剥蚀平原形成后，往往因地壳运动变得活跃，剥蚀作用重新加剧，使剥蚀平原遭到破坏，故其分布面积常常不大。剥蚀平原的工程地质条件一般较好，剥蚀作用将起伏不平的小丘夷平，某些覆盖层较厚的洼地也比较稳定，宜于修建公路或铁路路基，或作为小桥涵的天然地基。

3. 堆积平原

此类平原系在地壳缓慢而稳定下降的条件下，经各种外力作用的堆积填平所形成，其特点是地形开阔平缓，起伏不大，往往分布有厚度很大的松散堆积物。按外力堆积作用的动力性质不同，堆积平原又可分为河流冲积平原、山前洪积冲积平原、湖积平原、风积平原和冰碛平原，其中较为常见的是前三种。

河流冲积平原系由河流改道及多条河流共同沉积所形成。它大多分布于河流的中、下游地带，因为在这些地带河床常常很宽，堆积作用很强，且地面平坦，排水不畅，每当雨季洪水易于泛滥，其所携带的大量碎屑物质便堆积在河床两岸，形成天然堤。当河水继续向河床以外广大地区淹没时，流速锐减，堆积面积越来越大，堆积物越来越细，久而久之，便形成广阔的冲积平原。

河流冲积平原地形开阔平坦,具有良好的工程建设条件,对线路选线也十分有利。但其下伏基岩往往埋藏很深,第四纪堆积物很厚,且地下水一般埋藏较浅,地基土的承载力较低,在冰冻潮湿地区道路的冻胀翻浆问题比较突出。此外,还应注意,为避免洪水淹没,路线应设在地形较高处,而在淤泥层分布地段,还应注意其对路基、桥基的强度和稳定性的影响。

山前洪积冲积平原的成因及洪积冲积物的特征,详见前面第三章第二节,兹不赘述。

湖积平原系由河流注入湖泊时,将所携带的泥砂堆积湖底使湖底逐渐淤高,湖水溢出、干涸所形成。其地形之平坦为各种平原之最。湖积平原中的堆积物,由于是在静水条件下形成的,故淤泥和泥炭的含量较多,其总厚度一般也较大,其中往往夹有多层呈水平层理的薄层细砂或黏土,很少见到圆砾或卵石,且土颗粒由湖岸向湖心逐渐由粗变细。湖泊平原地下水一般埋藏较浅。其沉积物由于富含淤泥和泥炭,常具可塑性和流动性,孔隙度大,压缩性高,故承载力很低。

第五章　常见特殊土

地壳表层广为分布的土是地质历史最新时期的产物,它是由岩石在风化作用下形成的碎屑物或残留在原地或经由不同的搬运方式被搬运到地表低洼处形成的沉积物。因此,从岩石学的角度看,土是松散、没有胶结的沉积岩。

我国地大物博,地质条件复杂,根据土的工程性质可将土分为"一般土"和"特殊土"两大类。一般土的工程性质在土质学、土力学课程中有详细的讨论。相对于一般土而言,特殊土是具有特殊的成分、状态、结构特征,而且具有特殊工程性质的土。各种特殊土的特有工程性质往往与它们特定的成因环境、区域自然地理、地质条件的不同密切相关,在它们的分布上也有区域性特点。常见的特殊土包括黄土、软土、膨胀土、冻土、盐渍土、红黏土等。

第一节　黄　　土

一、概述

(一)黄土的特征及其分布

黄土是第四纪以来,在干旱、半干旱气候条件下,陆相沉积的一种特殊土。标准的或典型的黄土具有下列六项特征:

(1)颜色为淡黄、褐色或灰黄色。

(2)颗粒组成以粉土颗粒(0.005~0.075mm)为主,占60%~70%。

(3)黄土中含有多种可溶盐,特别富含碳酸盐,主要是碳酸钙,含量可达10%~30%,局部密集形成钙质结核,又称姜结石。

(4)结构疏松,孔隙多,有肉眼可见的大孔隙或虫孔、植物根孔等各种孔洞,孔隙度一般为33%~64%。

(5)质地均匀无层理,但具有柱状节理和垂直节理,天然条件下能保持近于垂直的边坡。

(6)湿陷性。湿陷性是黄土的典型特殊性质,黄土湿陷性是引起黄土地区工程建筑破坏的重要原因。并非所有黄土都具有湿陷性,具有湿陷性的黄土称为湿陷性黄土。

只具有上述六个特征中部分特征的黄土称为黄土状土或黄土类土,黄土和黄土状土的特征见表5-1。

黄土和黄土状土的特征

表5-1

特征名称		黄　土	黄土状土
外部特征	颜色	淡黄色为主,还有灰黄、褐黄色	黄色、浅棕黄色或暗灰褐黄色
	结构构造	无层理,有肉眼可见的大孔隙及由生物根茎遗迹形成的管状孔隙,常被钙质或泥填充,质地均匀,松散易碎	有层理构造,粗粒(砂粒或细砾)形成的夹层或透镜体,黏土组成微薄层理,可见大孔较少,质地不均匀

续上表

特征名称		黄　土	黄土状土
外部特征	产状	垂直节理发育,常呈现大于70°的边坡	有垂直节理,但延深较小,垂直陡壁不稳定,常成缓坡
物质成分	粒度成分	粉土粒为主(0.005~0.075mm),含量一般大于60%;大于0.25mm的颗粒几乎没有。粉粒中0.01~0.075mm的粗粉粒占50%以上,颗粒较粗	粉土粒含量一般大于60%,但其中粗粉粒小于50%;含少量大于0.25mm或小于0.005mm的颗粒,有时可达20%以上;颗粒较细
	矿物成分	粗粒矿物以石英、长石、云母为主,含量>60%;黏土矿物有蒙脱石、伊利石、高岭石等;矿物成分复杂	粗粒矿物以石英、长石、云母为主,含量<50%;黏土矿物含量较高,仍以蒙脱石、伊利石、高岭石为主
	化学成分	以SiO_2为主,其次为Al_2O_3、Fe_2O_3,富含$CaCO_3$,含少量$MgCO_3$及少量易溶盐类(如$NaCl$等),常见钙质结核	以SiO_2为主,Al_2O_3、Fe_2O_3次之;含$CaCO_3$、$MgCO_3$、少量易溶盐($NaCl$等),时代老的含碳酸盐多,时代新的含碳酸盐少
物理性质	孔隙度	高,一般大于50%	较低,一般小于40%
	干密度	较低,一般为1.4g/cm³或更低	较高,一般为1.4g/cm³以上,可达1.8g/cm³
	渗透系数	一般为0.6~0.8m/d,有时可达1m/d	透水性小,有时可视为不透水层
	塑性系数	10~12	一般大于12
	湿陷性	显著	不显著,或无湿陷性
成岩作用程度		一般固结较差,时代老的黄土较坚固,称石质黄土	松散沉积物,或有局部固结
成因		多为风成,少量水成	多为水成

黄土在全世界均有分布,主要分布在亚洲、欧洲和北美,总面积达1300万平方千米,相当于全球面积的2.5%以上。我国是世界上黄土分布面积最大的国家,西北、华北、山东、内蒙古及东北等地区均有分布,面积达64万平方千米,占国土面积的6.7%。黄河中上游的陕、甘、宁及山西、河南一带黄土面积广,厚度大,地理上有黄土高原之称。各地区黄土厚度:陕、甘、宁地区100~200m,某些地区可达300m;渭北高原50~100m;山西高原30~50m;陇西高原为30~100m;其他地区一般为几米到几十米,很少超过30m。

(二)黄土的成因及形成年代

1.黄土的成因

黄土的成因历来受到中外地质学者的重视,20世纪初一些欧洲的地质学家和俄国地理学家纷纷前来中国考察黄土的成因。他们根据黄土在高原顶部、沟谷中都呈均匀分布,厚度大,无层理,多分布在戈壁外围等特点,认为我国的黄土是风搬运沉积的。但是也有一些学者发现在山前洪积区、河流阶地上亦有一定范围的黄土分布,提出黄土有坡积、残积、洪积和冲积等多种成因。目前,较为普遍的看法是坡积、残积等黄土主要是由风积黄土经过再搬运、再沉积形成的,所以有些研究者把风成黄土称为原生黄土,而其他各种成因的为次生黄土。这里需要特别提出的是,近代数十年新沉积的黄土,工程性质很差,在这类黄土分布地区修建工程建筑时常常因为对它的工程性质认识不清而导致工程建筑的失败。

2. 黄土的沉积年代

中国黄土从第四纪初开始沉积,一直延续至今,贯穿了整个第四纪,表 5-2 列出了按年代划分的黄土地层层序及其特征。午城黄土(Q_1)和离石黄土(Q_2)因沉积年代早,大孔隙已退化,土质紧密,不具湿陷性;马兰黄土(Q_3)沉积年代较新,有强烈的湿陷性;而新近堆积的黄土(Q_4)结构疏松,压缩性强,工程性质最差。习惯上把离石、午城黄土称为老黄土,而马兰黄土等称为新黄土。

黄土按年代分类及其特征   表 5-2

地质时代	地层	颜色	土层特征及包含物	古土壤层	开挖情况	边坡稳定性
全新世	Q_4^2 新近堆积黄土	浅褐至深褐色或黄至黄褐色	多虫孔,最大直径为 0.5 ~ 2.0cm,孔壁分布较多虫屎,有植物根孔,有的有白色粉末状碳酸盐结晶,含少量小砾石及矿粒姜石等,有人类活动遗迹,结构松软,似蜂窝状	无	锹挖极为容易,进度很快	结构松散不能维持陡边坡
	Q_4^1 新黄土	褐色至黄褐色	具有大孔,有虫孔及植物根孔,含少量小姜石及砾石,有时有人类活动遗迹,土质较均匀,稍密至中密	有埋藏土,呈浅灰色,或没有	锹挖容易但进度稍慢	
上更新 Q_3 (马兰黄土)	新黄土	浅黄至灰黄及黄褐色	土质均匀,大孔发育,具垂直节理,有虫孔及植物根孔,易产生天生桥及陷穴,有少量小姜石呈零星分布,稍密至中密	浅部有埋藏土,一般为浅灰色	锹、镐挖不困难	
中更新 Q_2 (离石黄土)	老黄土	深黄、棕黄及微红	有少量大孔或无大孔,土质紧密,具柱状节理,抗侵蚀力强,土质较均匀,不见层理,上部姜石少而小,古土壤层下姜石粒径 5 ~ 20cm,且成层分布,或成钙质胶结层,下部有沙砾及小姜子分布	有数层至十余层古土壤,上部间距 2 ~ 4m,下部 1 ~ 2m,每层厚约 1m	锹、镐开挖困难	结构紧密能维持陡边坡
下更新 Q_1 (午城黄土)	老黄土	微红及棕红等	不具大孔,土质紧密至坚硬,颗粒均匀,柱状节理发育,不见层理,姜石含量比 Q_2 少,成层或零星分布于土层内,粒径 1 ~ 3cm,有时含砂及砾石等粗颗粒土层	古土壤层不多,呈棕红及褐色	锹、镐开挖很困难	

二、黄土的工程性质

1. 黄土的粒度成分

前面提到黄土的粒度成分以粉粒为主,占 60% ~ 70%,其次是砂粒和黏粒,各占 1% ~ 29% 和 8% ~ 26%。在黄土分布地区,黄土的粒度成分有明显的变化规律,陇西和陕北地区黄土的砂粒含量大于黏粒,而豫西地区黏粒含量大于砂粒,即由西北向东南,砂粒减少、黏粒增多,这种情况与黄土湿陷性西北强、东南弱的递减趋势大体相关。一般认为黏粒含量大于20% 的黄土,湿陷性减小或无湿陷性。但是也有例外的情况,兰州西黄河北岸的次生黄土黏粒含量超过 20%,湿陷性仍十分强烈。这与黏粒在土中的赋存状态有关,均匀分布在土骨架中的黏粒,起胶结作用,湿陷性小;呈团粒状分布的黏粒,在骨架中不起胶结作用,就有湿陷性。

2. 黄土的相对密度和密度

黄土的相对密度一般为 2.54 ~ 2.84,与黄土的矿物成分及其含量多少有关;砂粒含量高的黄土相对密度小,一般在 2.69 以下;黏粒含量高的相对密度大,一般在 2.72 以上。

黄土结构疏松,具有大孔隙,密度较小,为 1.5 ~ 1.8g/cm³,干密度为 1.3 ~ 1.6g/cm³,干密度反映土的密实程度,一般认为干密度小于 1.5g/cm³ 的黄土具有湿陷性。

3. 黄土的含水率

黄土含水率与当地年降雨量及地下水埋深有关,位于干旱、半干旱地区的黄土一般含水率较低,当地下水埋藏较浅时含水率就高一些。含水率与湿陷性有一定关系,含水率低,湿陷性强,含水率增加,湿陷性减弱,一般含水率超过 25% 时就不再具有湿陷性了。

4. 黄土的压缩性

土的压缩性由压缩系数 a 表示,它是指在单位压力作用下土的孔隙比的减小。a 的单位为 MPa^{-1}。一般认为 a 小于 $0.1MPa^{-1}$ 为低压缩性土,$a = 0.1 ~ 0.5MPa^{-1}$ 为中等压缩性土,a 大于等于 $0.5MPa^{-1}$ 是高压缩性土。黄土虽然具有大孔隙、结构疏松,但压缩性中等,只有近代堆积的黄土是高压缩性的。年代越老的黄土压缩性越小。

5. 黄土的抗剪强度

一般黄土的内摩擦角 $\varphi = 15° ~ 25°$,黏聚力 $C = 30 ~ 40kPa$,抗剪强度中等。

6. 黄土的湿陷性

湿陷性是黄土成为特殊土的主要原因。天然黄土在一定的压力作用下,浸水后产生突然的下沉现象,称为湿陷。黄土湿陷发生在一定的压力下,这个压力称为湿陷起始压力,当土体受到的压力小于起始压力时,不产生湿陷。湿陷如果发生在土的饱和自重压力下,称为自重湿陷;如果发生在自重压力和建筑物的附加压力下,称为非自重湿陷。自重湿陷的黄土,湿陷起始压力小于自重压力,非自重湿陷黄土的湿陷起始压力大于自重压力。黄土的非自重湿陷比较普遍,其工程意义比较大。

黄土湿陷性的原因目前尚未查清,目前多数学者的看法是,黄土湿陷性是由进入黄土中的水使黏聚力降低甚至消失引起的。

从上述黄土的一般工程性质看,在干燥状态下,黄土的工程力学性质并不是很差的,但遇水软化甚至发生湿陷后,常引起工程建筑物的破坏,所以湿陷性是湿陷性黄土的最不良性质。

三、黄土的主要工程地质问题

1. 黄土湿陷性的评价

黄土湿陷性评价目前都采用浸水压缩试验方法,将原始高度为 h_0 的黄土原状土样放入固结仪内,在无侧限变形条件下进行压缩试验,测出天然湿度下变形稳定后的试样高度 h_2 及浸水饱和条件下变形稳定后的试样高度 h'_2,然后按式(5-1)计算黄土的相对湿陷系数 δ_{sh}。

$$\delta_{sh} = \frac{h_2 - h_2'}{h_0} \tag{5-1}$$

按照湿陷系数的大小,可以将黄土分为四类:非湿陷性黄土($\delta_{sh} < 0.02$)、轻微湿陷性黄土($0.02 \leqslant \delta_{sh} \leqslant 0.03$)、中等湿陷性黄土($0.03 < \delta_{sh} \leqslant 0.07$)、强烈湿陷性黄土($\delta_{sh} > 0.07$)。

2. 黄土地基湿陷变形

黄土湿陷变形的特点是变形量大,常常是正常压缩变形的几倍,甚至是几十倍;发生快,多在受水浸湿后 $1 \sim 3h$ 就开始湿陷;变形不均匀。黄土湿陷变形使建筑物地基产生大幅度的沉降或不均匀沉降,从而造成建筑物开裂、倾斜、甚至破坏。如西宁某工厂 1 号楼,在施工中受水浸湿,一夜之间建筑物两端相对沉降差达 16cm,室外地坪下沉达 60cm 之多,由于不均匀沉陷,使该幢房屋地下室尚未建成,便被迫停建报废。

3. 黄土陷穴

黄土地区地下常常有天然或人工洞穴,这些洞穴的存在和发展容易造成上覆土层和工程建筑物的突然陷落,称为黄土陷穴。天然洞穴主要由黄土自重湿陷和地下水潜蚀形成。在黄土地区地表略凹处,雨水积聚下渗,黄土被浸湿,发生湿陷变形下沉。地下水在黄土的孔隙、裂隙中流动时,既能溶解黄土中的易溶盐,又能在流速达到一定值时把土中细小颗粒冲蚀带走,从而形成空洞,这就是潜蚀作用。潜蚀作用多发生在黄土中易溶盐含量高、大孔隙多、地下水流速及流量较大的部位。潜蚀作用不断进行,土中空洞由小变大,由少变多,最终导致地表坍陷或建筑物的破坏。从地表地形、地貌看,地表坡度变化较大的河谷阶地边缘、冲沟两岸、陡坡地带等,有利于地表水下渗或地下水加速,是潜蚀洞穴分布较多的地方。人工洞穴包括古老的采矿、掏砂坑道和墓穴等,这些洞穴分布无规律、不易发现,容易造成隐患。

四、黄土防治措施

黄土内部疏松的结构、水的浸入和一定的附加压力是引起湿陷的内在、外部条件,应当针对这些条件采取相应的防治措施。

首先,采取防水措施,防止地表水下渗和地下水位的升高,减少水的浸润作用;其次,对地基进行处理,降低黄土的孔隙度,加强内部联结和土的整体性,提高土体强度,减小或消除黄土的湿陷变形;再次,对于黄土陷穴,必须注意对陷穴的位置、形状及大小进行勘察调研,然后有针对性地采取整治措施。

第二节　软　　土

一、概述

(一)软土及其特征

软土一般是指天然含水率高、压缩性高、承载力低和抗剪强度很低的呈软塑—流塑状态的黏性土。软土是一类土的总称,并非指某一种特定的土,工程上常将软土细分为软黏性土、淤泥质土、淤泥、泥炭质土和泥炭等。

在山间谷地、滨海地区还有一些天然含水率高、压缩性高、强度低,但又有别于典型软土的软弱黏土,工程实践中称为松软土。松软土主要由软塑状态的黏性土及粉土、粉砂、细砂组成。据有关研究资料,其主要特点是部分物理指标小于软土(含水率小于液限或孔隙比小于1.0),而抗剪强度又接近或达到软土标准。松软土的工程性质还需进一步研究。

软土主要是在静水或缓慢流水环境中沉积的以细颗粒为主的第四纪沉积物,除此之外,软土形成环境中,往往生长一些喜湿的植物,这些植物的遗体,在缺氧条件下分解形成软土的有机物成分。我国各地区软土一般有下列特征:

(1)软土颜色多为灰绿、灰黑色,手摸有滑腻感,能染指,有机质含量高时,有腥臭味。

(2)软土的粒度成分主要为黏粒及粉粒,黏粒含量高达60%～70%。

(3)软土的矿物成分,除粉粒中的石英、长石、云母外,黏粒中的黏土矿物主要是伊利石,高岭石次之。此外,软土中常有一定量的有机质,可高达8%～9%。

(4)软土具有典型的海绵状或蜂窝状结构,这是造成软土孔隙比大、含水量高、透水性小、压缩性大、强度低的主要原因之一。

(5)软土常具有层理构造,软土和薄层的粉砂、泥炭层等相互交替沉积,或呈透镜体相间形成性质复杂的土体。

(6)松软土由于形成于长期饱水作用而有别于典型软土,其特征与软土较为接近,但其含水量、力学性质明显低于软土。

(二)软土的成因及分布

我国软土分布广泛,主要位于沿海、平原地带、内陆湖盆、洼地及河流两岸地区。沿海、平原地带软土多位于大河下游入海三角洲或冲积平原处,如长江、珠江三角洲地带,塘沽、温州、闽江口平原等地带;内陆湖盆、洼地则以洞庭湖、洪泽湖、太湖、滇池等地为代表;山间盆地及河流中下游两岸漫滩、阶地、废弃河道等处也常有软土分布;沼泽地带则分布着富含有机质的软土和泥炭。

我国软土的成因主要有下列几种:

1. 沿海沉积型

我国东南沿海自连云港至广州湾几乎都有软土分布,其厚度大体自北向南变薄,由40m至5～10m。沿海沉积的软土又可按沉积部位分为四种:

(1)滨海相:受波浪、岸流影响,软土中常含砂粒,有机质较少,结构疏松,透水性稍强,如天津塘沽、浙江温州软土。

(2)泻湖相:软土颗粒微细,孔隙比大,强度低,分布广,常形成海滨平原,如宁波软土。

(3)溺谷相:呈窄带状分布,范围小于泻湖相,结构疏松,孔隙比大,强度很低,如闽江口软土。

(4)三角洲相:在河流与海潮复杂交替作用下,软土层常与薄层的中、细砂交错沉积,如上海地区和珠江三角洲软土。

2. 内陆湖盆沉积型

软土多为灰蓝至绿蓝色,颜色较深,厚度一般在10m左右,常含粉砂层、黏土层及透镜体状泥炭层。

3. 河滩沉积型

软土一般呈带状分布于河流中、下游漫滩及阶地上,这些地带常是漫滩宽阔、河岔较多、河曲发育、牛轭湖分布的地段。软土沉积交错复杂,透镜体较多,厚度不大,一般小于10m。

4. 沼泽沉积型

沼泽软土颜色深,多为黄褐色、褐色至黑色,主要成分为泥炭,并含有一定数量的机械沉积物和化学沉积物。

5. 山间沟谷盆地型

山间沟谷盆地型是松软土的主要成因分布类型。本类型软土主要分布在水量充沛的内陆山间盆地和沟谷平缓区域,由原有泥质岩风化的黏土物质长期饱水浸泡软化而形成,分布因受地形影响较分散。

二、软土的工程性质

1. 软土的孔隙比和含水率

软土多在静水或缓慢流水中沉积,颗粒分散性高,联结弱,具有较大的孔隙比和高含水率,孔隙比一般大于1.0,高的可达5.8(如滇池淤泥),含水率比液限高50%~70%,最高可达300%,但随沉积年代的久远和深度的加大,孔隙比和含水率降低。

2. 软土的透水性和压缩性

软土孔隙比大,但孔隙小,黏粒的吸水、亲水性强,土中有机质多,分解出的气体封闭在孔隙中,使土的透水性变差,一般渗透系数 K 小于 10^{-6} cm/s,在荷载作用下排水不畅,固结慢,压缩性高,压缩系数 $a = 0.7 \sim 2.0$ MPa^{-1},压缩模量 E_s 为 $1 \sim 6$ MPa,压缩过程长,开始时压缩快,以后逐渐变慢。总之,软土在建筑物荷载作用下容易发生不均匀下沉和大量下沉,而且压缩下沉很慢,完成下沉的时间很长。

3. 软土的强度

软土强度低,无侧限抗压强度为 $10 \sim 40$ kPa。不排水直剪试验的 $\varphi = 2° \sim 5°$,$C = 10 \sim 15$ kPa;排水条件下 $\varphi = 10° \sim 15°$,$C = 20$ kPa。所以评价软土抗剪强度时,应根据建筑物加荷情况,选用不同的试验方法。

4. 软土的触变性

软土受到振动,海绵状结构破坏,土体强度降低,甚至呈现流动状态,称为触变,也称振动液化。触变使地基土大面积失效,对建筑物破坏极大。一般认为,触变是由于吸附在土颗粒周围的水分子的定向排列受扰动破坏,土粒好像悬浮在水中,出现流动状态,因而强度降低,静置一段时间,土粒与水分子相互作用,重新恢复定向排列,结构恢复,土的强度又逐渐提高。软土触变用灵敏度(S_t)表示:

$$S_t = \frac{q_u}{q_u'} \tag{5-2}$$

式中:q_u——天然结构下的无侧限抗压强度;

q_u'——结构扰动后的无侧限抗压强度。

一般软土的 S_t 为 $3 \sim 4$,个别达 $8 \sim 9$。灵敏度越大,强度降低越明显,造成的危害也越大。

5. 软土的流变性

软土在长期荷载作用下,变形可以延续很长时间,最终引起破坏,这种性质称为流变性。

破坏时软土的强度远低于常规试验测得的标准强度,一些软土的长期强度只有标准强度的
40%~80%。但是,软土的流变发生在一定荷载下,小于该荷载,不产生流变,不同的软土产
生流变的荷载值也不同。

三、软土地基的主要工程地质问题

软土地基的变形破坏主要包括过大的沉降变形、不均匀沉降变形和整体剪切破坏。由
于软土含水量高、压缩性大、强度低,在附加荷载的作用下,软土地基容易产生过大的沉降变
形,当建筑物结构或地基的均匀性较差时,也容易产生不均匀沉降,导致建筑物开裂损坏;由
于附加荷载过大或施工加载过快,则可导致软土地基整体剪切破坏。如肖穿线通过 62m 厚
的淤泥层,8m 高的桥头路堤一次整体下沉 4.3m,坡脚地面隆起 2m,变形范围涉及路堤外
56m 远处。软土地基上的房屋建筑也应控制建筑高度,否则须采取工程措施。

四、软土地基的主要防治措施

软土地基处理是地基处理中的典型类别,关于地基处理的更多内容参看第七章第一节,
这里主要简单介绍典型软土和松软土常用的加固措施。

1. 砂垫层

软土地基的固结必须排水。由于软土渗透性差,常采用一些措施加速排水固结,在地基
软土较薄、底部有砂砾层时,则在基础底部地面铺设砂垫层,砂垫层宽度应大于路堤底部宽
度,便于排水,如图5-1所示。

2. 堆载预压法

在建筑物施工前,用与设计荷载相等或略大于设计荷载的荷重堆在建筑场地上,达到压
实地基、提高强度、减少建筑物后期沉降量的目的。该方法经济、有效,缺点是预压时间长。

3. 砂井和碎石桩

在软土地基中挖直径为 0.4~2.0m 的井眼,置入砂土或碎石,砂井碎石桩顶地面铺设
12~20cm 厚的砂碎石垫层,构成排水通道,加快地基排水固结,以提高地基土的强度。还可
以在其上堆载,以加快固结速度,如图5-2所示。

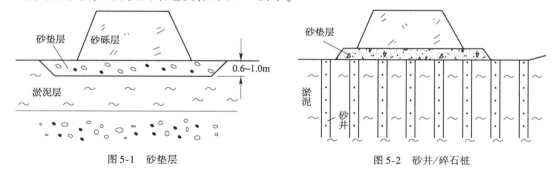

图 5-1　砂垫层　　　　　　　　　　　　图 5-2　砂井/碎石桩

4. 石灰桩

以石灰代替砂土置入井中,生石灰水化时吸水膨胀,温度升高,在桩周围形成一个密实
的土桩,提高土的强度。

5. 旋喷注浆法

将带有特殊喷嘴的注浆管置入土层预定深度,以 20MPa 左右的高压向土体旋喷水泥砂浆或水玻璃与氯化钙的混合液,浆液与土搅拌混合,经过凝结固化,在土中形成固结体,从而提高地基的抗剪强度,改善土的性质。

6. 强夯法

夯实加固地基土是一种古老、行之有效的方法,夯实加固软土地基效果极差,但对松软土地基有一定的适应性。强夯法采用 100~300kN 重锤,从 10~40m 高处自由落下,夯实土层。强夯法产生很大的冲击能,使土体局部液化,夯实点周围产生裂隙,形成良好的排水通道,土体迅速固结,最大加固深度可达 11~12m。比如西南某机场的停机坪土层为松软的红层泥岩残积土,即采用重 400kN、落高 40m 的强夯法处理地基。

7. 水泥搅拌桩

水泥搅拌桩也是松软土地基处理的一种常用的有效形式。水泥搅拌桩是利用水泥作为固化剂的主剂,利用搅拌桩机将水泥喷入土体并充分搅拌,使水泥与土发生一系列物理化学反应,使软土硬结而提高基础强度。

其他还有化学加固、井点排水、电渗等方法改良土质,这里就不一一详细介绍了。

第三节　膨　胀　土

一、概述

膨胀土是一种黏性土,具有明显的膨胀、收缩特性。它的粒度成分以黏粒为主,黏粒的主要矿物是蒙脱石、伊利石,这两类矿物有强烈的亲水性,吸收水分后体积膨胀,失水后收缩,多次膨胀、收缩,强度很快衰减,导致修建在膨胀土上的工程建筑物开裂、下沉、失稳破坏。过去对这种土的性质认识不清,由于它裂隙多,就称为裂隙黏土,也有以地区命名的,如成都黏土。目前多称为膨胀土。

1. 膨胀土的特征

(1)膨胀土颜色多为灰白、棕黄、棕红、褐色等。

(2)粒度成分以黏粒为主,含量在 35%~50%,其次是粉粒,砂粒最少。

(3)矿物成分以蒙脱石、伊利石为主,高岭石含量很少。

(4)具有强烈的膨胀、收缩特性,吸水时膨胀,产生膨胀压力,失水收缩时产生收缩裂隙,干燥时强度较高,多次反复胀缩强度降低。

(5)膨胀土中各种成因的裂隙十分发育。

(6)早期(第四纪以前或第四纪早期)生成的膨胀土具有超固结性。

2. 膨胀土的分布

膨胀土分布范围广泛,世界各国均有分布,我国是世界上膨胀土分布最广、面积最大的国家之一。20 多个省、市、自治区(包括北京、河北、山西、山东、陕西、河南、安徽、江苏、四川、湖北、湖南、云南、贵州、福建、广西等)发现有膨胀土的危害,主要分布在云贵高原到华北平原之间各流域形成的平原、盆地、河谷阶地以及河间地块和丘陵等地区。其中广西南部、云南东南部、湖北西北部、陕西东南部、河南西南部、四川盆地、安徽、山东部分地区是著名的膨胀土分布区域,如南昆铁路田东—百色段100多公里线路位于膨胀土地段,由此引起的工程地质问题十分严重。

3. 膨胀土的成因和时代

我国各地膨胀土的成因不同,大致有洪积、冲积、湖积、残积、坡积等多种因素,形成时代自晚第三纪末期的上新世 N_2 开始到更新世晚期的 Q_3,各地形成时代不一。

二、膨胀土的工程性质

1. 物理性质

膨胀土的粒度成分如前所述,以黏粒含量为主,高达50%以上,黏粒粒径小于0.005mm,接近胶体颗粒,为准胶体颗粒,比表面积大,颗粒表面由具有游离价的原子或离子组成,即具有较大的表面能,在水溶液中吸引极性水分子和水中离子,呈现出强亲水性。天然状态下,膨胀土结构紧密、孔隙比小,干密度达 $1.6 \sim 1.8 \text{g/cm}^3$。

膨胀土中裂隙十分发育,是区别于其他土的明显标志。膨胀土的裂隙按成因有原生和次生之别。原生裂隙多闭合,裂面光滑,常有蜡状光泽,暴露在地表后受风化影响裂面张开,次生裂隙多以风化裂隙为主,在水的淋滤作用下,裂面附近蒙脱石含量显著增高,呈白色,构成膨胀土的软弱面,这种灰白色土是引起膨胀土边坡失稳滑动的主要原因。

2. 水理性质

(1)含水率

膨胀土的天然含水率与塑限比较接近,一般为18%～26%,塑性指数为18～23,土体处于坚硬或硬塑状,常被误认为是良好的天然地基。

(2)胀缩性指标

膨胀土吸水膨胀的原因,是膨胀土中的亲水性黏土矿物与水接触时,发生水化作用。例如,富含蒙脱石的膨胀土吸水后,其自由膨胀率可达100%以上。收缩性是指由于含水率的减少而引起土体积减小的性能。膨胀土收缩是由在土中水分蒸发过程中,大气压力与土中水的表面张力形成的毛细吸力引起的,可以用收缩率等指标进行评价。膨胀土的收缩变形可达20%以上,收缩导致土体开裂,结构破坏。

工程上用膨胀率、线缩率等指标评价膨胀土的膨胀性。

①自由膨胀率(F_s):采用人工制备的烘干土样,在水中吸水后的体积增量($V_w - V_0$)与原体积(V_0)之比表示,$F_s > 40\%$ 为膨胀土。

$$F_s = \frac{V_w - V_0}{V_0} \times 100\%$$ (5-3)

②膨胀率(C_{sw}):采用人工制备的烘干土样,在一定的轴向压力和侧向受限条件下浸水膨胀稳定后,试样增加的高度($h_w - h_0$)与原高度(h_0)之比来表示,$C_{sw} \geq 4\%$ 为膨胀土。

$$C_{sw} = \frac{h_w - h_0}{h_0} \times 100\%$$ (5-4)

③线缩率(e_{sl}):土样烘干收缩后,高度减小量($l_0 - l$)与原高度(l_0)之比,$e_{sl} \geq 5\%$ 为膨胀土。

$$e_{sl} = \frac{l_0 - l}{l_0} \times 100\%$$ (5-5)

（3）渗透性

膨胀土的渗透性受干湿循环影响较大，一般条件下膨胀土的渗透系数约为 $10^{-8} \sim 10^{-7}$ m/s。

3. 力学性质

天然状态下，膨胀土的剪切强度、弹性模量都比较高，但遇水后强度降低，黏聚力小于 100kPa，内摩擦角小于 $10°$，有的甚至接近饱和淤泥的强度。

膨胀土的膨胀力为数百千帕，也可超过 1MPa。

膨胀土具有超固结性，所谓超固结性是指膨胀土受到的应力历史中，曾受到比现在土的上覆自重压力更大的压力，因而孔隙比小，压缩性低。但是一旦开挖，遇水膨胀，强度降低，造成破坏。

膨胀土的固结程度用超固结比 R 表示，即：

$$R = \frac{P_c}{P_0} \tag{5-6}$$

式中：P_c——土的前期固结压力；

　　P_0——目前土层的上覆自重压力。

正常土 $R = 1$，超固结土 $R > 1$。例如，成都黏土 $R = 2 \sim 4$。成都南郊的狮子山滑坡就是由成都黏土组成的，施工后几年内发生滑动，表明土强度随着时间的推移发生衰减，导致滑坡。

三、膨胀土的主要工程地质问题

1. 膨胀土胀缩性的评价

通过判断分析确定某种土为膨胀土后，还需要根据胀缩性指标对其胀缩性等级进行评价。如根据自由膨胀率或其他亲水性指标，可以将膨胀性分为强（$F_s > 100\%$）、中（$70\% < F_s \leq 100\%$）、弱（$40\% < F_s \leq 70\%$）三级；根据膨胀土地基胀缩变形总量 S，可以将膨胀性分为 Ⅰ（$40\text{mm} < S \leq 65\text{mm}$）、Ⅱ（$65\text{mm} < S \leq 90\text{mm}$）、Ⅲ（$S > 90\text{mm}$）级。

2. 膨胀土工程的胀缩变形问题

膨胀土地区的工程地质问题主要是由胀缩变形引起的，如地基不均匀变形，滑坡，洞室围岩开裂、鼓胀等。以成都黏土地区某建筑基坑边坡为例，由于对膨胀土的认识不足，基坑开挖后，降雨引起基坑边坡支护桩整体倾斜、坡顶地面开裂等现象，采取斜撑支护后，边坡才维持稳定。

四、膨胀土的防治措施

在膨胀土地区，只要膨胀土中水分发生变化，就能引起膨胀土胀缩变形，从而导致建筑物变形、破坏。因此，在膨胀土地区进行建筑时，应采取有效的工程措施，防止膨胀土对建筑物的危害。

（一）膨胀土地基的防治措施

1. 防水保湿措施

防水保湿措施主要包括防止地表水下渗、土中水分蒸发，保持地基土湿度，控制其胀缩变形等。如在建筑物周围设置散水坡，设水平和垂直的隔水层；加强上下水管的防漏措施；

建筑物周围合理绿化,防止植物根系吸水造成地基土不均匀收缩;采用合理的施工方法,基槽不宜暴晒或浸泡,及时回填夯实等。

2.地基土改良措施

膨胀土地区的地基土改良主要是为了消除或减小土的胀缩性能。常采用的措施有:换土法,即挖除地基土上层膨胀土,换填以非膨胀性土;石灰加固法,即将石灰水压入膨胀土,胶结土粒,提高土的强度等。

(二)膨胀土边坡变形的防治措施

为防治边坡变形,首先要根据路基工程地质条件,合理确定路堑边坡形式。一般情况下,膨胀土边坡要求采用一级或多级的直线坡,严格控制单级坡高不超过6m,在台阶和坡脚处设置宽度不小于2m的带侧沟的平台,改善边坡应力状态,防止滑体直接侵入铁路轨道、公路路面等既有建筑或堵塞侧沟。同时采取有效的工程措施,如:地表水防护,截、排坡面水流,使地表水不渗入坡面和冲蚀坡面;坡面防护加固,常用的有植被防护和骨架防护;施加支挡措施,设抗滑挡墙、抗滑桩、片石垛、填土反压等。

第四节　冻　　土

一、概述

冻土是指温度等于或低于0℃并含有冰的各种土。土冻结时发生冻胀,强度增高;融化时发生沉陷,强度降低,甚至出现软塑或流塑状态。修建在冻土地区的工程建筑物,常常由于反复冻融,土体冻胀、融沉,导致工程建筑物的变形与破坏。

根据冻结时间,冻土分为季节冻土和多年冻土两种。季节冻土是指冬季冻结、夏季融化的土。在年平均气温低于0℃的高纬度或高海拔地区,冬季长,夏季很短,冬季冻结的土层在夏季结束前还未全部融化,又随气温降低开始冻结了,这样地面以下一定深度的土层常年处于冻结状态。通常将持续三年以上处于冻结不融化状态的土称为多年冻土。

一个地区冬季地表附近冻结作用达到的最大深度叫冻结深度,是重要的工程设计指标。

(一)冻土的分布

季节冻土主要分布在我国华北、西北、东北地区和西南的高海拔地区。自长江流域以北向东北、西北方向,随着纬度的增加,冬季气温越来越低,冬季时间延续越来越长,因此季节冻土的厚度自南向北越来越大。石家庄以南季节冻土厚度小于0.5m,北京地区为1m左右,而辽源、海拉尔一带则达到2~3m。而西南高海拔地区和青藏高原,随着海拔高程的增加,季节冻土厚度也在增加。拉萨季节冻土厚度小于0.5m,那曲、安多厚度可达2.8~3.5m。

我国多年冻土按地区分布不同可分为高纬度冻土和高原冻土。高纬度冻土主要分布在大、小兴安岭,自满洲里—牙克石—黑河一线以北地区;高原冻土则主要分布在青藏高原和西部高山(如天山、阿尔泰山及祁连山等)地区。

多年冻土存在于地表以下一定深度内,地表面至多年冻土间常有季节冻土层存在。受纬度控制的多年冻土,其厚度由北向南逐渐变薄,冻土类型从连续多年冻土区到岛状多年冻土区,最后尖灭到非多年冻土(季节冻土)区,其分布剖面如图5-3所示。受海拔控制的多年冻土,其厚度由高到低逐渐变薄,冻土从多年冻土到季节冻土类型的变化与高纬度地区类似。

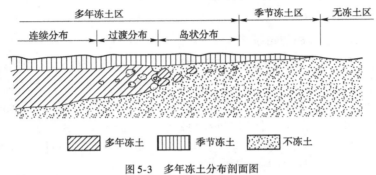

图5-3　多年冻土分布剖面图

(二)冻土地貌

在冻土地区,地层上部常发生周期性的冻融,在冰劈、冻胀、融陷、融冻泥流(统称冻融)的作用下,会产生一些特殊的地貌形态,称冻土地貌。冻土地貌类型较多,除对工程有较大影响的冻胀丘、冰锥、融沉湖和厚层地下冰外,还有石海、石河、构造土等。

地下水受冻结地面和下部多年冻土层的遏阻,在薄弱地带冻结膨胀,使地表变形隆起,称冻胀丘。在寒冷季节流出封冻地表和冰面的地下水或河水,冻结后形成丘状隆起的冰体称为冰锥。

融沉湖又称融陷湖,是地下冻土融化后地表塌陷形成的凹地积水而成的湖泊。

厚层地下冰是指地下多年冻土上限附近的细粒土由于水分迁移凝结成的有一定厚度的纯冰层。

由于冰胀和冰融形成的特殊地貌,受气温变化的影响极不稳定,对工程危害较大。

(三)多年冻土特征

1. 组成特征

冻土由矿物颗粒(土粒)、冰、未冻水和气体四相组成。矿物颗粒是四相中的主体,其颗粒大小、形状、成分、比表面积、表面活性等对冻土性质和冻土中发生的各种作用都有重要影响。冻土中的冰是地下冰,是冻土存在的基本条件,也是冻土各种特殊工程性质的基础。未冻水是负温条件下冻土中仍未冻结成冰的液态水,主要是结合水及毛细水。强结合水在 $-78℃$ 时才开始冻结,弱结合水在 $-20 \sim -30℃$ 时冻结,毛细水的冰点稍低于0℃。未饱和的冻土孔隙、裂隙中有空气。

2. 结构特征

冻土结构与一般土结构的不同是由于土冻结过程中水分的转移和状态改变形成的。根据冻土中冰的分布位置、形状特征,可分为三种结构,即整体结构、网状结构及层状结构,如图5-4所示。

整体结构形成的原因是温度降低很快,土冻结过程中水分来不及迁移和集聚,土中冰晶均匀分布于原有孔隙中,冰与土成整体状态。这种结构有较高的冻结强度,融化后土的原有结构未遭破坏,一般不发生融沉。故整体结构冻土工程性质较好。

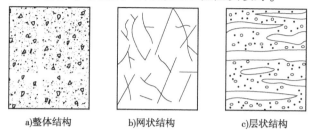

a)整体结构　　　　　b)网状结构　　　　　c)层状结构

图5-4　多年冻土结构类型

网状结构的冻土在冻结过程中水分产生转移和集聚,在土中形成交错状冰晶。这种结构破坏了土的原有结构,融化后呈软塑或流塑状态,工程性质变化较大,性质不良。

层状结构是在冻结速度较慢的单向冻结条件下,伴随着水分的转移和外界水源的充分补充,形成土粒与冰透镜体和薄冰层相互间隔成层状的结构,原有土的结构被冰层分割完全破坏,融化时强烈融沉。

3.构造特征

多年冻土的构造是指多年冻土与其上的季节冻土层间的接触关系,如图5-5所示。

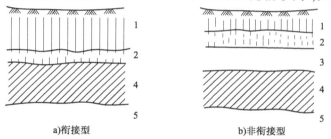

a)衔接型　　　　　　b)非衔接型

图5-5　多年冻土构造类型

1-季节冻土层;2-季节冻土最大冻结深度变化范围;3-融土层;4-多年冻土层;5-不冻层

衔接型构造是指季节冻土最大冻结深度可达到或超过多年冻土上限,季节冻土与多年冻土相接触的构造。稳定的或发展的多年冻土区具有衔接型构造。

非衔接型构造是季节冻土最大冻结深度与多年冻土上限间被一层不冻土或称为融冻层隔开而不直接接触。由于气候转暖、温度上升,处于退化状态的多年冻土区具有非衔接型构造。

我国多年冻土层厚度变化较大,薄者数米,厚者 200m 左右。

二、冻土的工程性质

1.物理及水理性质

由冻土组成可知,土中水分既包括冰,也包括未冻水。因此,在评价土的工程性质时,必须测定天然冻土结构下土的重度、相对密度、总含水量(冰及未冻水)和相对含冰量(土中冰重与总含水量之比)四项指标。其中未冻结水含量的获取是关键,多采用式(5-7)计算。

$$w_c = K w_p \tag{5-7}$$

式中：w_c——未冻水含量(%)；

  w_p——土的塑限含水率(%)；

  K——温度修正系数，由表5-3选用。

修 正 系 数 K 值   表5-3

土 的 名 称	塑性指数 I_p	地温(℃)							
		−0.3	−0.5	−1.0	−2.0	−4.0	−6.0	−8.0	−10.0
砂类土、粉土	$I_p \leqslant 2$	0	0	0	0	0	0	0	0
粉土	$2 < I_p \leqslant 7$	0.6	0.5	0.4	0.35	0.3	0.28	0.26	0.25
粉质黏土	$7 < I_p \leqslant 13$	0 7	0.65	0.6	0.5	0.45	0.43	0.41	0.4
	$13 < I_p \leqslant 17$	*	0.75	0.65	0.55	0.5	0.48	0.46	0.45
黏土	$I_p > 17$	*	0.95	0.9	0.65	0.6	0.58	0.56	0.55

注：* 表示在该温度下孔隙中的水均为未冻水。

总含水率 w_n 和相对含冰量 w_i 分别按式(5-8)、式(5-9)计算。

$$w_n = w_b + w_c \tag{5-8}$$

$$w_i = \frac{w_b}{w_n} \tag{5-9}$$

式中：w_b——在一定温度下，冻土中的含冰量(%)；

  w_c——在一定温度下，冻土中的未冻水量(%)。

由于季节的冷热变化，冻土表现出反复冻胀和融沉特性。冻土的冻胀特性可以用平均冻胀率来表征，融沉性可以用融沉系数来表征。

冻土的平均冻胀率 n 为土在冻结过程中土体积的相对膨胀量，以百分率表示，即：

$$n = \frac{h_2 - h_1}{h_1} \times 100\% \tag{5-10}$$

式中：h_1、h_2——分别表示土体冻结前、后的高度(mm)。

冻土融化下沉由两部分组成，一是外力作用下的压缩变形，另一是温度升高引起的自身融化下沉。多年冻土的融沉性可以用平均融沉系数 δ 来表示，即：

$$\delta = \frac{H_2 - H_1}{H_1} \times 100\% \tag{5-11}$$

式中：H_1、H_2——分别表示土体融化前、后的高度(mm)。

2. 力学性质

冻土的强度和变形仍可用抗压强度、抗剪强度和压缩系数表示。但是由于冻土中冰的存在，使冻土力学性质随温度和加载时间而变化的敏感性大大增加。在长期荷载作用下，冻土强度明显衰减，变形明显增大。温度降低时，土中未冻水减少，含冰量增大，冻土类似岩石，短期荷载下强度大增，变形可忽略不计。

三、冻土的工程地质问题

1. 冻土冻胀融沉等级的评价

冻胀融沉是冻土地区的主要现象，也是冻土的重要工程性质。按平均冻胀率 n 值大小，将季节冻土分为五级:特强冻胀土($n>12\%$)、强冻胀土($12\%\geqslant n>6\%$)、冻胀土($6\%\geqslant n>3.5\%$)、弱冻胀土($3.5\%\geqslant n>1\%$)、不冻胀土($n\leqslant1\%$)。结合土的类别、冻前天然含水率、冻结期间地下水位距冻结面的最小距离、平均冻胀率进行的综合评价见表5-4。

季节性冻土的冻胀性分级　　　　　　　　　　　　　　　　表5-4

土 的 类 别	冻前天然含水率 $w(\%)$	冻结期间地下 水位距冻结面的 最小距离 $h_w(\mathrm{m})$	平均冻胀率 $n(\%)$	冻胀等级 及类别
粉黏粒质量≤15%的粗颗粒土(包括碎石类土、砾砂、粗砂、中砂,以下同),粉黏粒质量≤10%的细砂	不考虑	不考虑	$n\leqslant1$	(Ⅰ级) 不冻胀
粉黏粒质量>15%的粗颗粒土,粉黏粒质量>10%的细砂	$w\leqslant12$	>1.0		
粉砂	$12<w\leqslant14$	>1.0		
粉土	$w\leqslant19$	>1.5		
黏性土	$w\leqslant w_\mathrm{p}+2$	>2.0		
粉黏粒质量>15%的粗颗粒土,粉黏粒质量>10%的细砂	$w\leqslant12$	$\leqslant1.0$	$1<n\leqslant3.5$	(Ⅱ级) 弱冻胀
	$12<w\leqslant18$	>1.0		
粉砂	$w\leqslant14$	$\leqslant1.0$		
	$14<w\leqslant19$	>1.0		
粉土	$w\leqslant19$	$\leqslant1.5$		
	$19<w\leqslant22$	>1.5		
黏性土	$w\leqslant w_\mathrm{p}+2$	$\leqslant2.0$		
	$w_\mathrm{p}+2<w\leqslant w_\mathrm{p}+5$	>2.0		
粉黏粒质量>15%的粗颗粒土,粉黏粒质量>10%的细砂	$12<w\leqslant18$	$\leqslant1.0$	$3.5<n\leqslant6$	(Ⅲ级) 冻胀
	$w>18$	>0.5		
粉砂	$14<w\leqslant19$	$\leqslant1.0$		
	$19<w\leqslant23$	>1.0		
粉土	$19<w\leqslant22$	$\leqslant1.5$		
	$22<w\leqslant26$	>1.5		
黏性土	$w_\mathrm{p}+2<w\leqslant w_\mathrm{p}+5$	$\leqslant2.0$		
	$w_\mathrm{p}+5<w\leqslant w_\mathrm{p}+9$	>2.0		
粉黏粒质量>15%的粗颗粒土,粉黏粒质量>10%的细砂	$w>18$	$\leqslant0.5$	$6<n\leqslant12$	(Ⅳ级) 强冻胀
粉砂	$19<w\leqslant23$	$\leqslant1.0$		
粉土	$22<w\leqslant26$	$\leqslant1.5$		
	$26<w\leqslant30$	>1.5		
黏性土	$w_\mathrm{p}+5<w\leqslant w_\mathrm{p}+9$	$\leqslant2.0$		
	$w_\mathrm{p}+9<w\leqslant w_\mathrm{p}+15$	>2.0		

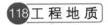

续上表

土 的 类 别	冻前天然含水率 $w(\%)$	冻结期间地下水位距冻结面的最小距离 $h_w(m)$	平均冻胀率 $n(\%)$	冻胀等级及类别
粉砂	$w > 23$	不考虑	$n > 12$	（Ⅴ级）特强冻胀
粉土	$26 < w \leqslant 30$	$\leqslant 1.5$		
	$w > 30$	不考虑		
黏性土	$w_p + 9 < w \leqslant w_p + 15$	$\leqslant 2.0$		
	$w > w_p + 15$	不考虑		

注:1. 盐渍化冻土不在表列。

2. 塑性指数大于 22 时,冻胀性降一级。

3. 当碎石类土充填物大于全部质量的 40% 时,其冻胀性按充填物土的类别判定。

按平均融沉系数 δ 值大小,可以将冻土融沉分为五级:不融沉($\delta \leqslant 1\%$)、弱融沉($3\% \geqslant \delta > 1\%$)、融沉($10\% \geqslant \delta > 3\%$)、强融沉($25\% \geqslant \delta > 10\%$)和融陷($\delta > 25\%$)。结合土类、总含水率、平均融沉系数进行的综合评价见表 5-5。

多年冻土分类及融沉性分级表　　　　　　　　　　　　表 5-5

多年冻土名称	土 的 类 别	总含水率 w（%）	平均融沉系数 δ（%）	融沉性分类
少冰冻土	碎石类土、砾砂、粗砂、中砂（粉黏粒质量 $\leqslant 15\%$）	$w < 10$	$\delta \leqslant 1$	（Ⅰ级）不融沉
	碎石类土、砾砂、粗砂、中砂（粉黏粒质量 $>15\%$）	$w < 12$		
	细砂、粉砂	$w < 14$		
	粉土	$w < 17$		
	黏性土	$w < w_p$		
多冰冻土	碎石类土、砾砂、粗砂、中砂（粉黏粒质量 $\leqslant 15\%$）	$10 \leqslant w < 15$	$1 < \delta \leqslant 3$	（Ⅱ级）弱融沉
	碎石类土、砾砂、粗砂、中砂（粉黏粒质量 $>15\%$）	$12 \leqslant w < 15$		
	细砂、粉砂	$14 \leqslant w < 18$		
	粉土	$17 \leqslant w < 21$		
	黏性土	$w_p \leqslant w < w_p + 4$		
富冰冻土	碎石类土、砾砂、粗砂、中砂（粉黏粒质量 $\leqslant 15\%$）	$15 \leqslant w < 25$	$3 < \delta \leqslant 10$	（Ⅲ级）融沉
	碎石类土、砾砂、粗砂、中砂（粉黏粒质量 $>15\%$）			
	细砂、粉砂	$18 \leqslant w < 28$		
	粉土	$21 \leqslant w < 32$		
	黏性土	$w_p + 4 \leqslant w < w_p + 15$		

续上表

多年冻土名称	土 的 类 别	总含水量 w（％）	平均融沉系数 δ（％）	融沉性分类
饱冰冻土	碎石类土、砾砂、粗砂、中砂（粉黏粒质量 $\leqslant 15\%$）	$25 \leqslant w < 44$	$10 < \delta \leqslant 25$	（Ⅳ级）强融沉
	碎石类土、砾砂、粗砂、中砂（粉黏粒质量 $> 15\%$）			
	细砂、粉砂	$28 \leqslant w < 44$		
	粉土	$32 \leqslant w < 44$		
	黏性土	$w_{\mathrm{p}} + 15 \leqslant w < w_{\mathrm{p}} + 35$		
含土冰层	碎石类土、砂类土	$w \geqslant 44$	$\delta > 25$	（Ⅴ级）融陷
	黏性土、粉土	$w \geqslant w_{\mathrm{p}} + 35$		

注：1. 总含水率包括冰和未冻水。

　　2. 盐渍化冻土、泥炭化冻土、腐殖土、高塑性黏土不在表列。

2. 冻融变形

冻土在冻结时产生冻胀变形，融化时产生沉降变形，反复的冻融使土体及其上建筑物丧失稳定性而出现破坏。

由表 5-4 可知，粉、黏粒越多，含水率越大，冻胀越严重。土中水结冰时，体积增大 1/11 左右，以 1m 厚冻土层为例，当含水率为 30% 时，冻胀量为 $100\mathrm{cm} \times 30\% \times 1/11 = 2.7\mathrm{cm}$。一般情况下，季节冻土冬季冻胀可使路基隆起 3～4cm；春季融化时，路基沉陷发生翻浆冒泥。如果季节冻土层与地下水发生水力联系，冻胀融沉危害更为严重。在地下水埋藏较浅时，季节冻结区不断得到水的补充，地面明显冻胀隆起，形成冻胀土丘，又称冰丘。图 5-6 为东北兴安岭某处的一个冰丘剖面。

图 5-6　冰丘剖面示意图

1-塔头草层；2-泥炭层；3-黏性土层；4-含水层

在多年冻土区开挖边坡，使多年冻土上限下降，若此多年冻土为融沉性的，则可使边坡滑塌。在多年冻土区填筑路堤，则使多年冻土上限上升。路堤内形成冻土结核，发生冻胀，融化后路堤外部沿上限局部滑塌，如图 5-7 所示。

a)未筑堤前　　　　　b)筑堤后上限上升　　　　　c)融化后沿上限滑塌

图 5-7　多年冻土区修筑路堤

3. 热融滑坍

自然营力的作用或人为活动的影响,破坏了斜坡上地下冻土层的热平衡状态,使冻土层融化,融化后的土体在重力作用下沿着冻融界面滑动的现象称为热融滑坍。

4. 冻融泥流

缓坡上的细粒土,由于冻融作用,土体结构破坏,土中水分受下伏冻土层的阻隔不能下渗,致使土体饱和甚至成为泥浆,在重力作用下,饱和土体沿着冻土层面顺坡向下蠕动的现象称为冻融泥流。

四、冻土病害的防治措施

冻土地区病害主要是冻胀和融沉,因此防治措施的基本原则主要是三方面:排水、保温和改善土的性质。

1. 排水

水是冻胀融沉的决定性因素,必须严格控制土中的水分。在地面修建一系列排水沟、管,拦截地表周围流来的水;集聚、排除建筑物地面及内部的水,不得使这些地表水渗入地下。在地下修建盲沟、渗沟、管等,拦截周围流来的地下水;降低地下水位,不使地下水向地基土中集聚。

2. 保温

应用各种保温隔热材料,将地表工程建筑对地温的影响降至最小,从而最大限度防治冻胀融沉。在基坑或路堑的底部和边坡上或在填土路堤底面上,铺设一定厚度的草皮、泥炭、苔藓、炉渣或黏土,都有保温隔热作用。近年来,也有采用通风路堤、"热棒"等技术保护多年冻土上限相对稳定。

热棒的结构为一个密闭的空心长棒,内装一些液氨,液氨沸点较低。在冬季,土中热量使液氨蒸发到顶部,氨蒸气通过散热片将热量传导给空气,冷却后又液化回到下部,保持冻土冷冻状态不松软。在夏季,液体全部变成气体,气体对流很小,热量向底部传导很慢。

3. 改善土的性质

(1)换填土:用粗砂、卵、砾石等不冻胀土置换天然地基的细颗粒冻胀土,是广泛采用的防治冻害的有效措施。一般基底砂垫层厚度为 0.8~1.5m,基侧面为 0.2~0.5m。在路基下常用这种砂垫层填土,但在换填土层上要设置 0.2~0.3m 隔水层,以免地表水渗入基底。

(2)物理化学法:在土中加入某种物质,改变土粒与水的相互作用,使土体中水的冰点降低,水分转移受到影响,从而削弱和防治土的冻胀。例如,在土中加入一定数量的可溶性无机盐类(如氯化钠、氯化钙等),使之成为人工盐渍土,从而限制了土中的水分转移,降低了冻结温度,将冻胀变形限制在允许范围内。

第五节 盐 渍 土

一、概述

岩石在风化过程中分离出少量的易溶盐类(常见的有氯盐、硫酸盐和碳酸盐),盐渍土的形成就是这些盐分在地表土层中富集的结果。对易溶盐含量大于0.3%,具有溶陷、盐胀、腐蚀等特性的土,称为盐渍土。

盐渍土易于识别,土层表面残留着薄薄的白色盐层,地面常常没有植物覆盖,或仅生长着特殊的盐区植物。在探井壁上可见到盐的白色结晶,从探井剖面看,土层表面含易溶盐最多,其下为盐化潜水。地面以下深1~2m的潜水,盐渍作用最强,通常盐渍土中的潜水成分与盐渍土中所含盐类的成分虽然不完全一样,但两者之间保持着一定的关系。

盐渍土在我国分布面积较广,新疆、青海、甘肃、内蒙古、宁夏等省(区)分布较多,陕西、辽宁、吉林、黑龙江、河北、河南、山东、江苏等省也有分布。我国盐渍土依地理位置可分为内陆盐渍土、滨海盐渍土和平原盐渍土。内陆盐渍土主要分布在年蒸发量大于年降水量,地势低洼,地下水埋藏浅,排泄不畅的干旱和半干旱地区。如我国内蒙古、甘肃、青海和新疆一带内陆湖盆中广泛分布有盐渍土,尤其是青海柴达木盆地和新疆塔里木盆地,土中含盐量更高。盐分的富集主要有两个方面的原因:一是含有盐分的地表水从地面蒸发,所带的盐分聚集在地表;二是盐分被水带入江河、湖泊和洼地,盐分逐渐积累,含盐浓度增加,这种水渗入地下,再经毛细作用上升到地表,造成地表盐分富集。滨海盐渍土分布在沿海地带,含盐量一般为1%~4%。在沿海地带,由于海水的浸渍或海岸的退移,经过蒸发,盐分残留在地表,形成盐渍土。平原盐渍土主要分布在华北平原和东北平原。在平原地区,河床淤积抬高或修建水库,使沿岸地下水水位升高,造成土的盐渍化。灌溉渠道附近,地下水位升高,也会导致土的盐渍化。

按照盐渍土所含盐分的性质和含盐量,可以将盐渍土分为不同的类型。根据所含盐的化学性质,盐渍土可以分为氯盐渍土、硫酸盐渍土和碳酸盐渍土。其分类标准是根据土的溶液中常见的阴离子(Cl^-、SO_4^{2-}、CO_3^{2-}、HCO_3^-)在每100g土中所含的毫摩尔数的比值来确定(表5-6)。按盐渍土中含盐量的百分数进行的分类,见表5-7。

盐渍土按含盐化学成分分类　　　　　　　　　　　　　　　　表5-6

盐渍土类型	$cCl^-/2cSO_4^{2-}$	$(2cCO_3^{2-}+cHCO_3^-)/(cCl^-+2cSO_4^{2-})$
氯盐渍土	>2	
亚氯盐渍土	2~1	
亚硫酸盐渍土	1~0.3	
硫酸盐渍土	<0.3	
碳酸盐渍土		>0.3

注:$c Cl^-$为氯离子在100g土中的毫摩尔数,其他离子相同。

盐渍土按盐渍化程度分类　　　　　　　　　　　　　　　　表5-7

盐渍土名称	平均含盐量(%)		
	氯及亚氯盐	硫酸及亚硫酸盐	碳酸盐
弱盐渍土	0.3~1.0		
中盐渍土	1~5	0.3~2.0	0.3~1.0
强盐渍土	5~8	2~5	1~2
超盐渍土	>8	>5	>2

二、盐渍土的工程性质

由于盐渍土是黏性土、砂土、粉土、碎石土等各类土体的总称,其主要特点在于所含盐分的不同,工程性质也有差异。尤其是盐渍土中的含盐量对其工程性质影响较大,在进行盐渍土室内试验时,应分别测定天然状态和排除易溶盐后的物理力学性质指标,分析含盐量对其工程性质的影响。以下按照氯盐渍土、硫酸盐渍土和碳酸盐渍土分别介绍其工程特性。

1. 氯盐类盐渍土

氯盐渍土主要含氯化钠和氯化钾,其次含有氯化钙和氯化镁。氯盐具有很高的溶解度,而且受温度影响很小。氯盐渍土具有强烈的吸湿性,吸水后不易蒸发;但深度有限,仅限于表层,最深只有 12cm。

氯盐渍土的液限和塑限,随含盐量增加而降低。当土体中含盐量由零增加至 20% 时,液限降低 14% ~18%,塑限降低 18% ~22%。这种特点会使盐渍土在较小的含水率时达到最佳密实度,有利于工程应用。

当含盐量较低时,随着含盐量的增加,氯盐渍土的抗剪强度降低,在 8% 达到最低,超过 8% 以后,抗剪强度又开始逐渐增大(图 5-8),这与盐分对氯盐渍土结构的影响有关。随着含盐量的增加,氯盐渍土的无侧限抗压强度逐渐增大,压缩系数逐渐降低。

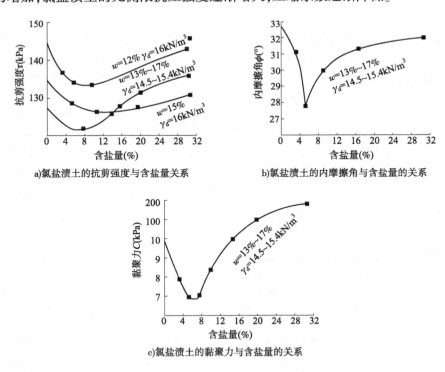

a)氯盐渍土的抗剪强度与含盐量关系 b)氯盐渍土的内摩擦角与含盐量的关系

c)氯盐渍土的黏聚力与含盐量的关系

图 5-8 氯盐渍土强度与含盐量的关系

2. 硫酸盐类盐渍土

硫酸盐渍土中含有硫酸钠、硫酸镁和硫酸钙,其中对土体性质影响最大的是硫酸钠。硫酸钠吸水结晶后体积增大至原来的3.1倍,由于其反复吸水、失水,体积反复胀缩,导致土体结构破坏。土中含盐量小于2%时,土体不会产生盐胀,大于2%时,随着含盐量的增加,盐胀作用逐渐增强。盐胀作用发生在受气温影响的地表附近,一般深度3～6m,其中表层30cm最严重。

3.碳酸盐类盐渍土

碳酸盐类盐渍土主要含有碳酸钠、碳酸氢钠,故也称"碱性盐渍土"。碳酸盐类盐渍土中含有大量亲水性吸附阳离子,遇水后吸水膨胀,最大膨胀率可达20%,尤其是当碳酸钠含量超过0.5%时,体积显著增大。根据松嫩平原东北部碳酸盐类盐渍土试验结果,盐渍土渗透系数为$2.77 \times 10^{-7} \sim 1.3 \times 10^{-5}$cm/s,体积收缩约20%的土样在2～5min内可全部崩解。说明碳酸盐类盐渍土不仅具有强烈的吸水膨胀特性,还具有失水收缩、浸水迅速崩解、渗透性弱等特点。

三、盐渍土的主要工程地质问题

盐渍土的工程地质问题主要有溶陷变形、盐胀变形、腐蚀等。

1.溶陷变形

溶陷变形是指盐渍土中可溶成分,尤其是易溶盐成分经水浸泡后溶解、流失,致使土体结构松散,在土体的饱和自重压力下出现溶陷;有的盐渍土浸水后,需要在一定的压力下才会产生溶陷,地基溶陷可导致房屋、管道等构筑物的不均匀沉降、变形破坏等。

盐渍土地基的溶陷可以用溶陷系数来评价,在试验室内,可以用浸水后的溶陷量与试样初始高度的比值来确定溶陷系数;在现场测试中,可以用溶陷量与浸湿土层厚度的比值来确定。溶陷系数大于等于0.01的为溶陷性土,溶陷系数小于0.01的为非溶陷性土。也可根据基础底面以下(初勘自地面1.5m算起)10m深度范围内全部溶陷性盐渍土累计溶陷量Δ的大小,分为Ⅰ级($7cm < \Delta \leqslant 15cm$)、Ⅱ级($15cm < \Delta \leqslant 40cm$)、Ⅲ级($\Delta > 40cm$)。

近年来的研究发现,在含有可溶盐的地层中,比如在西南地区红层中,分布有分散状、脉状、层状的石膏、芒硝等盐类,溶蚀后会在地层中形成不同大小和分布的空穴,对地基等带来问题。比如,在成都南郊下伏的含石膏、芒硝的白垩系泥岩中,在靠近地表河流的地下水面附近开挖的建筑基坑中,发现有较为集中分布的几厘米至几十厘米大小不等的空洞。分析证明这些空洞与盐类矿物溶蚀有关,但目前对此类问题还没有行之有效的勘探方法,也没有建立对工程危害的评价标准和处理措施。

2.盐胀变形

盐胀变形主要发生在硫酸盐渍土中,主要是硫酸钠结晶吸水后体积膨胀造成的。硫酸钠在32.4℃时的溶解度最大,当温度小于32.4℃,随着温度的逐渐降低,硫酸钠分子就会结合10倍的水分子生成芒硝晶体,体积增大3.1倍。发生如下反应:

$$Na_2SO_4 + 10H_2O \longrightarrow Na_2SO_4 \cdot 10H_2O$$

当温度高于32.4℃时,随着温度的升高,无水硫酸钠析出,在空气中失水成粉末状,不发生膨胀。

盐渍土地基的盐胀性是指整平地面以下2m深度范围内土体的盐胀性。盐胀性可以根据现场试验测定的有效盐胀厚度和总盐胀量来确定。盐渍土在我国西北地区广布,它对工程的危害性也受到越来越多的关注。由于反复的冷热循环、干湿变化,导致土体吸水、失水,体积膨胀、收缩,引起地坪、坡面、路面、挡墙等的变形和破坏。

3. 腐蚀问题

盐渍土中的含盐成分主要是氯盐和硫酸盐,中生代红层中的盐分主要是硫酸盐。盐渍土的腐蚀主要表现在盐渍土及其环境水对混凝土和金属材料的腐蚀。因此,盐渍土的腐蚀性评价,以氯离子、硫酸根离子作为主要腐蚀离子;对于混凝土的腐蚀性评价,除上述离子外,镁离子、氨离子、水的酸碱度等也对腐蚀性有重要影响,也应作为评价指标。盐渍土的腐蚀性评价,应对地下水或土体中的含盐量按表5-8进行评价。

盐渍土腐蚀性评价　　　　　　　　　　　　　表5-8

介　质	离子种类	埋置条件	指　标　值	钢筋混凝土	素混凝土	砖砌体
地下水中盐离子含量（mg/L）	SO_4^{2-}		>4000	强	强	强
			1000～4000	中	中	中
			250～1000	弱	弱	弱
			≤250	无	无	无
	Cl^-	间浸	>5000	强	中	中
			500～5000	中	弱	弱
			≤500	弱	无	无
		全浸	>20000	强	弱	弱
			5000～20000	中	弱	弱
			500～5000	弱	无	无
			≤500	无	无	无
	NH_4^+		>1000	强	强	强
			500～1000	中	中	中
			100～500	弱	弱	弱
			≤100	无	无	无
	Mg^{2+}		>4000	强	强	强
			2000～4000	中	中	中
			1000～2000	弱	弱	弱
			≤1000	无	无	无
土中盐离子含量（mg/L）	SO_4^{2-}	干燥	>6000	强	强	强
			4000～6000	中	中	中
			2000～4000	弱	弱	弱
			≤2000	无	无	无
		潮湿	>4000	强	强	强
			2000～4000	中	中	中
			400～2000	弱	弱	弱
			≤400	无	无	无

续上表

介　质	离子种类	埋置条件	指　标　值	钢筋混凝土	素混凝土	砖砌体
土中盐离子含量（mg/L）	Cl⁻	干燥	>20000	强	强	强
			5000～20000	中	中	中
			2000～5000	弱	弱	弱
			≤2000	无	无	无
		潮湿	>7500	强	强	强
			1000～7500	中	中	中
			500～1000	弱	弱	弱
			≤500	无	无	无
土中总盐量（mg/L）	正负离子总和	有蒸发面	>10000	强	强	强
			5000～10000	中	中	中
			3000～5000	弱	弱	弱
			≤3000	无	无	无
		无蒸发面	>50000	强	强	强
			20000～50000	中	中	中
			5000～20000	弱	弱	弱
			≤5000	无	无	无
水中酸度pH值			≤4	强	强	强
			>4～5	中	中	中
			>5～6	弱	弱	弱
			>6.5	无	无	无

四、盐渍土的主要防治措施

盐渍土对水敏感,在盐渍土地区,应结合不同工程类型采取有效的防水和保水措施,防止地表水和地下水变动对盐渍土工程性能产生影响。另外,含盐量对盐渍土工程性质的影响较大,用盐渍土作为填料时,应控制填料的含盐量、密实度、填筑高度、毛细水等因素的影响。对盐渍土地基的溶陷性、盐胀性、腐蚀性问题,可以结合具体情况,采取预溶、强夯、换土、振冲、盐化、防腐等措施。

第六节　红　黏　土

一、概述

红黏土是指在亚热带湿热气候条件下,碳酸盐类岩石及其间夹的其他岩石,经红土化作用形成的高塑性黏土。红黏土是红土的一种主要类型,在形成的过程中由于铁铝元素相对集中而一般呈褐红、棕红等颜色,液限大于50%。经流水再搬运后仍保留其基本特征,液限大于45%的坡、洪积黏土,称为次生红黏土,在相同物理指标情况下,其力学性能低于红黏土。红黏土及次生红黏土是一种区域性的特殊土,广泛分布于我国的云贵高原、四川东部、广西、粤北及鄂西、湘西等地区的低山、丘陵地形顶部和山间盆地、洼地、缓坡及坡脚地段。其厚度变化很大,且与原始地形和下伏基岩的起伏变化密切相关。分布在盆地或洼地时,其厚度变化大体上是边缘较薄,向中间逐渐增厚。当下伏基岩中溶沟、溶槽、石芽较发育时,上覆红黏土的厚度变化极大。就地区而论,贵州的红黏土厚度为 3~6m,超过10m者较少;云南地区一般为 7~8m,个别地段可达 10~20m;湘西、鄂西、广西等地一般在10m 左右。在水平方向常见咫尺之隔,厚度相差达10m之巨。

二、红黏土的工程性质

1. 组成成分

由于红黏土系碳酸盐类以及其他类岩石的风化后期产物,母岩中的较活动性的成分 SO_4^{2-}、Ca^{2+}、Na^+、K^+ 等经长期风化淋滤作用相继流失,SiO_2 部分流失,此时地表则多集聚含水铁铝氧化物及硅酸盐矿物,并继而脱水变为氧化铁铝 Fe_2O_3 和 Al_2O_3 或 $Al(OH)_3$,使土染成褐红至砖红色。因此,红黏土的矿物成分除仍含有一定数量的石英颗粒外,大量的黏土颗粒则主要为多水高岭石、水云母类、胶体 SiO_2 及赤铁矿、三水铝土矿等组成,不含或极少含有机质。

其中多水高岭石的性质与高岭石基本相同,它具有不活动的结晶格架,当被浸湿时,晶格间距极少改变,故与水结合能力很弱。而三水铝土矿、赤铁矿、石英及胶体二氧化硅等铝、铁、硅氧化物,也都是不溶于水的矿物,它们的性质比多水高岭石更稳定。

红黏土颗粒周围的吸附阳离子成分也以水化程度很弱的 Fe^{3+}、Al^{3+} 为主。

红黏土的粒度较均匀,呈高分散性,黏粒含量一般为 60%~70%,最大达 80%。

2. 红黏土的物理力学特性

(1)天然含水率高,一般为 40%~60%,高达 90%。

(2)密度小,天然孔隙比一般为 1.4~1.7,最高 2.0,具有大孔性。

(3)高塑性。液限一般为 60%~80%,高达 110%;塑限一般为 40%~60%,高达 90%;塑性指数一般为 20~50。

(4)由于塑限很高,所以尽管天然含水率高,一般仍处于坚硬或硬可塑状态,液性指数一般小于0.25。但是其饱和度一般在90%以上,因此,甚至坚硬黏土也处于饱水状态。

(5)一般呈现较高的强度和较低的压缩性,固结快剪内摩擦角 $\varphi = 8° \sim 18°$,黏聚力 $C = 40 \sim 90kPa$,压缩系数 $a_{0.2-0.3} = 0.1 \sim 0.4 MPa^{-1}$,变形模量 $E_0 = 10 \sim 30 MPa$,最高可达 50MPa;载荷试验比例界限 $p_0 = 200 \sim 300kPa$。

(6)不具有湿陷性。原状土浸水后膨胀量很小(<2%),但失水后收缩剧烈,原状土体积收缩率为25%,而扰动土可达 40%~50%,因此裂隙发育也是红黏土的一大特征。

红黏土的物理力学性质指标的经验值见表5-9。

红黏土的天然含水量高,孔隙比很大,但却具有较高的力学强度和较低的压缩性以及不具有湿陷性的原因,主要在于其生成环境及其相应的组成物质和坚固的粒间联结特性。

南方各省红黏土物理力学性质指标汇总　　　　　　　　表 5-9

指标 地区	液限 （%）	塑限 （%）	含水率 （%）	孔隙比	含水比	内摩擦角 （°）	黏聚力 （kPa）	压缩模量 （MPa）
湖北	51 ~ 76	25 ~ 37	30 ~ 55	0.92 ~ 1.59	0.51 ~ 0.80	11 ~ 22	30 ~ 78	
湖南株洲	47 ~ 62	22 ~ 30	29 ~ 60	0.84 ~ 1.78	0.48 ~ 1.20	8 ~ 15	2 ~ 14	2.0 ~ 9.2
广西柳州	54 ~ 95	27 ~ 53	34 ~ 52	0.99 ~ 1.50	0.47 ~ 0.74	10 ~ 26	14 ~ 90	6.5 ~ 17.2
云南	50 ~ 75	30 ~ 40	27 ~ 55	0.90 ~ 1.60	0.55 ~ 0.84	16 ~ 28	25 ~ 85	6.0 ~ 16.0
贵州	60 ~ 110	35 ~ 60	34 ~ 63	1.00 ~ 1.80	0.50 ~ 0.73	9 ~ 15	34 ~ 85	4.1 ~ 20.0

三、红黏土的主要工程地质问题

由于红黏土具有上述特征,因此其工程性能相对良好,但是在红黏土地区进行建筑时也常出现一些问题,应加以注意。一是红黏土受所处的位置和形成条件等因素影响,其性质与厚度变化较大。沿深度方向上,红黏土的含水率、孔隙比、压缩系数随深度的增加都有较大的增高,软硬程度由坚硬、硬塑变为可塑、软塑,强度大幅度降低。在水平方向上,地势较高处红黏土的含水率和压缩性较低,强度较高,而地势低洼处则相反。在岩溶发育的石灰岩地区,红黏土厚度变化往往很大,易造成地基的不均匀沉陷。二是强烈的失水收缩使红黏土表层裂隙很发育,破坏了土体的完整性,降低了土体的强度,增强了透水性,这对于浅埋基础或边坡的稳定性都有影响。三是红黏土中常有"土洞"存在(与下伏碳酸盐类岩石的岩溶关系密切),对建筑物地基稳定性极为不利。

四、红黏土的主要防治措施

(1)由表5-9可知,我们不能用其他地区的、其他黏性土的物理、力学性质相关关系来评价红黏土的工程性能,因此不能将红黏土视作均质体,应根据红黏土层在深度方向及水平方向物理力学性质的变化划分为不同的土质单元,然后分别予以评价;

(2)进行变形(尤其是不均匀沉降)及稳定性(尤其是填方或挖方边坡的稳定性)验算;

(3)采取保温、保湿措施防止土的收缩,采取防护措施(如坡面防护、设置支挡或分级放坡等)控制裂隙的发生和发展;

(4)红黏土用作填筑材料时,采取对填筑土体的压实控制和防止表面失水(覆盖保护)等措施。

第六章 常见地质灾害

地质灾害是指由地质作用对人类生存和发展造成的危害。地质灾害包括自然地质灾害和人为地质灾害。自然地质灾害是自然地质作用引起的灾害,例如地球内动力地质作用引起的火山爆发、地震和外动力地质作用引起的滑坡、崩塌、泥石流等。工程地质学研究自然地质灾害的特征、类型、地质环境和形成条件、作用机理、对工程建筑的危害和防治措施、防治原则等内容。人为地质灾害是由人类工程活动使周围地质环境发生恶化而诱发的地质灾害,例如,工程开挖诱发山体松动、滑坡和崩塌;修建水库诱发地震;城市过量抽取地下水引起地面沉降;水土流失加剧洪涝灾害等等。随着人类社会的进步和发展,人类工程活动的数量、速度和规模愈来愈大,已逐渐接近甚至超过某些自然地质作用的效应。例如,人类工程开挖和堆填的速度已逐渐超过自然地质作用的剥蚀和沉积的速度,据统计,人类每年消耗的矿产资源约为 500 亿 t,而大洋中脊每年新生成岩石圈物质约为 300 亿 t,河流每年搬运物质约为 165 亿 t。人类建筑工程的面积到 2000 年已达到陆地面积的 15%。

地质灾害是各种灾害中最重要的一种。据估计,我国由地质灾害造成的损失占各种灾害总损失的 35%。在地质灾害中,崩塌、滑坡、泥石流及人类工程活动诱发的浅表地质灾害造成的损失占一半以上,每年约 200 亿元,而且大多集中在我国中西部山区和高原地区,必须予以足够重视。

本章重点介绍在土木工程建设中最常见的几种地质灾害。

第一节 崩   塌

一、崩塌及其分布

崩塌是指陡峻斜坡上的岩土体在重力作用下突然脱离坡体向下崩落的现象。崩塌时破碎岩块倾倒、翻滚、跳跃、撞击,最后坠落并堆积在坡脚。经常发生崩塌的山坡坡脚,由于崩落物的不断堆积,就会形成岩堆。崩塌的发生是突然、猛烈的,具有强烈的冲击破坏力,常使坡脚下的建筑物和道路工程遭到毁坏,甚至被掩埋,造成巨大伤亡和损失。崩塌若产生在土体中,称其为土崩,若产生在岩体中,则称为岩崩。

崩塌的规模大小相差悬殊。若陡峻斜坡上个别、少量岩块或碎石脱离坡体向下坠落,称为落石;小型崩塌可崩落几十至几百立方米岩块;大型崩塌则可崩下几万至几千万立方米岩块;规模极大的崩塌可称山崩。1967 年四川雅砻江岸坡一次大崩塌,落下岩块约 6800 万 m^3,在河谷中堆起 175m 高的块石堤坝,江水断流 9 天。

我国西部尤其西南地区,如云南、四川、贵州、陕西、青海、甘肃、宁夏等省区,地形切割陡峻、地质构造复杂、岩土体支离破碎,加上西南地区降水量大且强烈、西北地区植被极不发育,因此崩塌发育强烈。例如 1987 年 9 月 17 日凌晨四川巫溪县城龙头山发生岩崩,摧毁一栋 6 层的宿舍、两家旅社、居民房 29 余户,掩埋公路干线 70 余米,造成 122 人死亡。

二、崩塌的形成条件

崩塌虽发生比较突然,但有它一定的形成条件和发展过程。崩塌形成的基本条件,归纳起来主要有以下几个方面:

1. 地形条件

高陡斜坡构成的峡谷地区易于发生崩塌。调查表明,一般斜坡坡度大于 55°(大多数介于 55°~75°之间)、高度超过 30m 的地段有利于发生崩塌。这种地段一般属地壳上升区,河流下蚀强烈,斜坡相对高差较大,岸坡岩体卸荷裂隙发育,特别在河流凹岸陡坡段,都具备了有利于发生崩塌的条件。

2. 岩性条件

岩性对崩塌有明显的控制作用。高陡边坡多由坚硬脆性岩石构成,最易发生崩塌落石。易风化的软岩则多构成低缓斜坡,发生崩塌落石较少。由硬、软岩相间构成的边坡,因差异风化使硬岩突出、软岩内凹,突出悬空的硬岩也易于发生崩塌(图 6-1)。

3. 地质构造条件

岩体中各种不连续面的存在是产生崩塌的基本条件。当各种不连续面的产状和组合有利于崩塌时,就成为发生崩塌的决定性因素。例如,图 6-2 中厚层石灰岩构成的高陡边坡,层理面向山内倾斜,高倾角节理面 2 与低倾角节理面 1 向山外倾斜,当坡顶出现由这三组不连续面构成的楔形体岩块时,就可能发生崩塌或落石。

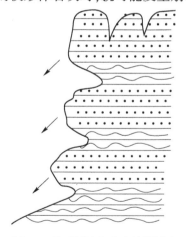

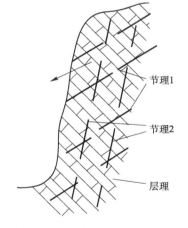

图 6-1 软、硬岩相间发生的崩塌图　　图 6-2 层理、节理组合发生的崩塌

4. 水

水也是诱发崩塌的常见因素。据统计,崩塌绝大多数发生在雨季,特别是大雨过后不久。渗入地下岩体节理裂隙中的地下水,增大了岩体重量,降低了抗剪强度,增加了水的静、动水压力,促使节理裂隙扩展、连通,诱发了崩塌。如云南昆明至畹町公路某段的路堑边坡,雨后不久发生崩塌达 1.7 万多立方米,严重阻碍交通。

5. 地震

地震能使斜坡岩体突然承受巨大的惯性荷载,引起坡体晃动,破坏坡体平衡,因而往往诱发大规模的崩塌。例如 1973 年 2 月四川炉霍地震(7.9 级),促使城区附近公路沿线及河谷两岸普遍发生崩塌。再如 1970 年秘鲁境内的安第斯山附近发生一次大地震,当时从 5000 ~ 6000m 高山上倾斜下来的岩块和冰块等崩塌体,连抛带滚波及 10km 以外。

6. 不合理的人类活动

爆破也像地震一样会引起坡体的振动,从而诱发崩塌。例如盐津某线,由于大爆破施工,引起数十万立方米的大规模崩塌,堵河成湖,回水淹没路基达 8km 之多。另外如开挖坡脚、地下采空、水库蓄水、泄水等改变坡体原始平衡状态的人类活动,都会诱发崩塌活动。

三、崩塌的防治

在采取防治措施之前,必须首先查清崩塌形成的条件和直接诱发的原因,有针对性地采取整治措施。常用的防治措施有:

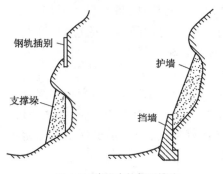

图 6-3　崩塌支护加固措施

1. 防水

在可能发生崩塌地段,地表的岩石节理、裂隙可用黏土或水泥砂浆填封,防止地表水下渗。

2. 落石和小型崩塌

落石和小型崩塌可采用:

(1)清除危岩:清除斜坡上有可能崩落的危岩和孤石,防患于未然。

(2)支护加固:采用浆砌片石垛、钢轨插别、支护墙、锚杆、主动网等方法支撑可能崩落的岩体(图 6-3)。

(3)拦挡工程:当道路或建筑物上方距崩塌地段间有较宽平缓地段时,可设拦石墙或拦石网(钢轨背后加钢丝网,见图 6-4),拦挡崩落石块,定期清除,不致使其落到道路和建筑物之上。

3. 大型崩塌

大型崩塌可采用棚洞或明洞(图 6-5)等重型防护工程。当重型工程仍不能解决问题时,只能采取绕避方案:或将线路内移做隧道;或将线路改移到河对岸。大型崩塌应在勘测阶段查明并绕避,以免造成重大损失。

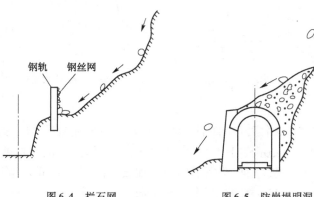

图 6-4　拦石网　　　　　图 6-5　防崩塌明洞

第二节 滑　　坡

一、滑坡及其形态特征

斜坡上的岩土体在重力作用下,沿着斜坡内部一定的滑动面(或滑动带)整体向下滑动的现象,称为滑坡。

规模大的滑坡一般是缓慢地、长期地往下滑动,其位移速度多在突变阶段才显著增大,滑动过程可以延续几年、十几年甚至更长的时间。有些滑坡滑动速度也很快,如1983年3月发生的甘肃东乡洒勒山滑坡最大滑速可达30~40m/s。

滑坡是山区工程建设中经常遇到的一种地质灾害。由于山坡或路基边坡发生滑坡,常使交通中断,影响道路的正常运输。大规模的滑坡,可以堵塞河道,摧毁公路,破坏厂矿,掩埋村庄,对山区建设和交通设施危害极大。西南地区(云、贵、川、藏)是我国滑坡分布的主要地区,不仅滑坡的规模大,类型多,而且分布广泛,发生频繁,危害严重。比如宝鸡—广元段铁路长247km,主要地质灾害为滑坡和崩塌。自1957年交付运营至1984年,整治地质灾害的费用已达3.85亿元,几乎等于该线修建时的造价。又如某铁路桥,当桥的墩台竣工后,由于两侧岸坡发生滑动,架梁时发现各墩均有不同程度的垂直和水平位移,墩身混凝土开裂,经整治无效,被迫放弃而另建新桥。贵昆铁路某隧道出口段,由于开挖引起了滑坡,推移和挤裂了已建成的隧道,经整治才趋于稳定。这些实例,充分说明滑坡对道路建设造成的损失与危害之大。

通常,一个发生不久、发育完全的典型滑坡,会在地表显示出一系列滑坡形态特征,这些形态特征成为在野外正确识别和判断滑坡的主要标志(图6-6)。

滑坡形态特征也称滑坡要素,主要有:

(1)滑坡体。沿滑动面向下滑动的那部分岩土体,可简称滑体。滑坡体的体积,小的为几百至几千立方米,大的可达几百万甚至几千万立方米。

(2)滑动面(带)。滑坡体沿其下滑的面。此面是滑动体与下面不动的滑床之间的分界面。有的滑坡有明显的一个或几个滑动面;有的滑坡没有明显的滑动面,而有一定厚度的由软弱岩土层构成的滑动带。大多数滑动面由软弱岩土层层理面或节理面等软弱结构面贯通而成。确定滑动面的性质和位置是进行滑坡整治的先决条件和主要依据。

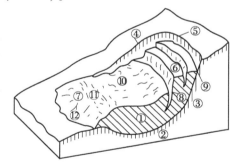

图6-6　滑坡形态特征
①-滑坡体;②-滑动面;③-滑坡床;④-滑坡周界;⑤-滑坡壁;⑥-滑坡台阶;⑦-滑坡舌;⑧-张裂隙;⑨-主裂隙;⑩-剪裂隙;⑪-鼓张裂隙;⑫-扇形裂隙

(3)滑床和滑坡周界。滑坡面下稳定不动的岩土体称滑床;平面上滑坡体与周围稳定不动的岩土体的分界线称滑坡周界。

(4)滑坡壁。滑坡体后缘与不滑动岩土体断开处形成高数十厘米至数十米的陡壁称滑坡壁,平面上多呈弧形,是滑动面上部在地表露出的部分。

（5）滑坡台阶。滑坡体各部分下滑速度差异或滑体沿不同滑面多次滑动,在滑坡上部形成的阶梯状台面称滑坡台阶。

（6）滑坡舌。滑坡体前缘伸出如舌状部分称滑坡舌,由于受滑床摩擦阻滞,舌部往往隆起形成滑坡鼓丘。

（7）滑坡裂隙。滑坡体的不同部分,在滑动过程中,因受力性质不同,所形成的不同特征的裂缝。按受力性质,滑坡裂缝可分为下面四种:

①拉张裂缝:分布在滑坡体上部,与滑坡壁的方向大致吻合,多呈弧形,因滑坡体向下滑动时产生的拉力形成,裂缝张开。沿滑坡壁向下的拉张裂隙中最深、最长、最宽的称主裂隙。

②剪切裂缝:分布在滑坡体中部的两侧,因滑坡体下滑,在滑坡体内两侧所产生的剪切作用形成的裂缝。它与滑动方向大致平行,其两边常伴有呈羽毛状排列的次一级裂缝。

③鼓张裂缝:主要分布于滑坡体下部的鼓丘上,由于滑坡体上、下部分运动速度的不同或滑坡体下滑受阻,仅滑坡体鼓张隆起所形成的裂缝。鼓张裂缝的延伸方向大体上与滑动方向垂直。

④扇形张裂缝:分布在滑坡体的中下部(尤以舌部为多),当滑坡体向下滑动时,滑坡体的前缘向两侧扩散引张而形成的张开裂缝,其方向在滑动体中部与滑动方向大致平行。在舌部则呈放射状,故称为扇形张裂缝。

（8）滑坡洼地。滑坡滑动后,滑坡体与滑坡壁之间常拉开成沟槽,构成四周高中间低的封闭洼地,称为滑坡洼地。滑坡洼地往往由于地下水在此处出露,或者由于地表水的汇集,常成为湿地或水塘。

二、滑坡的形成条件及影响因素

(一)滑坡的形成条件

滑坡的发生,是斜坡岩土体平衡条件遭到破坏的结果。滑坡的形成必须形成一个贯通的滑动面,且滑床上滑体的下滑力大于总抗滑力。由于斜坡岩土体的特性不同,滑动面的形状有各种形式,基本的为平面形和圆柱形两种。二者表现虽有不同,但平衡关系的基本原理还是一致的。

当斜坡岩土体沿平面 AB 滑动时的力系如图 6-7 所示。

其平衡条件为由岩土体重力 G 所产生的侧向滑动分力 T 等于或小于滑动面的抗滑阻力 F。通常以稳定系数 K 表示这两力之比。即:

$$K = \frac{总抗滑力}{总下滑力} = \frac{F}{T} \tag{6-1}$$

很显然,若 $K < 1$,斜坡平衡条件将遭破坏而形成滑坡。若 $K \geqslant 1$,则斜坡处于稳定或极限平衡状态。

斜坡岩土体沿圆柱面滑动时的力系如图 6-8 所示。

图中 AB 为假定的滑动圆弧面,其相应的滑动中心 O 点,R 为滑弧半径。过滑动圆心 O 作一铅直线 $\overline{OO'}$,将滑体分成两部分,在 $\overline{OO'}$ 线右侧部分为

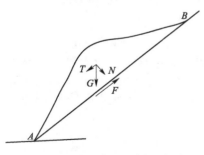

图 6-7 平面滑动的平衡示意图

"滑动部分",其重心为 O_1,重力为 G_1,它使斜坡岩土体具有向下滑动的趋势,对 O 点的滑动力矩为 $G_1 d_1$;在 $\overline{OO'}$ 线左侧部分为"随动部分",起着阻止斜坡滑动的作用,具有与滑动力矩方向相反的抗滑力矩 $G_2 d_2$。因此,其平衡条件为滑动部分对 O 点的滑动力矩 $G_1 d_1$ 等于或小于随动部分对 O 点的抗滑力矩 $G_2 d_2$ 与滑动面上的抗滑力矩 $\tau \cdot \overparen{AB} \cdot R$ 之和。即:

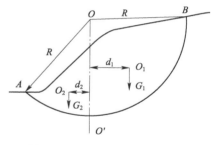

图 6-8 圆弧滑动的平衡示意图

$$G_1 d_1 \leqslant G_2 d_2 + \tau \cdot \overparen{AB} \cdot R \qquad (6\text{-}2)$$

式中:τ——滑动面上的抗剪强度。

其稳定系数 K 为:

$$K = \frac{\text{总抗滑力矩}}{\text{总滑动力矩}} = \frac{G_2 d_2 + \tau \cdot \overparen{AB} \cdot R}{G_1 d_1} \qquad (6\text{-}3)$$

同理,$K < 1$ 将形成滑坡;$K \geqslant 1$ 斜坡处于稳定和极限平衡状态。

(二)影响滑坡的因素

从上述分析可以看出,斜坡平衡条件的破坏与否,也就是说滑坡发生与否,取决于下滑力(矩)与抗滑力(矩)的对比关系。而斜坡的外形,基本上决定了斜坡内部的应力状态(剪切力的大小及其分布),组成斜坡的岩土性质和结构决定了斜坡各部分抗剪强度的大小。当斜坡内部的剪切力大于岩土的抗剪强度时,斜坡将发生剪切破坏而滑动,自动地调整其外形来与之相适应。因此,凡是引起改变斜坡外形和使岩土性质恶化的所有因素,都将是影响滑坡形成的因素。这些因素概括起来,主要有:

1. 地层岩性

滑坡主要发生在易亲水软化的土层中和一些软质岩层中。容易产生滑坡的土层有胀缩黏土、黄土和黄土类土,以及黏性的山坡堆积层等。它们有的与水作用容易膨胀和软化,有的结构疏松,透水性好,遇水容易崩解,强度和稳定性容易受到破坏。容易产生滑坡的软质岩层有页岩、泥岩、泥灰岩等遇水易软化的岩层。此外,千枚岩、片岩等在一定的条件下也容易产生滑坡。

当坚硬岩层或岩体内存在有利于滑动的软弱面时,在适当的条件下也可能形成滑坡。如果基岩上覆松散堆积物,容易产生沿基岩面的滑坡。

2. 地质构造

断层、节理和倾斜岩层的产状对滑坡的形成有非常重要的影响,有时是决定性的影响,因为多数滑动面是沿有利于滑动的各种倾斜岩层面、节理面及破碎岩带形成的。如果岩体中含有向坡外倾斜的层理等贯通的软弱面,且倾角小于坡面坡度,最易形成顺层滑坡。

3. 水

水对斜坡土石的作用,是形成滑坡的重要条件。地表水可以改变斜坡的外形,当水渗入滑坡体后,起到"润滑剂"的作用,不但可以增大滑坡的下滑力,而且将迅速改变滑动面(带)土石的性质,降低其抗剪强度。所以有些滑坡就是沿着含水层的顶板或底板滑动的,不少黄土滑坡的滑动面,往往就在含水层中。两级滑坡的衔接处常有泉水出露,大规模的滑坡多在久雨之后发生,都可以说明水在滑坡形成和发展中的重要作用。

4. 地震

由于地震的加速度,使斜坡土体(或岩体)承受巨大的附加惯性力,并使地下水位发生强烈变化,促使斜坡发生大规模滑动。如 1973 年 2 月的四川炉霍地震,1974 年 5 月的云南昭通地震,以及 1976 年 5 月的云南龙陵地震,7 月的河北唐山地震,8 月的四川松潘—干武地震,尽管区域地质构造和地貌条件不同,凡地震烈度在Ⅷ度以上的地区,都有不同类型的滑坡发生,尤其在高、中山区,更为严重。

5. 人为因素

人为因素主要指人类工程活动不当引起滑坡,主要包括无序开挖坡脚、破坏坡面植被、修筑工程、排放生产生活用水等。

三、滑坡的分类

为了对滑坡进行深入研究和采取有效的防治措施,需要对滑坡进行分类。但由于自然地质条件的复杂性,且分类的目的、原则和指标也不尽相同,因此,对滑坡的分类至今尚无统一的认识。结合我国的区域地质特点和道路工程实践,铁路和公路部门认为,按滑坡体的主要物质组成和滑动时的力学特征进行的分类,有一定的现实意义。

(一)按滑坡体的主要物质组成

按滑坡体的主要物质组成,可以把滑坡分为以下四个类型:

1. 堆积层滑坡

堆积层滑坡多出现在河谷缓坡地带或山麓的坡积、残积、洪积及其他重力堆积层中。它的产生往往与地表水和地下水直接参与有关。滑坡体一般多沿下伏的基岩顶面、不同地质年代或不同成因的堆积物的接触面,以及堆积层本身的松散层面滑动。滑坡体厚度一般从几米到几十米。

2. 黄土滑坡

发生在不同时期的黄土层中的滑坡,称为黄土滑坡。它的产生常与裂隙及黄土对水的不稳定性有关,多见于河谷两岸高阶地的前缘斜坡上,常成群出现,且大多为中、深层滑坡。其中有些滑坡的滑动速度很快,变形急剧,破坏力强,是属于崩塌性的滑坡。

3. 黏土滑坡

发生在均质或非均质黏土层中的滑坡,称为黏土滑坡。黏土滑坡的滑动面呈圆弧形,滑动带呈软塑状。黏土的干湿效应明显,干缩时多张裂,遇水作用后呈软塑或流动状态,抗剪强度急剧降低,所以黏土滑坡多发生在久雨或受水作用之后,多属中、浅层滑坡。

4. 岩层滑坡

发生在各种基岩岩层中的滑坡,属岩层滑坡,它多沿岩层层面或其他构造软弱面滑动。这种沿岩层层面、裂隙面(多发生在岩层面与边坡面倾向接近,而岩层面倾角小于边坡坡角的情况下)和前述的堆积层与基岩交界面滑动的滑坡,统称为顺层滑坡,如图 6-9 所示。但有些岩层滑坡也可能切穿层面滑动而成为切层滑坡,多发生在沿倾向坡外的一组或两组节理面形成贯通滑动面的边坡,如图 6-10 所示。岩层滑坡多发生在由砂岩、页岩、泥岩、泥灰岩以及片理化岩层(片岩、千枚岩等)组成的斜坡上。

在上述滑坡中,如按滑坡体规模的大小,还可以进一步分为:小型滑坡(滑坡体小于 3 万 m³);中型滑坡(滑坡体介于 3 万 ~ 50 万 m³);大型滑坡(滑坡体介于 50 万 ~ 300 万 m³);巨型滑坡(滑坡体大于 300 万 m³)。如按滑坡体的厚度大小,又可分为:浅层滑坡(滑坡体厚度小于 6m);中层滑坡(滑坡体厚度为 6 ~ 20m);深层滑坡(滑坡体厚度大于 20m)。

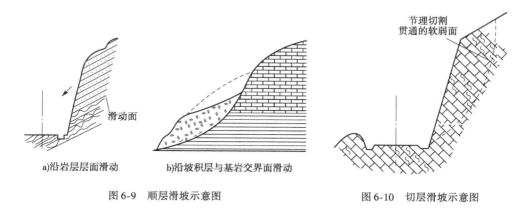

a)沿岩层层面滑动　　　b)沿坡积层与基岩交界面滑动

图 6-9　顺层滑坡示意图

图 6-10　切层滑坡示意图

(二)按滑坡力学性质

按滑坡的力学特征,可分为牵引式滑坡和推动式滑坡。

1. 牵引式滑坡

主要是由于坡脚被切割(人为开挖或河流冲刷等)使斜坡下部先变形滑动,因而使斜坡的上部失去支撑,引起斜坡上部相继向下滑动。牵引式滑坡的滑动速度比较缓慢,但会逐渐向上延伸,规模越来越大。

2. 推动式滑坡

主要是由于斜坡上部不恰当地加荷(如建筑、填堤、弃渣等)或在各种自然因素作用下,斜坡的上部先变形滑动,并挤压推动下部斜坡向下滑动。推动式滑坡的滑动速度一般较快,但其规模在通常情况下不再有较大发展。

四、滑坡的野外识别

斜坡在滑动之前,常有一些先兆现象,如地下水位发生显著变化,干涸的泉水重新出水并且混浊,坡脚附近湿地增多,范围扩大,斜坡上部不断下陷,外围出现弧形裂缝,坡面树木逐渐倾斜,建筑物开裂变形;斜坡前缘土石零星掉落,坡脚附近的土石被挤紧,并出现大量鼓张裂缝等。

如经调查证实,山坡农田变形,水田漏水,水田改为旱田,大块田改为小块田,或者斜坡上某段灌溉渠道不断破坏或逐年下移,则说明斜坡已在缓慢滑动过程中。

斜坡滑动之后,会出现一系列的变异现象。这些变异现象,为我们提供了在野外识别滑坡的标志。其中主要有:

1. 地形地物标志

滑坡的存在,常使斜坡不顺直、不圆滑而造成圈椅状地形和槽谷地形,其上部有陡壁及弧形拉张裂缝;中部坑洼起伏,有一级或多级台阶,其高程和特征与外围河流阶地不同,两侧

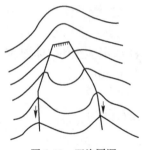

图6-11 双沟同源

可见羽毛状剪切裂缝;下部有鼓丘,呈舌状向外突出,有时甚至侵占部分河床,表面多鼓张扇形裂缝;两侧常形成沟谷,出现双沟同源现象(图6-11);有时内部多积水洼地,喜水植物茂盛,有"醉林"(图6-12)及"马刀树"(图6-13)和建筑物开裂、倾斜等现象。

2. 地层构造标志

滑坡范围内的地层整体性常因滑动而破坏,有扰乱松动现象;层位不连续,出现缺失某一地层、岩层层序重叠或层位标高有升降等特殊变化;岩层产状发生明显的变化;构造不连续(如裂隙不连贯、发生错动)等。

图6-12 醉林

图6-13 马刀树

3. 水文地质标志

滑坡地段含水层的原有状况常被破坏,使滑坡体成为单独含水体,水文地质条件变得特别复杂,如潜水位不规则、无一定流向,斜坡下部有成排泉水溢出等,无一定规律可循。这些现象均可作为识别滑坡的标志。

上述各种变异现象,是滑坡运动的统一产物,它们之间有不可分割的内在联系。因此,在实践中必须综合考虑几个方面的标志,互相验证,才能准确无误,绝不能根据某一标志,就轻率地做出结论。例如,某线快活岭地段,从地貌宏观上看,有圈椅状地形存在,其内并有几个台阶,曾误认为是一个大型左滑坡,后经详细调查,发现圈椅范围内几个台阶的高程与附近阶地高程基本一致,应属同一期的侵蚀堆积面;圈椅范围内的松散堆积物下部并无扰动变形,基岩产状也与外围一致;而且外围的断裂构造均延伸至其中,未见有错断现象;圈椅状范围内,仅见一处流量微小的裂隙泉水,未见有其他地下水露头。通过这些现象的分析研究,判定此圈椅状地形应为早期溪流流经的古河弯地段,而并非滑坡。

五、滑坡的防治

对滑坡的防治原则应当是以防为主、整治为辅;查明影响因素,采取综合整治;一次根治,不留后患。在工程位置选择阶段,尽量避开可能发生滑坡的区域,特别是大型、巨型滑坡区域;在工程场地勘测设计阶段,必须进行详细的工作地质勘测,对可能产生的新滑坡,采取正确、合理的工程设计,避免新滑坡的产生;对已有的老滑坡要防止其复活;对正在发展的滑坡进行综合整治。整治措施应在查明滑动原因、滑动面位置等主要问题的基础上有针对性地提出。常用的整治措施有以下几方面。

(一)排水

1.排除地表水

对滑坡体外地表水要截流旁引,不使它流入滑坡内。最常用的措施是在滑坡体外部斜坡上修筑截流排水沟,截排地表径流进入滑体的地表水。当滑体上方斜坡较高、汇水面积较大时,这种截水沟可能需要平行设置两条或三条。对滑坡体内的地表水,要防止它渗入滑坡体内,尽快把地表水用排水明沟汇集起来引出滑坡体外。应尽量利用滑体地表自然沟谷修筑树枝状排水明沟,或与截水沟相连形成地表排水系统(图6-14)。

地表排水沟要特别注意施工质量,防止因渗漏反而汇流进入滑坡。沟底要强化基础防止断裂渗水,沟帮内侧要留好泄水孔,沟底、沟帮均应浆砌并勾缝。图6-15是截水沟断面构造及尺寸示意。

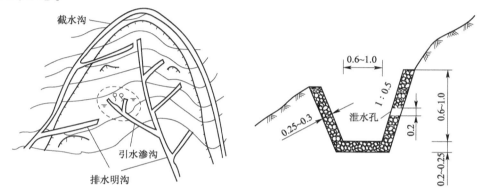

图6-14　滑坡地表排水系统示意图　　　　图6-15　截水沟断面构造图(尺寸单位:m)

2.排除地下水

滑坡体内地下水多来自滑体外,一般可采用截水盲沟引流疏干。对于滑体内浅层地下水,常用兼有排水和支撑双重作用的支撑盲沟截、排地下水。支撑盲沟的位置多平行于滑动方向,一般设在地下水出露处,平面上呈 Y 形或 I 形(图6-16)。盲沟(也称渗沟)的迎水面为可渗透层,背水面为阻水层,以防盲沟内集水再渗入滑体;沟顶铺设隔渗层(图6-17)。如果地下水丰富,可修引排水隧道。

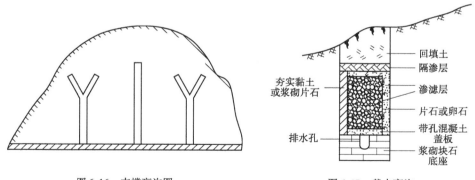

图6-16　支撑盲沟图　　　　　　　　图6-17　截水盲沟

(二)刷方减载

这种措施施工方便、技术简单,在滑坡防治中广泛采用。主要做法是将滑体上部岩土体清除,降低下滑力;清除的岩土体可堆筑在坡脚,起反压、抗滑作用。

(三)修建支挡工程

支挡工程的作用主要是增加抗滑力,直到不再有下滑趋势。常用的支挡工程有挡土墙、抗滑桩和锚索。

挡土墙属于重型支挡工程。采用挡土墙必须计算出滑坡滑动推力、查明滑动面位置,挡土墙基础必须设置在滑动面以下一定深度的稳定岩层上,墙后设排水沟,以消除对挡土墙的水压力(图6-18)。

抗滑桩(图6-19)是应用最广的抗滑结构。桩材料多为钢筋混凝土,桩横断面可为方形、矩形或圆形,桩下部深入滑面以下的长度应不小于全桩长的 $1/4 \sim 1/3$,平面上多沿垂直滑动方向成排布置,一般沿滑体前缘或中下部布置单排或两排。桩的排数、每排根数、每根长度、断面尺寸等均应视具体滑坡情况而定。已建成的抗滑桩最大桩长约50m,断面4m×6m。

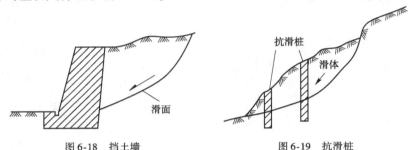

图 6-18　挡土墙　　　　　　　图 6-19　抗滑桩

在大型、特大型滑坡治理中常采用锚索。将锚固段设置在滑动面以下的稳定地层中,在地面通过反力装置(桩、框架、地梁或锚墩)将滑坡推力传入稳定岩土层,以稳定滑坡(图6-20)。

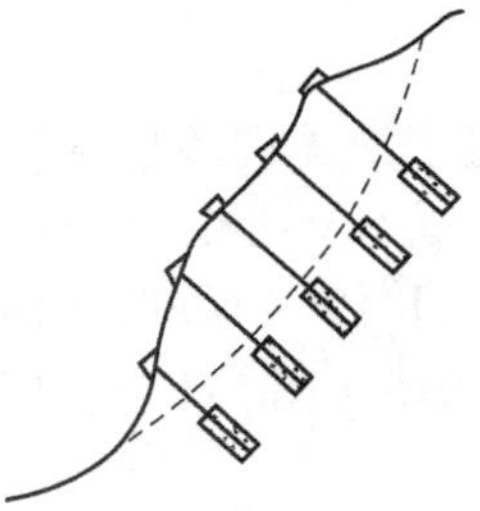

(四)改善滑动面(带)的土石性质

改善滑动面(带)土石性质的目的是增加滑动面(带)的抗剪强度,达到整治滑坡要求,如焙烧、电渗排水、压浆及化学加固等措施直接稳定滑坡。

灌浆法是把水泥砂浆或化学浆液注入滑动带附近的岩土体中,凝固、胶结作用使岩土体抗剪强度提高。

图 6-20　锚固滑体

电渗法是在饱和土层中通入直流电,利用电渗透原理,疏干土体,提高土体强度。

焙烧法是用导洞在坡脚焙烧滑带土,使土变得像砖一样坚硬。

第三节　泥　石　流

一、泥石流及其分布

泥石流是一种含有大量泥沙、石块等固体物质的特殊洪流。通常,泥石流在暴雨集中或积雪迅速融化时突然暴发,具有极强的破坏力。由于泥石流含有大量的固体物质,突然暴发,持续时间短,侵蚀、搬运和沉积过程异常迅速,比一般洪水具有更大的能量,能在很短的时间内冲出数万至数百万立方米的固体物质,将数十至数百吨的巨石冲出山外。混浊的泥石流体沿着陡峻的山涧、峡谷冲出山外,将沿途遇到的村镇房屋、道路、桥梁瞬间摧毁、掩埋,造成严重的危害,最终会在沟口平缓处堆积下来。

　　我国是一个多山国家,山区面积达 70% 左右,是世界上泥石流最发育的国家之一。我国泥石流主要分布在西南、西北和华北山区,华东、中南部分山地及东北辽西、长白山区也有分布。甘肃全省 82 个县(市),有 40 多个县内有泥石流发育,分布范围约占全省面积的 15%。

　　根据有关资料,奥地利有泥石流沟 4200 条;瑞士 1971～1978 年泥石流造成的损失达 2.31 亿瑞士法郎;苏联阿拉木图市 1921 年暴发的泥石流,一次堆积了 350 万 m^3 的固体物质;1970 年秘鲁的泥石流使 5 万人丧生,80 万人无家可归。1981 年 7 月 9 日我国四川甘洛利子依达沟暴发特大泥石流,流速高达 13.2m/s,固体物质输移量达 84 万 m^3,将宽 120m、水深流急的大渡河拦腰堵断达 4h;泥石流剪断铁路桥墩,冲毁桥梁,致使 442 次客车遇难,是我国铁路史上发生的最大的泥石流灾害。

　　典型的泥石流沟,一般可以分为形成、流通和沉积三个动态区,如图 6-21 所示。

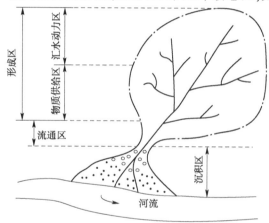

图 6-21　典型的泥石流沟分区

　　(1)形成区:一般位于泥石流沟的上、中游。它又可分为汇水动力区及固体物质供应区,汇水区是汇聚和提供水源的地方;物质供应区山体裸露、风化严重、不良地质作用广泛分布,是为泥石流储备与提供大量泥沙、石块的场所。

　　(2)流通区:位于泥石流沟中、下游,多为较短的深陡峡谷。非典型的泥石流沟可能没有明显的流通区。

　　(3)沉积区:位于泥石流沟下游,一般多为山口外地形较开阔地段,泥石流至此流速变缓,大量固体物质呈扇形沉积。

　　以上几个分区,仅对一般的泥石流流域而言。由于泥石流的类型不同,常难于明显区分,有的流通区伴有沉积,如山坡型泥石流其形成区域就是流通区,有的泥石流往往直接排入河流而被带走,无明显的沉积层。

二、泥石流的形成条件

　　泥石流与一般洪流不同之处在于它含有大量固体物质。泥石流的形成必须具备丰富的松散固体物质、足够的突发性水源和陡峻的地形三个基本条件。另外,某些人为因素对泥石流的形成也有不可忽视的影响。

1. 丰富的松散固体物质

泥石流沟流域范围内的地质环境条件,决定了松散固体物质是否丰富。一般泥石流活跃地区都是地质构造复杂、新构造运动和地震活动强烈、岩石风化破碎严重、滑坡和崩塌等地质灾害多发的地区。新构造运动强烈、地震活动频繁、构造断裂发育,使岩石破碎,山体失稳,风化加速和地质灾害频繁发生,就为泥石流提供了大量的松散固体物质。例如,成昆铁路泥石流多发地段正处于元谋—绿汁江深大断裂带、安宁河地堑式断裂带上,此地区又是我国主要地震带之一,因此,泥石流沟密度大,泥石流频繁暴发。

2. 充足的水源条件

水是泥石流的组成部分和搬运介质,是发生泥石流的必要条件。水的来源主要是集中的暴雨,也可以是冰雪迅速大量融化或水库溃决。在季风影响下,我国大部分地区降雨量集中在 5~9 月的雨季,雨季降雨量占年降雨量 60% 甚至 90% 以上。在许多山区,连续几天甚至几小时的暴雨可达 100~1000mm 降雨量。2010 年 8 月 7 日 22 时左右,甘肃藏族自治州舟曲县城东北部山区突降特大暴雨,降雨量达 97mm,持续 40 多分钟,引发三眼峪、罗家峪等四条沟系特大山洪地质灾害,泥石流长约 5km,平均宽度 300m,平均厚度 5m,总体积 750 万 m^3,流经区域被夷为平地。

3. 陡峻的地形条件

泥石流的地形条件要求大气降雨能迅速汇聚,并拥有巨大动能。为此,沟上游应有一个面积很大、便于汇水的区域,此区域多为三面环山、一面出口的瓢形围谷地形。区内山坡较陡,为 30°~60°,坡面岩土裸露,植被稀少,沟谷狭窄幽深,沟壁陡峭,沟床坡降大。沟的下游多位于沟口外大河河谷地两侧,地形开阔、平坦,是泥石流的沉积场所。

4. 人类活动的影响

人类工程活动不当可促使泥石流发生、发展或加剧其危害。滥砍滥伐森林、开垦陡坡,破坏了植被,使山体裸露。开矿、采石、筑路中任意堆放弃渣,都直接、间接地为泥石流提供了物质条件和地表流水迅速汇聚的条件。如东川、西昌、武都等地的泥石流,其形成和发展都是与过去滥伐山林有着密切联系。据统计,人为因素造成的泥石流占铁路泥石流的 25%~35%,对此必须引起高度重视。

三、泥石流的分类

为了深入研究和有效整治泥石流,必须对泥石流进行合理分类。泥石流的分类,目前尚不统一。这里根据泥石流的形成、发展和运动规律,结合防治措施的需要,介绍四种主要分类系统:按物质成分(表 6-1)、流体性质(表 6-2)、发育阶段(表 6-3)和流域形态特征的分类方法。也有按成因类型、水源类型、固体物质来源等分类的方法。

泥石流按固体物质成分分类 表 6-1

名称类别	分类标准
泥流	固体物质为黏粒、粉粒、少量砂砾、碎石
泥石流	固体物质为黏粒、粉粒、砂砾、砾石、碎石、块石、漂石
水石流	固体物质为块石、碎石、砾石、少量砂粒、粉粒

泥石流按流体性质分类 表6-2

类型	黏性泥流	黏性泥石流	稀性泥流	稀性泥石流	水石流
流体密度 ρ_c（kg/m³）	$\rho_c > 1.5 \times 10^3$	$1.6 \times 10^3 \leq \rho_c \leq 2.3 \times 10^3$	$1.3 \times 10^3 \leq \rho_c \leq 1.5 \times 10^3$	$1.2 \times 10^3 \leq \rho_c \leq 1.4 \times 10^3$	$\rho_c < 1.2 \times 10^3$
黏度 η（Pa·s）	$\eta > 0.3$	$\eta > 0.3$	$\eta < 0.3$	$\eta < 0.3$	
流态特征	呈层流状态。固、液两相物质呈整体等速运动。黏滞性强，浮托力大，能将巨大干土块浮托出沟。无垂直交换，阵性流明显，遇卡口常发生堵沟、断流	呈层流状态。固、液两相物质呈整体等速运动。黏滞性强，浮托力大，能将巨大的漂石悬移或滚动。无垂直交换。阵性流明显，有堵沟、断流和浪头出现，弯道处常发生爬高	呈紊流状。有时具波状流，有泥浪，砾石、碎石、块石呈滚动或跃移前进。具有垂直交换。阵性流不明显。弯道处常见泥浆	呈紊流状态。漂块石流速慢于浆体流速，呈滚动或跃移前进。具有垂直交换。阵性流不明显，偶有股流或散流	呈紊流状态。固体物质流速慢于浆体流速，砾石、块石呈推移式前进。垂直交换明显。无阵性流现象
堆积特征	多呈舌状或坎坷不平土堆，表层常有"泥球"。堆积物一般保持流动时结构特征。堆积剖面中，粗颗粒具有悬浮状特点	呈扇状或舌状，表面坎坷不平间有"泥球"。堆积物一般保持流动时结构特征，无分选，砾石、块石呈悬浮或支撑状。堆积剖面中，一次堆积无层次，各次堆积分层明显	呈扇状或垄岗状。间有"泥球"出现。堆积剖面中粗粒物质一般呈底积状态	呈扇状或垄岗状。泥石流过后水与固体物较快分离。堆积分选差、空隙大、结构较松散，表面细颗粒物质较少。剖面中可见固体物质呈叠置状	一般呈扇状。堆积物有分选性、结构松散，表面粗颗粒物较多
危害作用	大量泥土冲出沟口或沟外，堵塞桥涵，淤塞道路或农田村庄	来势迅猛，冲击破坏力大，直进性强，能使大型桥梁、房屋、护岸建筑等在短时间内破坏	冲击破坏力较小，对建筑物产生慢性冲刷破坏，淹没农田、道路	冲击破坏力较大，磨蚀力较强，有淤有冲，以冲为主，对建筑物慢性冲刷破坏	较洪水破坏力大，以冲刷为主，对护岸及桥涵建筑物慢性冲刷破坏

泥石流按发育阶段分期 表6-3

阶段	发育初期	旺盛期	间歇期
形态特征	沟床纵坡陡。上游沟床浅，下游呈"V"字形。沟口泥石流扇面新鲜，无固定沟槽	沟床纵坡陡。沟谷呈"V"字形。多急弯。常发生泥石流堵沟，泥石流扇面新鲜且发育，有漫流现象	沟床纵坡较缓。沟谷呈"U"字形。支沟较多，主沟内常有零星阶地。泥石流扇陈旧，部分已辟为耕地或建有村舍
地质作用	沟谷内溯源侵蚀和坡面侵蚀较严重。崩塌、滑坡正处于发展阶段	沟谷山坡稳定性极差，滑坡、崩塌、岩堆很发育，松散固体物质丰富，补给量大。坡面沟状侵蚀严重	沟谷内滑坡、崩塌体已趋于稳定，局部小塌方。松散固体物质补给量小。沟床有下蚀和侧蚀现象

阶段	发育初期	旺盛期	间歇期
坍方面积率 K（%）	$1 \leqslant K \leqslant 10$	$K > 10$	$K < 1$
冲淤趋势	沟谷上游以冲刷为主,下游以淤为主,淤积速度增快	沟谷上游以冲刷为主,下游以淤为主或大冲大淤	沟谷上、下游有淤有冲,冲刷下切速度大于淤积速度

按泥石流流域的形态特征可将其分为以下三类：

1. 标准型泥石流

具有明显的形成、流通、沉积三个区段。形成区多崩塌、滑坡等不良地质现象,地面坡度陡峻。流通区较稳定,沟谷断面多呈 V 形。沉积区一般均形成扇形地,沉积物棱角明显,破坏能力强,规模较大。

2. 河谷型泥石流

流域呈狭长形,形成区分散在河谷的中、上游。固体物质补给远离沉积区,沿河谷既有沉积亦有冲刷。沉积物棱角不明显,破坏能力较强,周期较长,规模较大。

3. 山坡型泥石流

沟小流短,沟坡与山坡基本一致,没有明显的流通区,形成区直接与沉积区相连。洪积扇坡陡而小,沉积物棱角尖锐、明显,大颗粒滚落扇脚。冲击力大,淤积速度较快,但规模较小。

四、泥石流地区工程地质问题及防治措施

(一)主要工程地质问题

1. 冲刷

泥石流在运动过程中有极强的冲刷破坏能力,可以在很短的时间内冲毁地面设施,同时将沟床和沟壁上的土石冲刷下来,对沟谷稳定及沟谷两岸建筑设施等带来很大威胁。

2. 下切

带有大量泥沙石块的泥石流对所经之处下蚀作用强烈,常常对地下设施有很大的威胁。

3. 淤埋

在沉积区,大量沉积下来的泥沙石块可使区内所有设施被淤埋。汇入河道的泥石流会造成河道淤塞,诱发次生灾害。

(二)常用防治措施

1. 工程选址

在泥石流发育地区,一般不宜修筑重要建筑物。但当交通道路工程必须通过泥石流地区时,遵循一定的选线原则可以减小或避免泥石流的危害。一般的选址原则是：

(1)应绕避处于发育旺盛期的特大型、大型泥石流或泥石流群,以及淤积严重的泥石流沟;应远离泥石流堵河严重地段的河岸。

(2)线路高程应考虑泥石流发展趋势,峡谷河段以高桥大跨通过,线路跨越泥石流沟时,

应避开河床纵坡由陡变缓和平面上急弯部位,不宜压缩沟床断面、改沟并桥或沟中设墩,桥下应留足净空。

(3)宽谷河段,线路位置及高程应根据主河床与泥石流沟淤积率、主河摆动趋势确定。

(4)严禁在泥石流扇上开挖。

山区道路通过泥石流地区时,通常有下述五种方案可供比选(图6-22)。五种方案的优缺点如下:

(1)线路通过泥石流沟口的流通区,以单孔高桥通过。流通区沟床稳定,冲刷、淤积相对最小,是最稳定、最少工程措施的方案,应为最佳方案(方案1)。由于流通区位置较高,沿河线路需爬坡展线才能达到此处。

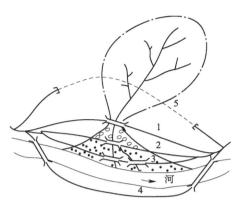

图6-22 交通线路通过泥石流区的方案

(2)线路在沉积区中部通过。这里沟床变迁不定,泥沙、石块冲刷、淤积严重,是最不利方案(方案2)。若由于其他困难,线路不得不从此通过时,则在路桥设计原则和配套工程措施上必须谨慎和有力,例如要求提高桥梁高度以利桥下排洪净空;要分散设桥,不宜改沟、并沟或任意压缩沟槽;少设桥墩,多用大垮;桥梁墩台基础深埋;线路尽可能与主沟流向正交;设置必需的导流、排泄和防护设施等。

(3)线路沿泥石流洪积扇外缘通过(方案3),这里冲刷、淤积较弱,线路较顺,也是经常采用的方案,但仍需遵照上述设计原则和设置必要的工程设施。

(4)若泥石流规模较大,上述三个方案均不可行时,则采用彻底绕避方案:或采用过河绕避(方案4)、或采用靠山从形成区下稳定岩层中修筑隧道绕避(方案5)。方案4、方案5是最安全的方案,但相对投资较大。

上述针对线路工程的选择原则,对其他建筑工程也是适用的。

2. 拦挡工程

当建筑无法避开泥石流威胁时,采用相应的工程措施,减少其危害是常用的处理方法。拦挡工程主要用于上游形成区内,主要建筑物是各种形式的坝。各种坝可以拦截泥石流固体物质,使沟床纵坡变缓,过坎下跌消耗泥石流下冲能量,减小泥石流的流速和规模,同时固定沟床,防止下切谷坡,发生坍塌。图6-23为一沟多坝的谷坊群,图6-24为能截留固体物质、排走流水的格栅坝。

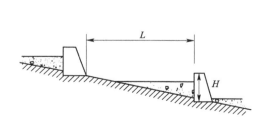

图6-23 拦挡墙

图6-24 格栅坝

3.排导工程

排导工程主要用于下游洪积扇上,目的是防治泥石流出山口后漫流改道,减小冲刷和淤积的破坏性,使泥石流沿一定方向和位置通畅排泄。对于采用方案2、3的线路,排导工程的修建是不可缺少的。

排洪道是排泄泥石流的工程建筑物,应尽可能布置成直线形,主要用于约束泥石流,使其由固定的排洪道排泄。排洪道出口一般与河流流向成锐角,有利于河流流水带走泥石流淤积的固体物质。排洪道底部和边坡均应用浆砌片石或混凝土砌筑。

导流堤是一种堤坝工程建筑物,主要用于引导泥石流,使其改变方向,不致危害道路、桥梁或厂、矿、村镇的安全。

4.水土保持

水土保持是泥石流治本措施。水土保持工程可以减少甚至基本消除松散物质的来源,从根本上消除泥石流的危害。水土保持主要措施包括平整山坡、植树造林、保护植被等。由于水土保持需要长时间才能见效,往往与前述工程措施配合使用。

第四节　岩　溶

一、岩溶及其形态特征

可溶性岩石受地表水和地下水以化学溶蚀作用为主、机械侵蚀作用为辅以及与之伴生的迁移、堆积作用,总称为岩溶作用。在岩溶作用下所产生的地貌形态,称为岩溶地貌。在岩溶作用地区所产生的特殊地质、地貌和水文特征,概称为岩溶现象。岩溶即岩溶作用及其所产生的一切岩溶现象的总称。在前南斯拉夫的喀斯特地区,岩溶现象十分发育并最早被人们注意和研究,故岩溶在国际上通称为"喀斯特"。

可溶性岩石包括碳酸盐类岩石(以石灰岩和白云岩为代表)、硫酸盐类岩石(例如石膏岩)和岩盐类岩石(例如岩盐)。由于后两类岩石分布较少,从工程建设角度看,岩溶重点应放在石灰岩、白云岩广泛分布地区。我国广西、贵州、云南、四川、湖南、湖北等几省有大面积连续分布的石灰岩、白云岩,面积达56万 km^2,其中广西出露面积最大,占全自治区面积的60%左右。此外我国华南、华东、华北以及新疆、西藏等地区也有大量石灰—白云岩类岩石分布。从岩石生成年代看,我国碳酸盐类岩石在历史上各地质年代都有生成,例如北方的前震旦纪、震旦纪、寒武纪、奥陶纪和南方的寒武纪、奥陶纪、泥盆纪、石炭纪、二叠纪和三叠纪都有很厚的碳酸盐岩层。因此,我国是岩溶发育比较广泛的国家,必须在工程建设中予以足够重视。

在碳酸盐岩石分布地区,溶蚀作用在地表和地下形成了一系列溶蚀现象,称为岩溶的形态特征。这些形态是岩溶区所特有的,使该地区地表形态奇特,景观优美别致,常被开发为旅游景点,如广西桂林山水和云南昆明石林;同时,这些形态,尤其是地下洞穴、暗河,也是造成工程地质问题的根源。常见的岩溶形态有以下几种(图6-25)。

1.溶沟和石芽

地表水沿地表岩石低洼处或沿节理溶蚀和冲刷,在石灰岩表面形成的沟槽称溶沟,其宽深可由数十厘米至数米不等。在纵横交错的沟槽之间,残留凸起的牙状岩石称石芽。如果溶沟继续向下溶蚀,石芽逐渐高大,沟坡近于直立,且发育成群,远观像石芽林,称为石林。云南路南石林发育完美,堪称世界之最。

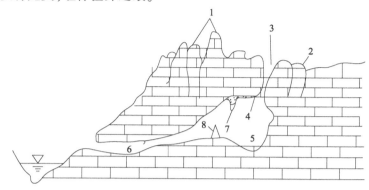

图 6-25　岩溶剖面示意图

1-石林;2-溶沟;3-漏斗;4-落水洞;5-溶洞;6-暗河;7-石钟乳;8-石笋

2. 漏斗及落水洞

漏斗是岩溶发育地区的一种漏斗状洼地,平面为圆形或椭圆形,直径小仅数米至数十米,大则数百米,深度为数米至数十米。漏斗是地表水沿岩石裂隙下渗过程中,逐步溶蚀岩石,使上部岩石顶板塌落而形成的,故其地表常有陡直的岩壁、底部常有坍塌物或流水带来的物质的堆积(图 6-26)。

落水洞是地表水沿近于垂直的裂隙向下溶蚀而成的洞穴,是地表水进入地下深处的通道,常与暗河相连。漏斗常与落水洞相连。图 6-27 表示平关隧道顶部二叠系厚层石灰岩中一处竖井状落水洞,深达 175m,是较深的落水洞之一。

图 6-26　漏斗

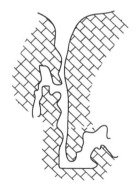

图 6-27　落水洞

3. 溶蚀洼地和坡立谷

由溶蚀作用为主形成的一种封闭、半封闭洼地称溶蚀洼地。溶蚀洼地多由地面漏斗群不断扩大汇合而成,面积由数十平方米至数万平方米。

坡立谷是一种大型封闭洼地,也称溶蚀盆地。面积由数平方千米至数百平方千米,进一步发展则成溶蚀平原。坡立谷谷底平坦,常有较厚的第四纪沉积物,谷周为陡峻斜坡,谷内由岩溶泉水形成的地表流水流至落水洞又降至地下,故谷内常有沼泽、湿地或小型湖泊。

4. 峰丛、峰林和孤峰

此三种形态是岩溶作用极度发育的产物。溶蚀作用初期,山体上部被溶蚀,下部仍相连通称峰丛;峰丛进一步发展成分散的、仅基底岩石稍许相连的石林,称峰林;耸立在溶蚀平原中孤立的个体山峰称孤峰,它是峰林进一步发展的结果。

5. 干谷

原来的河谷,由于河水沿谷中漏斗、落水洞等通道全部流入地下,使下游河床干涸而成干谷。

6. 溶洞

地下水沿岩石裂隙溶蚀扩大而形成的各种洞穴。溶洞形态多变,洞身曲折、分岔,断面不规则。地面以下至潜水面之间,地表水垂直下渗,溶洞以竖向形态为主;在潜水面附近,地下水多水平运动,溶洞多为水平方向迂回曲折延伸的洞穴。地下水中多含碳酸盐,在溶洞顶部和底部饱和沉淀而成石钟乳、石笋和石柱(图 6-28)。规模较大的溶洞,长达数十千米,洞内宽如大厅,窄处似长廊。水平溶洞有的不止一层,例如轿顶山隧道揭穿的溶洞共有上、下 4 层,溶洞长 80m,宽 50~60m,高 20~30m。

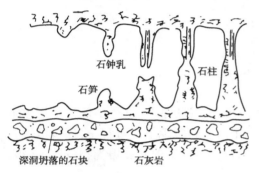

图 6-28　石钟乳、石笋和石柱生成示意图

7. 暗河

岩溶地区地下沿水平溶洞流动的河流称暗河或地下河。暗河是地下岩溶水汇集、排泄的主要通道,在岩溶发育地区,地下大部分都有暗河存在。其中部分暗河常与地面的槽谷伴随存在,通过槽谷底部的一系列漏斗、落水洞使两者互相连通。溶洞或暗河洞道塌陷,在局部地段有时会形成横跨水流的天生桥。溶洞和暗河对各种工程建筑物特别是地下工程建筑物造成较大危害,应予以特别重视。

二、岩溶的形成条件及发育规律

(一)岩溶的形成条件

1. 岩石的可溶性

可溶性岩石是发生溶蚀作用的必要前提,主要指石灰岩、白云岩及泥灰岩等。它们的溶解性与其结构、构造和矿物成分有密切关系。晶粒粗大、岩层较厚的岩石比晶粒细小、岩层较薄的岩石容易溶解;矿物成分中方解石比白云石易溶解,岩石中若含黄铁矿,则岩石溶解加速。

2. 岩石的透水性

完整无裂隙的岩石,水不能进入地下岩石内部,溶蚀作用则仅限于露在地面的岩石。风化裂隙可使岩溶发育于地面以下一定深度的岩石内,构造节理和断层则使岩溶向更深处发育成规模更大的地下溶洞或暗河。

3. 水的溶蚀性

水的溶蚀能力与水中 CO_2 含量密切相关。纯水几乎不能溶解石灰岩,当水中 CO_2 增加时,溶解能力大大提高。由于水中 CO_2 主要来自土壤层中微生物不断制造的 CO_2,因此岩溶强度随深度增大而变弱。此外,随着水温增高,进入水中的CO_2扩散速度增大,使岩溶加强,故热带石灰岩溶蚀速度比温带、寒带快。

4. 水的流动性

水的溶蚀能力与水的流动性关系密切。在水流停滞的条件下,随着CO_2不断消耗,水溶液达到平衡状态,成为饱和溶液而完全丧失溶蚀能力,溶蚀作用便告终止。只有当地下水不断流动,与岩石广泛接触,才能不断地将溶解下来的物质带走,同时,富含CO_2的水不断补充更新,水才能经常保持溶蚀性,溶蚀作用才能持续进行。一般在地表附近,水循环交替作用强烈,随着深度的增加,水交替作用变慢,甚至停止。故岩溶在地表较发育,而随着深度的增加越来越弱。

(二)岩溶发育规律

在岩溶发育地区,各种岩溶形态在空间的分布和排列是有一定规律的,它们主要受岩性、岩层产状、地质构造、地壳运动、地形、气候等因素的控制和影响。

1. 岩性的影响

可溶岩层的成分和岩石结构是岩溶发育和分布的基础。成分和结构均一且厚度很大的石灰岩层,最适合岩溶发育和发展。所以,许多石灰岩地区的岩溶规模很大,形态也比较齐全。广西桂林附近有很多大规模的溶洞,如七星岩、芦笛岩,多发育在层厚质纯的石灰岩岩体中。白云岩略次于石灰岩。含有泥质或其他杂质的石灰岩或白云岩,溶蚀速度和规模都小很多。

2. 岩层产状的影响

可溶岩和非可溶岩的相互位置及产状对可溶岩中是否有岩溶发育有重要影响。例如,接近水平产状的可溶岩,其上若有不透水的非可溶岩覆盖,则可溶岩中无岩溶发育;反之,若可溶岩在非可溶岩之上,则地下水透过可溶岩在底部被阻,沿两者接触面流动,岩溶多发生在可溶岩下部岩石中。

岩层产状陡倾甚至直立时,可溶岩与非可溶岩相间排列,则两者接触面附近的可溶岩受溶蚀作用强烈,常有一系列漏斗、落水洞及岩溶泉出露。

3. 地质构造的影响

褶曲、节理和断层等地质构造控制着地下水的流动通道,地质构造不同,岩溶发育的形态、部位及程度都不同。

背斜轴部张节理发育,地表水沿张节理下渗,多形成漏斗、落水洞、竖井等垂直洞穴。

向斜轴部属于岩溶水的聚水区,两翼地下水集中到轴部并沿轴向流动,故水平溶洞及暗河是其主要形态。此外,向斜轴部也有各种垂直裂隙,故也会形成陷穴、漏斗、落水洞等垂直岩溶形态。

褶曲翼部是水循环强烈地段,岩溶一般较发育,尤以邻近向斜轴部时为最甚。

张性断裂破碎带,宽度较小,结构松散,缺乏胶结,有利于地下水渗透溶解,是岩溶强烈发育地带。

压性断裂带中常有断层泥,裂隙率低,胶结紧密,故此带中岩溶发育较差。但压性断裂的主动盘(多为上升盘),可能有强烈岩溶化现象。因为主动盘影响规模大,次级断裂发育,且多张开,故有利于岩溶发育。

扭性断裂带的情况介于压性和张性断裂带之间,在张扭性断裂带中岩溶可以强烈发育。

4.地壳运动的影响

在一定时期内,岩溶水对可溶性岩石的溶蚀作用有一个极限深度,这个极限深度称为岩溶的溶蚀基准面。一般把邻近河谷的谷底作为岩溶的溶蚀基准面。

正如河流的侵蚀作用受侵蚀基准面控制一样,地下水对可溶岩的溶蚀作用受溶蚀基准面的控制。溶蚀基准面的改变是由地壳升降运动所决定的。地壳相对上升、溶蚀基准面相对下降时,岩溶以下蚀作用为主,形成垂直的岩溶形态;而地壳相对稳定、溶蚀基准面一段时间也相对不变时,地下水以水平运动为主。地下水面附近是最易形成岩溶溶蚀的部位,因此,沿水位面可形成较大的水平溶洞。地壳升降和稳定呈间歇交替变化,垂直和水平溶洞形态也交替变化。所以经历地壳升降运动频繁的岩溶地区,水平溶洞呈多层发育,且多层水平溶洞间常有落水洞连通,使地下岩溶洞穴分布极为复杂。

由于河流阶地也是地壳升降某个稳定时期的产物,在阶地发育地区,对应溶洞的水平高程与当地河流阶地高程相对应,可用于推断地下溶洞的分布。

5.地形的影响

在岩层裸露、坡陡的地方,因地表水汇集快、流动快和渗入量少,多发育溶沟或石芽;在地势平缓,地表径流排泄慢,向下渗入量多的地方,常发育漏斗、落水洞和溶洞;一般斜坡地段,岩溶发育较弱,分布也较少。

6.气候的影响

降水多,地表水体强度就大,气候也潮湿,地下水也能得到补给,岩溶发育就较快,因此,在气候炎热、潮湿、降水量大,地下水充沛和流量大,并分布有碳酸盐岩层的地区,岩溶发育和分布较广,岩溶形态也比较齐全。我国广西属典型的热带岩溶地区,以溶蚀峰林为主要特征;长江流域的川、鄂、湘一带,属亚热带气候,岩溶形态以漏斗和溶蚀洼地为主要特征;黄河流域以北属温带气候,岩溶一般不多发育,以岩溶泉和干沟为主要特征。像辽宁本溪市附近的落水洞那样大规模的溶洞,在我国北方属少见。

掌握岩溶的发育、分布规律,对在岩溶地区道路选线、选择桥位和隧道位置有重要的现实意义。如某公路,沿石灰岩峡谷设线,行至石灰岩与砂页岩接触带,根据上述规律,可以预见该带岩溶必然发育强烈,故及早提坡改走山脊线,避开了岩溶强烈发育地带,保证了路基稳定。又如某大桥 9 号墩,原估计可能有大溶洞存在,设计了钻孔桩基础,后经详细调查、分析,此墩位于薄层泥质灰岩层上,不致形成大溶洞,因而改用明挖,为多、快、好、省地建桥做出了贡献。某隧道,由于事先未对该区岩溶分布情况作充分的调查研究,施工掘进已达 300m,发现一长约 102m、宽 90m 的大溶洞,洞顶高出坡肩约 60m,洞底最深处在路肩下约 72m,处理极为困难,结果被迫废弃。

三、岩溶地区工程地质问题及防治措施

(一)主要工程地质问题

在岩溶发育地区进行工程建设,经常遇到的工程地质问题主要是地基塌陷、不均匀下沉和基坑、洞室涌水,水库渗漏等。

在岩溶发育地区,水平方向上相距很近的两点(如 2m 左右),可能土层厚度相差 4 ~

6m,有时甚至更多。在土层较厚的溶沟底部,往往又有软弱土存在,加剧了地基的不均匀性,从而引起基础的不均匀变形。

在建筑物基坑或地下洞室的开挖中,若挖穿暗河或地表水下渗通道,则会造成突然涌水,给工程施工和使用造成重大损失和灾难。如2008年贵州省构皮滩电站地下厂房在地下洞室群开挖中,先后出现数十次突发涌水、涌泥情况,其中,汛期最大涌水量一天达7000m³,最大的突发涌水量一小时达6000m³,持续时间为70min,最大突发涌泥超过3000m³。

在岩溶发育地区兴建水利工程时,库水经常沿溶蚀裂隙、溶洞、岩溶管道、地下暗河等产生渗漏,严重时可能造成水库不能蓄水,甚至会造成环境污染。如贵阳大干沟地区岩溶地下水被工业废水污染,地下水中磷、氟含量超过地下水和地表水国标Ⅲ类水质标准几十至上百倍。由于岩溶渗漏形式错综复杂,防渗工程处理难度大,所以在岩溶区水坝选址应慎重,要进行详细的工程地质勘察。

(二)常用防治措施

1.加强勘察

由于岩溶发育的复杂性和不均匀性,岩溶地质勘察不同于非岩溶地区。岩溶地区勘察范围要适当扩大,控制性钻孔深度要尽可能达到岩溶发育底界或相对隔水层顶板。勘探网密度应加大,以能追索主要岩溶带位置。勘察手段和方法要多样化,采用综合勘探,多种方法相互印证,重视施工勘察。

近年来,由于相关技术的发展,岩溶勘察的技术装备和勘察水平提高明显。在传统的电法勘探的基础上,对浅层岩溶的面波勘探、地质雷达勘探,复杂深部岩溶的地震CT、电磁CT等新技术的应用,使岩溶勘探技术越来越能满足工程需要。

2.保留足够的顶板厚度

一般认为,对于普通建筑物地基,若地下可溶岩石坚硬、完整,裂隙较少,则当溶洞顶板厚度H大于溶洞最大宽度b的1.5倍时,该顶板不致塌陷;若岩石破碎、裂隙较多,则当溶洞顶板厚度H大于溶洞最大宽度b的3倍时,才是安全的。对于地质条件复杂或重要建筑物的安全顶板厚度,则需进行专门的地质分析和力学验算才能确定。

3.空洞处理

对于在建筑物下地基中的岩溶空洞,可以用灌浆、灌注混凝土或片石回填的方法,必要时用钢筋混凝土盖板加固,以提高基底承载力,防止洞顶坍塌(图6-29)。

隧道穿过岩溶区,视所遇溶洞规模及出现部位采取相应措施。若溶洞规模不大且出现于洞顶或边墙部位,一般可采用清除充填物后回填堵塞(图6-30);若出现在边墙下或洞底,可采用加固或跨越的方案(图6-31);若溶洞规模较大,甚至有暗河存在,可在隧道内架桥跨越。

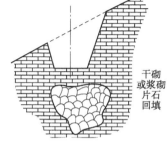

干砌或浆砌片石回填

图6-29　回填溶洞

4.排水措施

对于岩溶地区的防、排水措施应予慎重处理,主要原则是既要有利于工程修建,减轻岩溶的发展和危害,又要考虑有利于该区的环境保护,不能由于排水、引水不当,造成新的环境问题。在岩溶区的隧道工程常遇到岩溶水问题,若岩溶水水量较小,可采用注浆堵水,也可利用侧沟或中心沟将水排出洞外;若水量较大,可采用平行导坑作排水坑道。总之,对岩溶水一般宜用排堵结合的综合处理措施,不宜强行拦堵,且应做好由长期排水造成的地面环境问题(如地面塌陷或地表缺水干涸等)的处理补救措施。

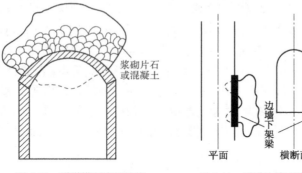

图 6-30 隧道拱顶溶洞回填   图 6-31 隧道边墙下溶洞处理

第五节 地 震

一、概述

我国是一个多地震的国家,有文字可考的地震记载已有近四千年的历史。我国历史上发生过多次破坏性很强的地震,统计结果见表 6-4。在抗震方面,我国早在 20 世纪 70 年代就已颁布并实行了《工业与民用建筑抗震设计规范》,该规范对于贯彻"地震工作要以预防为主"的方针,减少地震灾害,提高建筑物抗震性能,都起到重要作用。

中国近期主要地震   表 6-4

时　间	震　级	位　置	死亡(人)	备　注
1920 年 12 月 16 日	8.5	宁夏海原县	24 万	
1927 年 5 月 23 日	8.0	甘肃古浪	4 万余	
1932 年 12 月 25 日	7.6	甘肃昌马堡	7 万	
1933 年 8 月 25 日	7.5	四川茂县叠溪镇	2 万多	
1950 年 8 月 15 日	8.5	西藏察隅县	近 4000	
1962 年	6.1	广东河源		水库诱发
1966 年 3 月 8 日/22 日	6.8/7.2	河北邢台隆尧县/宁晋县	8064	
1970 年 1 月 5 日	7.7	云南通海县	15621	
1975 年 2 月 4 日	7.3	辽宁海城	1020	成功预报
1976 年 7 月 28 日	7.8	河北唐山、丰南	242000	
1996 年 2 月 3 日	7.0	云南省丽江市	309	
2008 年 5 月 12 日	8.0	四川省汶川县	95000	

据统计,全世界每年平均约发生 500 万次大大小小的地震。95% 以上的地震,或是由于发生在地下深处,或是由于其能量很小,因而人们无从感觉,只有用专用的仪器才能记录下来。三级左右的有感地震,每年约发生 5 万次,但是它们对人类的生命安全与健康设施并无

危害。而像 1966 年河北邢台、1975 年辽宁海城、1976 年河北唐山、2008 年四川汶川那样具有巨大破坏性的大地震,全世界平均每年约发生十几次。

(一)地震基本知识

1.地震的概念及相关术语

地壳发生的颤动或振动称为地震。海底发生的地震可引发海啸。地震是一种特殊形式的地壳运动,发生迅速,运动剧烈,在局部地区内引起地表开裂、错动、隆起,喷水冒沙,山崩,滑坡等地质现象,并引起工程建筑的变形、断裂、倒塌,造成巨大灾害。

地壳深处因岩石变形、破坏产生地壳振动的发源地称震源。震源在地面上的垂直投影称为震中。震中可以看作地面上振动的中心,震中附近地面振动最大,远离震中地面振动减弱。

震中到震源的距离称震源深度。不同地震震源一般在地面以下有不同深度,震源深度小于 70km 的称浅源地震,震源深度在 70～300km 的称中源地震,震源深度大于 300km 的称深源地震。目前出现的最深的震源深度是 720km,通常震源深度不超过 700km。95% 以上的地震是浅源地震,震源深度多集中于 5～20km 左右,中源地震比较少,而深源地震为数更少。

地面上任何地方到震中的直线距离称震中距。震中距在 1000km 以内的地震,通常称为近震,大于 1000km 的称为远震。震中距越大,地震造成的破坏程度越小,破坏最严重的是震中区。强烈地震的震中区往往又称为极震区。

在同一次地震影响下,地面上破坏程度相同地点的连线,称等震线。绘有等震线的平面图,称为等震线图。

以上各名词见图 6-32。

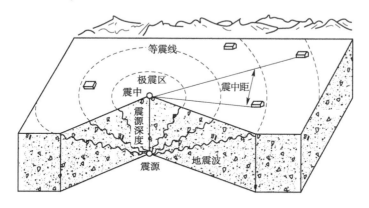

图 6-32　地震术语示意图

2.地震的成因类型

地震按其成因可分为构造地震、火山地震、陷落地震和人工触发地震四类。

(1)构造地震:地壳运动引起的地震,地壳运动使组成地壳的岩层发生倾斜、褶皱、断裂、错动或大规模岩浆侵入活动等,与此同时,地壳也就随之发生地震,称构造地震。构造地震占地震总数的 90%。

(2)火山地震:火山喷发引起的地震。在世界一些大火山带都能观测到与火山活动有关的地震。火山活动有时相当猛烈,但地震波及的地区多局限于火山附近数十公里的范围。火山地震在我国很少见,主要分布在日本、印度尼西亚及南美等地。火山地震占地震总数的 7%。

（3）陷落地震：山崩、巨型滑坡或地面塌陷引起的地震。地面塌陷多发生在可溶岩分布地区，若地下溶蚀或潜蚀形成的各种洞穴不断扩大，上覆地表岩土层顶板发生塌陷，就会引发地震。陷落地震约占地震总数的3%。

（4）人工触发地震：人类工程活动引起的地震。大型水库的修建、大规模人工爆破及地下核爆炸试验等都能引起地震。我国著名的水库地震发生于广东新丰江水库，该水库蓄水后地震即加强，震级越来越高，曾发生6.1级地震。由于近几十年来人类工程活动愈来愈多，规模愈来愈大，人工触发地震问题已日益引起人们的关注。

3. 活动性断裂

活动性断裂又称活断层，工程上指距今10万年以来有充分位移证据证明曾活动过，或现今正在活动，并在未来一定时期内仍有可能活动的断层。有伴随地震发生的活断层，也有持续蠕动的活断层。根据研究目的和地震危险性程度的不同，有全新活动断裂分类和发震断裂分类两种分类方法。

（1）全新活动断裂

全新活动断裂为在全新世地质时期（10000年）内有过地震活动或近期正在活动，在今后100年可能继续活动的断裂。

根据全新活动断裂的活动时间、活动速率及地震强度等因素，可分为强烈全新活动断裂、中等全新活动断裂和微弱全新活动断裂，见表6-5。

全新活动断裂分级 表6-5

断裂分级		活动性	平均活动速率 V（mm/年）	历史地震震级 M
I	强烈全新活动断裂	中晚更新世以来有活动，全新世以来活动强烈	$V > 1$	$M \geqslant 7$
II	中等全新活动断裂	中晚更新世以来有活动，全新世以来活动较强烈	$0.1 \leqslant V \leqslant 1$	$6 \leqslant M \leqslant 7$
III	微弱全新活动断裂	全新世以来有活动	$V < 0.1$	$M < 6$

（2）发震断裂

全新活动断裂中、近期（近500年来）发生过地震震级 $M \geqslant 5$ 级的断裂，或在今后100年内，可能发生 $M \geqslant 5$ 级的断裂，可定为发震断裂。其他的可称为非发震断裂。

4. 地震波及其传播

地震发生时，震源处产生剧烈振动，以弹性波方式向四周传播，此弹性波称为地震波。地震波在地下岩土介质中传播时称为体波，体波到达地表面后，引起沿地表面传播的波称为面波。

体波包括纵波和横波。纵波又称压缩波或 P 波，它是由于岩土介质对体积变化的反应而产生的，靠介质的扩张和收缩而传播，质点振动的方向与传播方向一致。纵波传播速度最快，平均为 7~13km/s。纵波既能在固体介质中传播，也能在液体或气体介质中传播。横波又称剪切波或 S 波，它是介质形状发生变化反应的结果，质点振动方向与传播方向垂直，各质点间发生周期性剪切振动。横波传播速度平均为 4~7km/s，比纵波慢。横波只能在固体介质中传播。

面波只限于沿地表面传播,一般可以说是体波经地层界面多次反射形成的次生波,包括沿地面滚动传播的瑞利波和沿地面蛇形传播的乐甫波两种。面波传播速度最慢,平均速度为 3~4km/s。

地震对地表面及建筑物的破坏是通过地震波实现的。纵波引起地面上、下颠簸,横波使地面水平摇摆,面波则引起地面波状起伏。纵波先到,横波和面波随后到达,由于横波、面波振动更剧烈,造成的破坏也更大。随着与震中距离的增加,振动逐渐减弱,破坏逐渐减小,直至消失。

(二)地震分布

1.世界地震分布

全世界发生构造地震的地区分布并不均匀,主要受地质构造条件控制,多分布在近代造山运动和地壳的大断裂带上,即地壳板块的边缘地带。因此多数地震主要分布在环太平洋地震活动带和地中海—中亚地震活动带两个地带(图 6-33)。环太平洋带西部边缘包括日本、马里亚纳群岛、中国台湾、菲律宾、印尼,直至新西兰。它的东部边缘是南、北美洲的西海岸,包括美国、墨西哥、秘鲁、智利等国。该带地震占全世界地震总数的 80% 以上。如 2004年印尼 8.7 级地震,2011 年日本 9.0 级地震均在该地震带上。地中海—中亚带大致呈东西走向,与山脉延伸方向一致,从亚速尔群岛经过地中海、喜马拉雅地区,至我国云南、四川西部和缅甸等地,与环太平洋带相接。此带地震占全世界地震总数的 15% 左右。

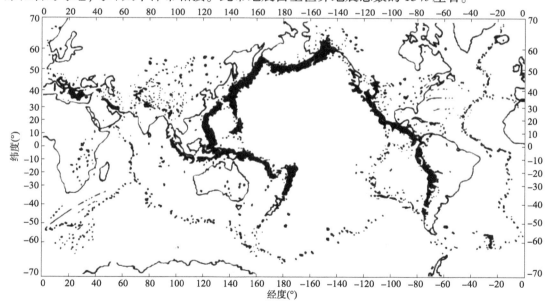

图 6-33　世界地震活动带分布图

2.我国地震分布

我国地处世界上两大地震活动带的中间,地震活动性比较强烈。我国地震主要划分为五大地震区,也有在此五区上单独增划东北、南海地震区的。

(1)青藏高原地震区

青藏高原地震区地处印度板块和欧亚板块接触带,包括兴都库什山、西昆仑山、阿尔金山、祁连山、贺兰山—六盘山、龙门山、喜马拉雅山及横断山脉东翼诸山系所围成的广大高原地域,涉及青海、西藏、新疆、甘肃、宁夏、四川、云南全部或部分地区。

本地震区是我国面积最大、地震最强、频度最高、活动性断裂分布最多的地震区。据统计,这里8级以上地震发生过9次,7~7.9级地震发生过78次,均居全国之首。其中2008年发生的近年来最强8级地震的汶川地震,即属于本区的四川龙门山地震带。

(2)华北地震区

华北地震区地处太平洋板块和欧亚板块接触带,包括河北、河南、山东、内蒙古、山西、陕西、宁夏、江苏、安徽等省。它的地震强度和频度仅次于"青藏高原地震区",位居全国第二。据统计,该地区有据可查的8级地震曾发生过5次;7~7.9级地震曾发生过18次。加之它位于我国人口稠密,大城市集中,政治和经济、文化、交通都很发达的地区,地震灾害的威胁极为严重。1976年发生的7.8级唐山地震即属于该区的华北平原地震带。

(3)天山地震区

天山地震区主要为新疆地区的天山、阿尔泰山地区。天山地震区也是我国地震频发地区。据记载,天山地震区发生7级以上地震21次,其中,8级以上地震3次。发生在1902年的阿图什地震为8.2级,是最近一次最大震级地震。

(4)华南地震区

华南地震区也地处太平洋板块和欧亚板块接触带,地理上主要包括福建、广东,以及江西、广西邻近的一小部分。本区沿断裂带发生过多次破坏性地震,如沿长乐诏安断裂带,曾发生过1604年泉州海外8级大震和南澳附近的一系列强震;沿邵武—河源断裂带曾发生过河源6.1级(1962年)地震和寻乌5.8级(1987年)地震,政和—海丰断裂带也曾发生过破坏性地震,但总的强度比较低。

(5)台湾地震区

台湾是发震频繁的区域,但以近海地震居多。近年来最大的岛内地震是1999年南投7.6级地震。

二、地震安全性评价

(一)地震震级与地震烈度

地震造成的损害与地震的强烈程度有关,用以描述地震强度的指标主要是地震震级和地震烈度。地震震级是绝对指标,表示一次地震释放出的能量大小。地震烈度是相对指标,表示地震影响范围内不同地点地表岩土体和建筑物破坏的程度,它与离震源的距离及当地地形、地质条件有关。地震烈度是抗震工程设计所需要的参数。

1. 地震震级

地震震级是表示地震本身大小的尺度,是由地震所释放出来的能量大小所决定的。释放出来的能量越大,则震级越大。因为一次地震所释放的能量是固定的,所以无论在任何地方测定只有一个震级。

地震释放能量大小可根据地震波记录图的最高振幅来确定。由于远离震中波动要衰减,不同地震仪的性能不同,记录的波动振幅也不同,所以必须以标准地震仪和标准震中距的记录为准。按李希特—古登堡的最初定义,震级(M)是距震中100km的标准地震仪

（周期 0.8s，阻尼比 0.8，放大倍率 2800 倍）所记录的以 μm 表示的最大振幅 A 的对数值，即：

$$M = \lg A \tag{6-4}$$

古登堡和李希特根据观测数据，求得震级 M 与能量 E(J) 之间有如下关系：

$$\lg E = 11.8 + 1.5M \tag{6-5}$$

地震震级与震源释放能量的关系见表 6-6。

震级与能量关系　　　　　　　　　　　　表 6-6

地震震级	能量(J)	地震震级	能量(J)
1	2.00×10^6	6	6.31×10^{13}
2	6.31×10^7	7	2.00×10^{15}
3	2.00×10^9	8	6.31×10^{16}
4	6.31×10^{10}	8.5	3.55×10^{17}
5	2.00×10^{12}	9	2.00×10^{18}

从表 6-6 中可见，震级相差一级，能量相差约 32 倍。一次大地震释放出的能量是十分惊人的，一个 7 级地震相当于近 30 个 2 万吨级原子弹的能量。1960 年智利 M8.9 级大地震，其释放的能量转化为电能，相当于一个 122.5 万 kW 的电站 36 年的总发电量。

一般认为，小于 2 级的地震为微震；2～4 级称为有感地震；5～6 级以上地震开始引起不同程度的破坏，称为破坏性地震；7 级以上地震称为强烈地震或大地震。到目前为止，已记录的最大地震震级未有超过 9 级的，这是由于岩石强度不能积蓄超过 9 级的弹性应变能。

2. 地震烈度

地震烈度是指某地区地表面和建筑物受地震影响和破坏的程度。一次地震只有一个震级，而在不同地区有不同烈度。震中烈度最大，震中距越大，烈度越小。地震烈度的大小除与地震震级、震中距、震源深浅有关外，还与当地地质构造、地形、岩土性质等因素有关。

具体烈度等级划分是根据人的感觉，家具和物品所受震动的情况，房屋、道路及地面的破坏现象等因素进行综合分析而得到的。世界各国划分的地震烈度等级不完全相同，我国使用的是十二度地震烈度表（GB/T 17742—2008，表 6-7）。

中国地震烈度表（GB/T 17742—2008）（有删减）　　　　表 6-7

烈度	人在地面上的感觉	房屋震害程度		其他震害现象	水平向地面运动	
		震害现象	平均震害指数		峰值加速度 (m/s²)	峰值速度 (m/s)
I	无感					
II	室内个别静止中的人有感觉					
III	室内少数静止中的人有感觉	门、窗轻微作响		悬挂物微动		
IV	室内多数人、室外少数人有感觉，少数人梦中惊醒	门、窗作响		悬挂物明显摆动，器皿作响		

烈度	人在地面上的感觉	房屋震害程度		其他震害现象	水平向地面运动	
		震害现象	平均震害指数		峰值加速度（m/s²）	峰值速度（m/s）
V	室内绝大多数、室外多数人有感觉，多数人梦中惊醒	门、窗、屋顶、屋架颤动作响，灰土掉落，抹灰出现微细裂缝，有檐瓦掉落，个别屋顶烟囱掉砖		不稳定器物摇动或翻倒	0.31（0.22~0.44）	0.03（0.02~0.04）
VI	多数人站立不稳，少数人惊逃户外	损坏——墙体出现裂缝，檐瓦掉落，少数屋顶烟囱裂缝、掉落	0~0.10	河岸和松软土出现裂缝，饱和砂层出现喷砂冒水；有的独立砖烟囱轻度裂缝	0.63（0.45~0.89）	0.06（0.05~0.09）
VII	大多数人惊逃户外，骑自行车的人有感觉，行驶中的汽车驾乘人员有感觉	轻度破坏——局部破坏，开裂，小修或不需要修理可继续使用	0.11~0.30	河岸出现坍方；饱和砂层常见喷砂冒水，松软土上地裂缝较多；大多数独立砖烟囱中等破坏	1.25（0.90~1.77）	0.13（0.10~0.18）
VIII	多数人摇晃颠簸，行走困难	中等破坏——结构破坏，需要修复才能使用	0.31~0.50	干硬土上亦出现裂缝；大多数独立砖烟囱严重破坏；树梢折断；房屋破坏导致人畜伤亡	2.50（1.78~3.53）	0.25（0.19~0.35）
IX	行动的人摔倒	严重破坏——结构严重破坏，局部倒塌，修复困难	0.51~0.70	干硬土上许多地方出现裂缝；基岩可能出现裂缝、错动；滑坡塌方常见；独立砖烟囱较多倒塌	5.00（3.54~7.07）	0.50（0.36~0.71）
X	骑自行车的人会摔倒，处不稳状态的人会摔离原地，有抛起感	大多数倒塌	0.71~0.90	山崩和地震断裂出现；基岩上拱桥破坏；大多数独立砖烟囱从根部破坏或倒塌	10.00（7.08~14.14）	1.00（0.72~1.41）
XI		绝大多数倒塌	0.91~1.00	地震断裂延续很长；大量山崩滑坡		
XII				地面剧烈变化，山河改观		

注：表中的数量词"个别"为10%以下，"少数"为10%~45%，"多数"为40%~70%，"大多数"为60%~90%，"绝大多数"为80%以上。

　　我国地震烈度表中将地震烈度根据不同地震情况分为Ⅰ~Ⅻ度，每一烈度均有相应的地震加速度和地震系数,以便烈度在工程上的应用。地震烈度小于Ⅴ度的地区,具有一般安全系数的建筑物是足够稳定的;Ⅴ度地区,一般建筑物不必采取加固措施,但应注意地震可能造成的影响;Ⅵ～Ⅸ度地区,建筑物损坏,必须按工程规范规定进行工程地质勘察,并采取有效防震措施;Ⅸ度以上地区属灾害性破坏,其勘察设计要求需作专门研究,选择建筑物场地时应尽可能避开。

3. 震级与烈度的关系

经过多年研究与经验总结,一般认为当环境条件相同时,震级越高,震源越浅,震中距越小,地震烈度越高。世界上许多地震学家提出了相应的经验公式计算震中的地震烈度。我国地震工作者根据国内外各种经验公式对比,并以国内多次地震实际情况予以验证,提出了"震中烈度与震级和震源深度变化关系表"(表6-8)。表中烈度系以干燥的中等坚实土(如粉质黏土)为准。图6-34是1976年唐山7.8级大地震的地震烈度等震线图。

震中烈度与震级和震源深度关系　　　　　　　　　表6-8

震级	震源深度(km) 5	10	15	20	25
2	3.5	2.5	2	1.5	1
3	5	4	3.5	3	2.5
4	6.5	5.5	5	4.5	4
5	8	7	6.5	6	5.5
6	9.5	8.5	8	7.5	7
7	11	10	9.5	9	8.5
8	12	11.5	11	10.5	10

在工程建筑抗震设计时,经常用的地震烈度有基本烈度和设防烈度,此外,还有考虑场地条件影响的场地烈度。

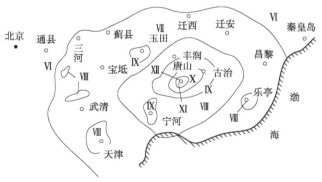

图6-34　1976年唐山7.8级地震烈度等震线图

基本烈度是一个地区今后50年内,一般场地条件下,可能遭遇超越概率为10%的地震烈度,也叫区域烈度。这是以当地的地质、地形条件和历史地震情况以及长期地震预报为依据的,目前,我国采用表6-7中所列基本烈度。地震基本烈度大于或等于Ⅶ度的地区为高烈度地震区。基本烈度所指的是一个较大范围的地区,而不是一个具体的工程建筑场地。

场地烈度是指根据场地条件,如岩石性质、地形地貌、地质构造和水文地质调整后的烈度,也称小区域烈度。在同一个基本烈度地区,由于建筑物场地的地质条件不同,往往在同一次地震作用下,地震烈度不相同。因此应该考虑场地条件对烈度的影响,对基本烈度作适当的提高或降低,通常可提高或降低半度至一度。但是,在新建工程的抗震设计中,不能单纯用调整烈度的方法来考虑场地的影响,而应针对不同的影响因素采用不同的抗震措施。

设防烈度是指抗震设计中实际采用的烈度,又称计算烈度或设计烈度。它是根据建筑物的重要性、永久性、抗震性及工程经济性等条件对基本烈度的调整。对于特别重要的建筑物,经国家批准,可提高烈度一度,例如特大桥梁、长大隧道、高层建筑等;对于重要建筑物,可按基本烈度设计,如各种铁道工程建筑物、活动人数众多的公共建筑物等;对于一般建筑物可降低烈度一度,如一般工业与民用建筑物。但是,为保证大量的Ⅶ度地区的建筑物都有一定抗震能力,基本烈度为Ⅶ度时,不再降低。对于临时建筑物,可不考虑设防。

(二)地震安全性评价

地震安全性评价是地震工程地质工作的重要内容和成果,也是抗震工程设计的依据。国家制定有《工程场地地震安全性评价》(GB 17741—2005)标准。根据工程建设重要性的不同,地震安全性评价的内容和要求有所区别,但一般都包括以下几个方面的内容:

1. 区域地震构造和地震活动环境

区域地震构造和地震活动环境是工程建设场地基本稳定的制约因素。根据规定,区域地震研究的主要工作是调查研究在建筑场地 150km 范围内地震活动历史和特征、断裂构造发育分布情况、活动断裂的活动情况、当前地应力活动特征和强度,预测未来本区域地应力活动水平,对该区域总体地震稳定性做出基本评价。

2. 近场地震构造和地震活动

近场地震构造和地震活动决定建筑场地地震灾害的严重程度。其重要工程是对场地附近 25km 范围内的地震活动、断裂发育、活动断裂特征、地应力活动进行实地勘察、核对,划分重点震害地区。

3. 重点场址区活动断裂及地震活动性分析

对重点场地的断裂(活动和非活动断裂)逐一实地调查,对其发育展布特征、断层性质、断层要素、断层活动性及证据逐一论述。对建筑场地及附近地区的地震活动的空间、时间分布特征,历史地震的影响,工程场址的地震环境做出综合评价。

4. 地震危险性分析

根据上述工作,划分潜在震源,确定地震活动参数和地震动衰减关系,进行地震危险性概率计算,为设计所采用参数提供具体成果。

潜在震源是根据地震重复性原则和地震构造类比原则划定的。根据这些原则得出本地区是否存在 6.5 级及以上发震源的结论。

危险性分析提供的参数有活动性参数、地震动衰减关系和基岩加速度时程。

(1)活动性参数:包括震级上限、起算震级、与活动断裂的方向函数、年平均率。除此之外,一般还用多年度(50~100 年)加速度值(微咖,即 10^{-3})的超越概率(即不低于给定值的地震发生概率,一般提供 63%、10%、5%)提供具体计算数据。比如"50 年超越概率 63% 的峰值加速度为83"表示的是在今后50年内有可能发生的地震的振动加速度为0.083。

（2）地震动衰减关系：是与场地加速度峰值（或反应谱）及场地距震中的距离有关的衰减经验公式，以回归多项式的6个系数给出，用以计算震源对场地的实际影响。

（3）基岩加速度时程：是包含速度峰值、频谱和振动时间的振动曲线（地震加速度谱），是用于地震动力学分析的基本资料。

三、地震工程地质问题

1.地表破坏

地震对地表造成的破坏可归纳为地面断裂、斜坡破坏和地基效应三种基本类型。

（1）地面断裂：地震造成的地面断裂和错动，能引起断裂附近及跨越断裂的建筑物位移或破坏。1933年四川叠溪地震，附近山上产生一条上下错动很明显的断层，构成悬崖绝壁。1970年云南通海地震，出现一条长达50km的断层。1976年河北唐山地震，也有断裂错动现象，错断公路和桥梁，水平位移达1m多，垂直位移达几十厘米。

（2）斜坡破坏：地震使斜坡失去稳定，发生崩塌、滑坡等各种变形和破坏，引起在斜坡上或坡脚附近建筑物位移或破坏。1933年四川叠溪7.5级地震，在叠溪15km范围之内，滑坡和崩塌到处可见。1960年智利8.9级大地震，造成数以千计的滑坡和崩塌。1970年5月31日秘鲁由于地震触发崩塌，从山上往下流动的土、石和冰雪混合物$5 \times 10^7 m^3$，行进速度达55m/s，流动距离约15km，完全覆盖了一个村镇，至少掩埋了18000人。

（3）地基效应：地震使建筑物地基的岩土体产生振动压密、下沉、振动液化及疏松地层发生塑性流动变形，从而导致地基失效、建筑物破坏。1964年日本新泻7.5级地震，一些修建在饱和含水的松散粉、细砂层地基上的钢筋混凝土楼房，在地震作用下，本身结构完好，并无损坏，但由于砂层液化，使地基失效，导致楼房躯体倾斜或下沉，如一栋4层钢筋混凝土公寓因地基失效完全倾倒，但其倾倒速度相当慢，屋内居民可以从倾倒房屋外墙走下来而无伤亡。1976年河北唐山7.8级地震，在震区南部的冲积平原和滨海平原地区，由于地下水埋藏浅（0～3m），第四纪松散的粉细砂层被水饱和，地震时造成大面积砂层液化和喷水冒砂，在河流岸边、堤坝和路基两侧造成大量的液化滑坡，使路基和桥梁普遍遭到破坏，尤以桥梁的破坏最为严重。

2.地震力对建筑物的破坏

地震力是由地震波直接产生的惯性力，它作用于建筑物时，能使建筑物变形和破坏。地震力的大小取决于地震波在传播过程中振动所引起的加速度。地震力对地表建筑物的作用可分为垂直方向和水平方向两个振动力。竖直力使建筑物上下颠簸；水平力使建筑物受到剪切作用，产生水平扭动或拉、挤。两种力同时存在，共同作用，但水平力危害较大，地震对建筑物的破坏，主要是由地面强烈的水平晃动造成的，垂直力破坏作用居次要地位。因此在工程设计中，通常只考虑水平方向地震力的作用。

地震时质点运动的水平最大加速度可按下式求得：

$$a_{max} = \pm A \left(\frac{2\pi}{T} \right)^2 \tag{6-6}$$

式中：A——振幅（cm）；

T——振动周期(s)。

如果建筑物的质量为 Q,作用于建筑物的最大地震力 P 为:

$$P = \frac{Q}{g}a_{max} = \frac{a_{max}}{g}Q = K_c Q \tag{6-7}$$

式中:g——重力加速度(m/s^2);

K_c——地震系数(以分数表示)。

地震系数是一个很重要的参数,可由 $K_c = 0.001a_{max}$ 求得。由于 a_{max} 是最大水平加速度,所以 K_c 是水平地震系数。当 $K_c = 1/100$ 时,建筑物开始破坏;$K_c = 1/20$ 时(相当于Ⅷ~Ⅸ度),建筑物严重破坏。

此外,地震对建筑物的破坏作用,还与振动周期有关。如果建筑物振动周期与地震振动周期相近,则引起共振,使建筑物更易破坏。

3. 地震次生灾害

地震可能引发的次生灾害主要有火灾、水灾、有毒气体泄漏及放射性污染、海啸等。地震可能导致燃气管道断裂、输电线路故障、核设施破坏而引发火灾及有害物质泄露,1995 年的日本阪神大地震,震后火灾多达 500 余起,震中区木结构房屋几乎全部烧毁。地震可能导致水库库坝破裂甚至崩溃,引发水灾。地震可能使山区的石块滚落江河中、堆积形成堰塞湖,对下游村镇形成威胁,1933 年四川叠溪地震使岷江两岸山体崩塌,形成三座高达 100 余米的堆石坝,将岷江完全堵塞,积水成湖,堆石坝溃决时,高达 40 余米的水头顺河而下,席卷了两岸的村镇;1960 年智利大地震引起的滑坡、崩塌堵塞河流,造成严重的灾害,在瑞尼赫湖区,三次大滑坡使湖水上涨 24m,湖水溢出,淹及 65km 外的瓦尔迪维亚城。海洋中的地震诱发海啸会带来比地震更大的破坏。2004 年印度尼西亚苏门答腊岛附近海域发生 8.7 级特大地震引发的海啸,以及 2011 年日本地震诱发的海啸,均造成重大人员伤亡和财产损失。

四、地震灾害的防治措施

地震灾害简称震害。对震害的防治首先要研究工程地质条件影响到实际震害的强度,从而为合理选址和设计提供依据。

(一)工程地质条件对震害的影响

1. 地形条件

地形对地震灾害的影响是一个复杂问题。从波的传播理论上讲,由于地形起伏形成的复杂几何边界,可引起地震波的折射、反射、绕射、衍射等现象,对地表上的某些点,可能形成波的叠加,强化了振动;也可能形成波的相互抵消,弱化了振动。

虽然如此,根据对震害的宏观现象和仪器观测数据的概括总结,地震灾害和地形的一些大致现象对建筑场地规划还是有参考价值的。调查分析发现,同一场地中,突出地形(孤立小丘、山脊等)的震害比相对平缓区域的震害严重,低洼地带则震害相对较轻。

2. 地层岩性

地质条件对震害的影响主要与地基刚度、土层厚度、软土夹层及液化层存在与否有关。根据一定的震后调查分析,坐落在相对较软的地基上的建筑比坐落在较刚性地基上的建筑物在地震中破坏程度要严重。根据一些学者的研究,松散堆积层地基比坚硬岩石地基的场地烈度可以高1~2度,其主要原因是刚性地基抗变形能力强,地震动力响应的振幅和周期都弱于松软地基。

在相同地质条件下,土层越厚,震害越严重。主要原因是,土层的黏性特征,使得较软的土层对地震波传播周期有放大作用。地震波周期延长即频率降低,降低程度与土层厚度成正相关关系,因此更易和自振频率较低的建筑物形成共振,导致其破坏。这与建筑物越高越易破坏有些类似的效果。

软土层,特别是夹在地层中的软土夹层,对来自地下的地震波有一定的屏蔽作用,这归结于软土的饱水状态。由于水不能传递剪应力(横波),故软土层的存在起到对部分振动分量的过滤作用,减少了传到地面建筑物的能量。液化层降低震害的原理和软土相同,液化实质上是砂土进入饱和状态,起到部分过滤屏蔽横波的作用。

3. 覆盖层特征

覆盖层特征主要是指覆盖层厚度、软硬土层的结构、基岩面的起伏状态。一些观察表明,下伏基岩的起伏有利于降低地震加速度,提高地表建筑的安全度。单一土层厚度的影响如前述,但砂卵石层作用有所不同:即便不存在液化,砂卵石层也会表现出降低地震加速度的效应,这可能与其更容易用剪切变形承担横波传递的能力有关。

4. 地质构造

地质构造对震害的影响主要是断裂的发育对震害的影响。由于地震释放的能量很容易引起区内断裂的移动,所以断裂附近的震害超过没有断裂经过的区域。需要说明的是,从地震发生的角度讲,发震断裂的安全性低于非发震断裂。但从地震已经发生、区内震害的程度讲,两者没有区别,因为震害大小是由地震造成的断裂的位移程度决定的。

5. 地下水

地下水对震害的影响虽说有屏蔽或减轻横波传递能量的作用,但在总体上,地下水的存在有弱化地表岩土层的刚度和强度、引起砂土液化等不良作用,和没有水的情况相比,还是不利的。因此,水位越浅,地下受水影响的岩土层越接近地表,对地面建筑的震害影响越重。

实际上,具体到一个地区的震害是上述各因素相互影响、相互制约、综合作用的结果。

(二)主要防治措施

1. 合理选址

一般应避免在强震或高烈度区修筑工程建筑。强震或高烈度地区原则上不规划修建大型居民区。对无法绕避的道路、供电、输送管道等基础设施,应根据工程地质条件的影响,选择震害较轻的区域和地形地层单元通过。

2. 加强预报

地震预报是迄今还没有有效解决的地震理论和应用技术难题。但是,在有地震活动的地区加强地震台站的建设,通过地震前地壳应力和形变的变化,做出一定的预见性估计,不仅有利于临震避险,对防震抗震工程设计更具重要意义。

3. 合理设计

根据地震灾害调查和多年工程实践,提出了震害发生时工程建筑"小震不坏、中震可修、大震不倒"的工程设计原则。在结构形式的选择上,线路工程采用隧道通过地震区,少用路基,避免采用桥梁。对跨越河流、沟谷的桥梁,尽量采用易修复的简支梁桥。房屋建筑要加深基础、加厚墙体、采用轻型材料、加强框架连接,对非桩基的整体基础,应加强刚度和适当增设碎石缓冲垫层。

4. 强化施工

对抗震建筑,要提高施工质量,特别是结构连接的可靠性和安全性。

5. 采用新材料

跟踪新技术发展水平,尽量采用质轻、强度高的新型抗震建筑材料。

第七章　不同类型工程的工程地质问题

第一节　地基工程地质问题

一、地基工程地质问题

(一)地基的概念

房屋建筑、道路和桥梁等一切地面工程建筑物都设置在地表土层或岩层上。将结构所承受的各种作用传递到地基上的结构组成部分称为基础,支撑基础的岩土体称为地基,如图7-1所示。基础下面直接承受建筑物荷载的岩土层称为持力层,其下面的土层为下卧层。

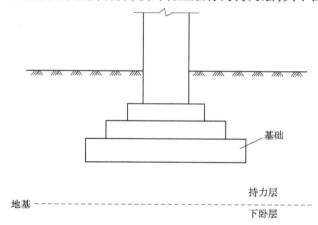

图 7-1　地基与基础

建筑物的荷载通过基础传给地基,并在地基中扩散。由于土是可压缩的,地基在附加应力的作用下,就必然会产生变形(主要是竖向变形),从而引起建筑物基础的沉降变形。建筑物基础的均匀下沉对结构的安全不会有太大影响,但过大的沉降将会严重影响建筑物的外观和使用。

地基在上部建筑物荷载作用下发生压密变形,如果荷载超过容许值,地基将发生破坏。为了防止地基破坏,确保建筑物安全、正常使用,地基必须满足两方面要求:一是地基应有足够的强度,在荷载作用下不发生失稳破坏;二是地基变形不能太大而影响建筑物的正常使用。前者是地基的稳定问题,后者是地基沉降变形问题。

(二)地基的变形破坏

地基变形包括两方面,在建筑物荷载作用下地基产生正常的容许压缩变形,在土力学中对此有专门的介绍,这里主要讨论由于地基的工程地质特性引起的地基沉降过大和不均匀沉降。

1. 地基沉降过大

(1)软基引起沉降过大

软土地基强度低、可压缩性大,是软基沉降过大的重要原因。20世纪50年代修建的上海展览馆中央大厅修建在淤泥质软土层上,采用箱形基础,基础平面尺寸为46.5m×46.5m,埋深2m,基底总压力约为130kPa,附加压力约为120kPa。完工后11年总沉降量达1.6m,沉降影响范围超过30m,并引起相邻建筑物的严重开裂。

(2)特殊土引起沉降过大

特殊土的不良工程性质也是造成修建在该类土层上的工程建筑物沉降过大的重要原因。比如,膨胀土具有遇水膨胀、失水收缩的特性,只要地基土中水分发生变化,膨胀土地基就产生胀缩变形,从而导致建筑物变形甚至破坏。

我国西北地区有大面积的黄土分布。湿陷性黄土质地疏松,大孔隙发育,富含可溶盐,浸水后结构迅速破坏而发生湿陷。西北民族大学两幢学生楼,建成使用14年后因楼内管道失修,漏水渗入地下引起湿陷,楼房下沉量达12~20cm,被迫报废。

(3)填土密实度不足引起沉降过大

当填筑建筑地基,修筑大坝、路堤时,由于对填土压缩变形研究不足或施工密实度控制未达到设计标准,在上覆荷载的长期作用下,地基土层逐渐被压密,其沉降有可能超过设计值。

(4)其他因素

地下水位的升降,饱水的粉砂地基在地震作用下突然液化,冻土热融等也是常见的引起地基沉降变形过大的重要因素。

2. 不均匀沉降

当建筑地基不同部位的沉降量不同时,建筑物可能发生裂缝、扭曲或倾斜,导致使用和安全受到影响,严重时甚至倒塌破坏。

不均匀沉降最主要的原因是地基土层厚度变化较大和地基土的刚度相差较大。当土层厚度不同时,地基不同位置的压缩量不同,产生不均匀沉降;当地表土层的下伏基岩面起伏倾斜,下伏基岩由不同刚度的岩石构成,或者存在局部软弱地质结构(如断层破碎带),以及基坑施工排水、大规模开采地下水形成抽水漏斗等情况时,地基均可能产生不均匀下沉。

(三)地基的剪切破坏

工程实践表明,地基因强度不足而发生的破坏都是剪切破坏。土是由气体、水和固体碎屑颗粒构成的三相体,土颗粒之间的连接强度远低于颗粒自身的强度,不能承受拉力。在外荷载和自重作用下,通过土中深度 h 处任意点 M 的任何平面上都将产生法向应力和剪切应力,如图7-2所示。由材料力学可知,在过微小单元体 M 点的任意斜截面 AB 上的法向应力和剪应力,可由式(7-1)表达:

$$\begin{cases} \sigma_\alpha = \dfrac{1}{2}(\sigma_1 + \sigma_3) + \dfrac{1}{2}(\sigma_1 - \sigma_3)\cos 2\alpha \\ \tau_\alpha = \dfrac{1}{2}(\sigma_1 - \sigma_3)\sin 2\alpha \end{cases} \tag{7-1}$$

式中:σ_1——微单元体上最大主应力;

$\quad\quad$ σ_3——微单元体上最小主应力;

$\quad\quad$ α——斜截面 AB 与最小主应力间的夹角。

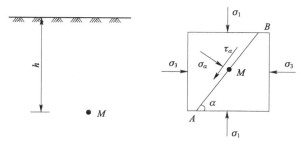

图 7-2 土体中任一点的应力

当地基岩土层中某一点的任意一个平面上剪应力达到或超过它的抗剪强度时,这部分岩土体将沿着剪应力作用方向相对于另一部分地基岩土体发生相对滑动,开始剪切破坏。一般情况下,在外荷载不太大时,地基中只有个别点位上的剪应力超过其抗剪强度,也就是局部剪切破坏,这种现象常发生在基础边缘处。随着外荷载的增大,地基中发生剪切破坏的各局部点位相互贯通,形成一个连续的剪切滑动面,地基变形增大,基础两侧或一侧地基向上隆起,基础突然下陷,地基发生整体剪切破坏,如图 7-3 所示。

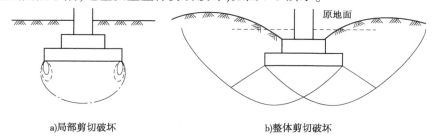

a)局部剪切破坏 $\quad\quad\quad\quad\quad\quad\quad\quad\quad$ b)整体剪切破坏

图 7-3 地基剪切破坏

例如,解放初修建的肖穿线通过 62m 厚的淤泥层地区,表层为 0.6~1.0m 的可塑性黏土,路堤填筑完工时,8m 高的桥头路堤一次整体滑塌下沉 4.3m,坡脚地面隆起 2m,其破坏就是典型的整体剪切破坏。

除了上述整体剪切破坏之外,特殊的地质构造也经常是引起剪切破坏的原因。比如,在一些下伏软弱岩土层的斜坡上,由于斜坡上建筑荷载,软弱地基岩土向斜坡外滑移、挤出,产生剪切破坏。这种地基称为斜坡地基。通常情况下,这种地基在上部荷载的作用下,土体不仅产生水平方向的压缩变形,同时还因斜坡坡面临空产生横向变形,在剪应力的作用下,斜坡地基比水平地基更容易引起导致地基失稳的剪切破坏。

太焦线刘瓦沟大桥焦作端桥台于 1971 年 12 月施工,1972 年 8 月竣工,1974 年复测时发现台顶比设计高程低 32mm,1975 年 4 月全线贯通测量时,台顶低于设计高程 159mm,向太原方向位移 48mm,向下游偏移 164mm,桥跨缩短 48mm。经过详细勘察,桥台基础位于古滑坡体上,古滑坡堆积层下的基层面上有一层强度极低的可塑性黏土层,层面向沟谷方向倾斜,倾角 6°~11°,倾向与线路成 72°交角,与桥台位移方向一致(图 7-4)。在桥台自重和填土超载等作用下,堆积体沿黏土层面产生蠕动变形,造成桥台水平位移。地基中有软弱岩层或风化岩层,当岩层产状不利、有滑移倾向时,应特别注意工程建筑物修建后可能产生的滑移问题。

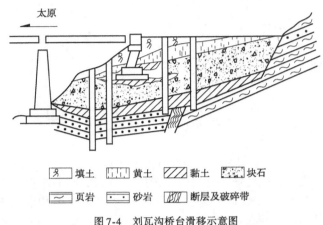

| 填土 | 黄土 | 黏土 | 块石 |
| 页岩 | 砂岩 | 断层及破碎带 |

图 7-4　刘瓦沟桥台滑移示意图

(四)特殊地基工程地质问题

1. 超厚软弱地基和深层软弱地基

在我国东南沿海三角洲地区以及一些内陆湖相盆地等地区,由于形成历史较短,可能存在超厚层的饱和软土,其厚度可达数十米。由于其厚度极大,很难采用常用的一些软基处理方式,给重大工程带来困难。例如,在云南通海盆地,下伏饱和粉砂质黏土厚度超过 60m,当在其上修筑变形控制极其严格的高等级铁路时,深厚软基的处理成为重点技术难题。

除了超厚软基,近年来的工程建设中还有深层软基的问题。随着土木工程建筑荷载加大或变形控制标准的提高,地基持力层越来越深。以前忽略或无需处理的下伏深层软土层进入需要处理的范围,给基础设计提出新的要求。在我国华南岩溶地区,由于气候条件有利,地表都发育有厚层风化红黏土。在红黏土与原岩的接触带,由于土岩透水性质的差别,基岩基本成为上覆土层的隔水层。华南地区降雨量大,有足够水流缓慢下降抵达土石界面附近积聚起来,形成深层饱和土层。当变形控制要求极高的高铁路基通过时,必须对全部深层软土区进行处理。

2. 存在地下空洞的地基

在黄土地区或可溶岩分布地区,地下常常存在大量空洞。此外,矿区也存在地下采空区。当地下洞穴顶板稳定性不足时,常发生地面塌陷、基础翻浆冒泥、建筑物开裂倒塌等严重的地基工程地质问题,如西安铁路分局管辖的韩城工务段内曾因线路下伏黄土陷穴造成列车颠覆事故。

由特定岩土形成的地下空洞,或随意开挖的矿产采空区,分布无规律,工程勘察阶段很难查清,建筑物建成使用期间常有事故发生。随机分布的地下空洞也给工程处理带来困难,往往只能大面积加固。如新建的南宁—广州的高铁,在通过广西区段的岩溶平原时,就采用了大面积全路堤地基注浆处理的方案。

3. 深基坑

随着城市化进程的加快,地下空间开发规模越来越大,基坑工程的深度也越来越深。除了深基坑本身的地基变形和稳定性问题外,伴随而来的还有基坑边坡问题。基坑边坡和本章第二节介绍的边坡有所不同,基坑因邻近既有建筑、涉及城市地下管网、降低地下水位等施工特点,在设计、施工中,需要考虑基坑边坡对周围环境影响、变形严格控制、坡度直立、地下水下降引起附近地面不均匀沉降和边坡渗流破坏等问题。此外,由于基坑边坡属临时工程,设计时还要考虑边坡稳定与工程费用控制平衡。

二、地基承载力

(一)地基承载力基本概念

在建筑物的荷载作用下,地基产生变形,随着荷载的增加,变形也增大,当荷载达到或超过某个临界值时,地基产生塑性变形,最终破坏。因此,地基承受荷载的能力是有限的。使地基土发生剪切破坏而即将失去整体稳定性时相应的最小基底压力,称为地基极限承载力。在建筑物地基基础设计时,为了确保建筑物的安全和地基的稳定性,不能以地基能承受的最大极限荷载作为设计用地基承载力,必须限定建筑物基础底面的压力不超过规定的地基承载力,这样的限定也为了使地基的变形不至于过大而影响建筑物的正常使用。这样限定的地基承载力为地基容许承载力。

地基承载力大小,除了与地基土或岩石自身的工程性质有关外,还与基础尺寸、形状,基础上面的覆盖层厚度,荷载的性质,地基中有无地下水等多种因素有关。因此,在同一地基岩土层中,基础埋置深度不同,或者基础尺寸不同,地基的承载力大小也有所差异。

(二)地基承载力的确定方法

目前,确定地基承载力的方法主要有三种:现场试验、理论公式、经验查表。

1. 现场试验法

现场试验法也称原位测试,是指在岩土层原来所处的位置上,基本保持其天然结构、天然含水量及天然应力状态下进行测试的技术。它与室内试验相辅相成,取长补短。常用的原位测试方法主要有:载荷试验、静力触探试验、动力触探试验、标准贯入试验、十字板剪切试验、旁压试验等,选择原位测试方法应根据岩土条件、设计对参数的要求、地区经验和测试方法的适用性等因素综合确定。

(1)载荷试验(PLT)

载荷试验是在建筑物场址进行的原位试验方法。有深层平板载荷试验和浅层平板载荷试验两种。重要的建筑物或地质条件复杂的场地,多由载荷试验确定地基承载力。载荷试验是直接试验方法,也是其他间接试验方法的标准。

载荷试验是由一定规格面积的载荷板向地基上传递压力,观测压力与地基土沉降之间的关系,得到压力 P 与沉降 S 曲线(图7-5),由 $P-S$ 曲线确定地基承载力。

地基承载力分极限承载力和承载力特征值。极限承载力是地基丧失整体稳定时的极限荷载。由载荷试验测定的地基土压力—变形曲线线性变形段内规定的变形所对应的压力值

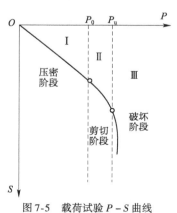

图7-5　载荷试验 $P-S$ 曲线

作为承载力特征值(f_{ak}），其最大值为比例界限值。

承载力特征值的确定应符合下列规定：

①当 $P-S$ 曲线有比例界限时，取该比例界限所对应的荷载 P_0。

②当 $P-S$ 曲线上极限荷载 P_u 小于对应比例界限的荷载 P_0 的 2 倍时，取 $P-S$ 曲线上的极限荷载值 P_u 的一半。

③如果不能按上述两条取值，当承压板面积为 $0.25 \sim 0.50 m^2$ 时，可取 $S/b = 0.01 \sim 0.015$ 所对应的荷载，但其值不应大于最大加载量的一半。S 和 b 分别表示沉降量和荷载板宽度。

同一土层参加统计的试验点不应少于 3 点，当试验实测值的极差不超过其平均值的 30% 时，取此平均值作为该土层的地基承载力特征值 f_{ak}。

（2）静力触探试验（CPT）

静力触探是一种测试地基承载力的间接试验方法。静力触探试验是将一个特制的金属探头用压力装置压入土中，由于土层的阻力，探头受到一定的压力，土层强度高，探头受到的压力大，通过探头内部的压力传感器，测出土层对探头的比贯入阻力 P_s。探头贯入阻力的大小及变化反映了土层强度的大小与变化。

在静力触探试验的整个过程中，探头应匀速、垂直地压入土层中，贯入速率一般控制在 $(1.2 \pm 0.3) m/min$。在现场当探头返回地面时应记录归零误差，现场的归零误差不得超过 3%，它是试验数据质量好坏的重要标志。同时，探头的绝缘度不小于 $500 M\Omega$。触探时，记录误差不得大于触探深度的 $\pm 1\%$。当贯入深度大于 $30m$ 时，或穿过厚层软土再贯入硬土层时，应采取措施防止孔斜或断杆，也可配置测斜探头，量测触探孔的偏斜角，校正土层界线的深度。

静力触探试验主要适用于软土、黏性土、砂性土等。在不同地区、不同土层中利用静力触探确定地基承载力时，必须先建立该地区、该土层与触探试验结果经验关系式，然后才能由试验结果得出承载力值。

（3）动力触探试验（DPT）

动力触探也是地基承载力的间接试验方法。动力触探试验是利用一定重量、落距的落锤能量，将标准尺寸的探头打入土层中，根据打入土中的难易程度（贯入度）定性划分不同性质的土层，检查填土质量，探查滑动带、土洞，还可根据经验公式定量确定岩土密度、容许承载力、变形模量等。

动力触探也称贯入法，根据落锤的质量分为不同类型，常用的有轻型（10kg）、重型（63.5kg）、超重型（120kg）三种，超重型动力触探适用于较密实的卵石、块石地层。

（4）标准贯入试验（SPT）

标准贯入试验实质上仍属动力触探类型之一，所不同的是其触探头不是圆锥形探头，而是标准规格的圆筒形探头（由两个半圆管合成的取土器），称之为贯入器。标准贯入试验是用质量为 $63.5kg$ 的穿心锤，以 $76cm$ 的落距，将标准规格的贯入器，自钻孔底部预打 $15cm$，然后再打入 $30cm$，记录该 $30cm$ 的锤击数，称为标准贯入击数（N），用以判定土的力学特性。

试验时，当锤击数已达 50 击，而贯入深度未达 $30cm$ 时，可记录 50 击的实际贯入深度

（ΔS），按下式换算成相当于 30cm 的标准贯入试验锤击数 N，并终止试验。

$$N = 30 \times \frac{50}{\Delta S} \qquad (7\text{-}2)$$

标准贯入试验适用于砂土、粉土和一般黏性土。试验时，结合钻孔进行，国内统一使用直径为 42mm 的钻杆，国外也有使用直径 50mm 或 60mm 的钻杆。标准贯入试验设备简单、操作方便、土层的适应性广，而且通过贯入器可以采取挠动土样，对它进行直接鉴别描述和有关的室内土工试验，如对砂土作颗粒分析试验。本试验特别对不易钻探取样的砂土和砂质粉土物理力学性质的评定具有独特意义。

（5）十字板剪切试验（VST）

十字板剪切试验是用插入土中的标准十字板探头，以一定速率扭转，量测土破坏时的抵抗力距，测定土的不排水抗剪强度。十字板剪切仪构造如图 7-6 所示。试验时先将套管打到预定的深度，并将套管内的土清除。将十字板装在钻杆的下端后，通过套管压入土中。压入深度约为 750mm。然后由地面上的扭力设备仪对钻杆施加扭矩，使埋在土中的十字板旋转，直至土剪切破坏，破坏面为十字板旋转所形成的圆柱面。

十字板剪切仪适用于饱和软黏土，它的优点是构造简单、操作方便，原位测试时对土的结果扰动也较小，故在实际中得到广泛的应用。但在软土层中夹薄砂层时，测试结果可能失真或偏高。

（6）旁压试验（PMT）

旁压试验是在钻孔中通过旁压器对孔壁施加横向压力，使土体产生径向变形，利用仪器量测压力和相应的孔壁变形值，绘出旁压曲线；然后计算地基土的变形模量和承载力值。图 7-7 为旁压试验示意图。

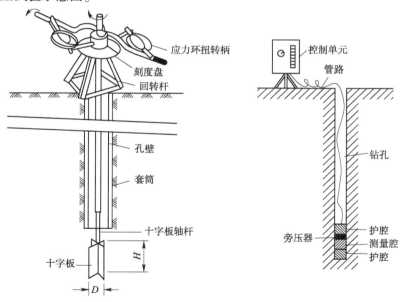

图 7-6　十字板剪切仪　　　　图 7-7　旁压试验示意图

根据将旁压器设置于土中的方法，可以将旁压仪分为预钻式、自转式和压入式三种，国内目前以预钻式为主。

旁压试验主要适用于黏性土、粉土、砂土、碎石土、残积土、极软岩和软岩等。另外,旁压试验可以测定较深处土层的变形模量和承载力。

2. 强度理论公式计算法

计算地基承载力的理论公式有很多种,它们都是以某些假定条件为基础求得地基土的临界塑性变形时的荷载或极限荷载值,再来确定地基容许承载力。理论计算法的公式主要有两类,即临塑荷载法和极限荷载法。

临塑荷载就是地基土中刚开始出现塑性剪切破坏时的临界压力。我国《建筑地基基础设计规范》(GB 50007—2011)规定,当偏心距 e 小于或等于 0.033 倍基础底面宽度时,根据土的抗剪强度指标确定的地基承载力特征值可按式(7-3)计算,并应满足变形要求。

$$f_a = M_b \gamma b + M_d \gamma_m d + M_c C_k \tag{7-3}$$

式中： f_a——由土的抗剪强度指标确定的地基承载力特征值(kPa);

M_b、M_d、M_c——承载力系数,与地基土的 φ 值有关,φ 为基础下 1 倍短边宽深度内土的内摩擦角标准值,按表 7-1 选用;

C_k——地基土体的黏聚力(kPa);

d——基础埋深(m);

b——基础底面宽度,大于 6m 时按 6m 取值,对于砂土小于 3m 时按 3m 取值;

γ_m——基础底面以上土的加权重度(kN/m³);

γ——基础底面以下土的重度(kN/m³)。

承载力系数 M_b、M_d、M_c   表 7-1

$\varphi(°)$	M_b	M_d	M_c	$\varphi(°)$	M_b	M_d	M_c
0	0.00	1.00	3.14	22	0.61	3.44	6.04
2	0.03	1.12	3.32	24	0.80	3.87	6.45
4	0.06	1.25	3.51	26	1.10	4.37	6.90
6	0.10	1.39	3.71	28	1.40	4.93	7.40
8	0.14	1.55	3.93	30	1.90	5.59	7.95
10	0.18	1.73	4.17	32	2.60	6.35	8.55
12	0.23	1.94	4.42	34	3.40	7.21	9.22
14	0.29	2.17	4.69	36	4.20	8.25	9.97
16	0.36	2.43	5.00	38	5.00	9.44	10.80
18	0.43	2.72	5.31	40	5.80	10.84	11.73
20	0.51	3.06	5.66				

3. 经验查表法

受现场条件限制,或荷载试验和原位测试确有困难时,可由规范经验值查表取得地基承载力。查表法是一种经验方法,它是在多年实践经验基础上,总结了地基土的某些物理性质指标与承载力之间的统计关系,制定出的表格,根据地基土某些物理力学性质指标查取承载力值。使用查表法时,必须结合当地经验采用。各地区各行业根据各自特点及经验,制成的承载力表中采用的指标不尽相同,使用时应注意其适用范围,以免发生误用。表 7-2 ~ 表 7-4 是铁路工程中根据土的物理力学性质指标查求取地基承载力基本值。

岩石地基基本承载力（kPa）　　　　　表 7-2

岩石类别＼发育程度间距	节理很发育 2~20cm	节理发育 20~40cm	节理不发育或较发育 大于40cm
硬质岩	1500~2000	2000~3000	大于3000
较软岩	800~1000	1000~1500	1500~3000
软岩	500~800	700~1000	900~1200
极软岩	200~300	300~400	400~500

砂类土地基基本承载力（kPa）　　　　　表 7-3

土名＼密实程度湿度	稍松	稍密	中密	密实
砾砂、粗砂　与湿度无关	200	370	430	550
中砂　与湿度无关	150	330	370	450
细砂　稍湿或潮湿	100	230	270	350
细砂　饱和	—	190	210	300
粉砂　稍湿或潮湿	—	190	210	300
粉砂　饱和	—	90	110	200

一般黏性土地基承载力特征值（kPa）　　　　　表 7-4

孔隙比 e ＼液性指数 I_L	0	0.1	0.2	0.3	0.4	0.5	0.6	0.7	0.8	0.9	1.0	1.1	1.2
0.5	450	440	430	420	400	380	350	310	270	240	220	—	—
0.6	420	410	400	380	360	340	310	280	250	220	200	180	—
0.7	400	370	350	330	310	290	270	240	220	190	170	160	150
0.8	380	330	300	280	260	240	230	210	180	160	150	140	130
0.9	320	280	260	240	220	210	190	180	160	140	130	120	100
1.0	250	230	220	210	190	170	160	150	140	120	110		
1.1	—	—	160	150	140	130	120	110	100	90	—	—	

4. 承载力宽度深度修正

承载力的取值是基于地表平面的理论公式或荷载试验得到的。当基础置于一定开挖的基坑内时，由于坑边土体的侧向约束，其应力状态不同于平面计算或试验时的状态，因此需要对承载力修正。我国《建筑地基基础设计规范》（GB 50007—2011）规定，当基础宽度大于 3m 或埋置深度超过 0.5m 时，用载荷试验、其他原位试验、经验表格取得的地基承载力均应按式（7-4）修正：

$$f_a = f_{ak} + \eta_b \gamma (b - 3) + \eta_d \gamma_m (d - 0.5) \qquad (7-4)$$

式中：f_a——修正后地基承载力特征值（kPa）；

　　　f_{ak}——地基承载力特征值（kPa）；

　　　b——基础底面宽度（m），$b<3$m 时，按 3m 计，$b>6$m 时，按 6m 计；

d——基础埋深(m);

γ——基础底面以下土体的重度(kN/m^3),地下水位以下取浮重度;

γ_m——基底以上土的加权平均重度(kN/m^3),地下水位以下取浮重度;

η_b、η_d——宽度、深度修正系数,见表7-5。

宽度、深度修正系数 　　　　　　　　　　　　　　　表7-5

土 的 类 别		η_b	η_d
淤泥及淤泥质土		0	1.0
人工填土,e 或 I_L 大于等于 0.85 的黏性土		0	1.0
红黏土	含水比 $\alpha_w > 0.8$	0	1.2
	含水比 $\alpha_w \leq 0.8$	0.15	1.4
大面积压实填土	压实系数 >0.95、黏粒含量 $\rho_c \geq 10\%$ 的粉土	0	1.5
	最大干密度 >2100kg/m^3 的级配砂石	0	2.0
粉土	黏粒含量 $\rho_c \geq 10\%$ 的粉土	0.3	1.5
	黏粒含量 $\rho_c < 10\%$ 的粉土	0.5	2.0
e 或 I_L 均小于 0.85 的黏性土		0.3	1.6
粉砂、细砂(不包括很湿与饱和时的稍密状态)		2.0	3.0
中砂、粗砂、砾砂和碎石土		3.0	4.4

注:1.强风化和全风化岩石,可参照风化成的相应土取值,其他状态下的岩石不修正。

2.地基承载力按深层平板载荷试验时深度不修正。

3.含水比是土的天然含水量与液限的比值。

4.大面积压实填土是指填土范围大于 2 倍基础宽度的填土。

三、地基工程地质问题的主要防治措施

(一)基础类型选择

基础是将上部建筑物的荷载传递给地基,使其产生附加应力和变形,同时在地基反力作用下产生内力的下部建筑物。地基与基础的相互作用决定了基底压力或地基反力的分布和大小。故基础设计时不仅要考虑基础应具有足够的强度和刚度,还要满足地基的强度和变形,所以基础设计又统称为地基基础设计。设计时,应针对工程结构特点和地基的地质条件,考虑基础的适用性,合理地选择建筑物的基础。当地基土不均匀或上部结构对不均匀沉降敏感时,可以选用整体刚度较好的基础形式,比如筏形基础和箱形基础。当浅基础形式仍然满足不了承载力和变形的要求时,可以选用桩基、沉井等深基础形式。

1.一般土地基的基础类型选择

地基土形成的地质条件不同,其组成情况不同,常见的有以下几种:

(1)地基土由均匀、承载能力较高的土层组成,上部荷载不大时可采用无筋扩展基础;荷载较大时可采用扩展基础。

(2)地基土由均匀、高压缩性的软土或软弱土层构成。一般民用建筑或高层建筑物考虑设置地下室时可采用箱形基础或桩基。箱形基础整体性好、刚度大,能适应由于荷载大、地基软弱产生的不均匀沉降;桩基础由埋置于土中的桩和承受上部结构传来荷载的承台所组

成,荷载通过桩端和桩侧摩擦力传递给深部土层或侧向土体。

(3)地基土由两层土组成,当上层较软、下层为硬土时,基础类型可视具体情况而定。

①软土厚度不足 2m 时,可将软土挖掉,将基础置于下伏的硬土上;

②软土厚度大于 2m、全部挖去工程量太大时,对于低层轻型建筑,可以挖取部分软土,再将基础设在其上,并采用筏板基础;对于高层建筑则应采用桩基或箱形基础。

(4)地基土仍由两层土组成,当上层为硬土、下层较软弱时,如果表层硬土厚度较大,对于一般低矮的混合结构的民用建筑,可将基础埋置浅些,充分利用表层硬土层,基础类型与均匀土层相同;对于高层建筑或大型桥梁墩、台基础,则必须将基础埋在一定深度,并用桩基、箱型基础等,确保建筑物的安全。

(5)由多层软、硬土质互层组成的地基,基础类型的选择取决于以什么土层作为持力层和持力层的深度。当持力层为有一定厚度的硬土且深度不大时,可采用筏板基础;当荷载必须传到深部持力层时,可采用桩基。

2.特殊土地基的基础类型选择

(1)湿陷性黄土地基:湿陷性是这类地基的主要隐患,如果湿陷性较小,湿陷性土层不厚,对于一般民用建筑在做好防水措施后,可采用浅基础。对大型工业厂房或重型建筑则可采用桩基。

(2)软土地基:软土地基的承载力和沉降量一般均不能满足要求,大多采用地基处理来满足建筑要求,对一般性建筑或层数不高的高层建筑,则首选基础类型为箱形基或桩基,也可采用筏板加桩的复合基础。

(3)膨胀土地基:吸水膨胀、失水收缩是这类地基的最大危害。根据地基膨胀、收缩变形等级不同,基础类型的选择也应有所不同。较均匀的弱膨胀土地基,可采用埋深较大的扩展基础;强膨胀土地基可用箱形基础,减小膨胀土层的厚度;采用桩基时,桩基础应穿透膨胀土层。

(二)合理设计与施工

地基产生的均匀沉降对建筑物安全影响不大,可以通过预留沉降标高加以解决。当地基不均匀沉降超过限度时,建筑物可能发生倾斜与墙体开裂等事故。也可以从建筑、结构和施工方面采取措施。常用的建筑措施有:设计建筑体型力求简单,在特定位置设置沉降缝,调整建筑物有关标高,控制相邻建筑物的间距。结构方面可以减轻建筑物自重、增强建筑物刚度和强度,或者采用柔性结构等。施工方面尽量不扰动地基土,保持其原状结构,采用合理的施工顺序。

(三)地基岩土的工程处理措施

没有经过人工改良加固就可以在其上修建基础的地基称为天然地基。工程建筑物应尽量修建在天然地基上,但是随着各类大型、高层建筑物的不断增多,建筑荷载愈来愈大,能够满足设计要求的天然地基日趋减少。原来被认为是良好的地基,也可能在新的条件下不能满足上部结构的要求。对不能满足要求的地基,必须进行必要的加固处理,改善其工程性质。对经常遇见的处于复杂地质构造上的特殊地基,也必须采用必要的处理措施。根据地基地质条件不同,处理措施不完全相同。对单纯软土的处理参见第五章第二节。本节主要介绍强度或压缩性达不到设计要求的一般软弱地基的处理方法。

1. 浅层软弱地基处理

对地表埋深较浅、软弱土层厚度不大时,可将地基面以下处理范围内的软弱土层部分全部挖除,换填强度较大的土或其他稳定性能好、无侵蚀性的材料,一般是渗水性强、级配良好的砂砾石层或卵块石土。换填处理的合适厚度为 2 ~ 3m。对软土,也常采用抛填不小于30cm 片石挤淤的方法处理。

对深度 5 ~ 10m 的粗颗粒土、一般黏性土、人工填土等,如果强度或压缩性达不到工程设计要求,常通过强夯加固地基。强夯法具有设备简单、施工快捷、成本低廉的特点,处理后可明显提高地基承载力、压缩模量,增加场地均匀性。目前工程中采用的强夯能量已高达15000kN·m,有效加固深度超过 15m。

2. 深层或深厚层软弱地基处理

深层软弱地基指的是计算持力层以上具有深部软弱夹层的地基,深厚层软弱地基主要指厚度超过常规工程处理深度的软弱地基。对深层或深厚层软弱地基,主要采用的方法是设置穿越软弱地层的桩,将荷载传递到下部坚硬地层,或通过密集的各种材质的桩置换部分地基土,形成复合地基,以提高地基承载能力。

采用桩基处理软弱地基已是非常普通的方法,但一般的混凝土桩、钢桩等仅适用于处理面积不大的单个工点地基,如房屋建筑地基。工程实践中对大面积深层或深厚层软弱地基,如公路、铁路、机场等地基,最常见的是采用深层搅拌桩、碎石桩、CFG 桩来处理。

深层水泥搅拌桩是利用水泥作为固化剂,通过直径 0.6 ~ 1.5m 螺旋钻机钻入深部地层,在缓慢提抽钻头的同时,一面喷射干粉固化剂(水泥粉),一面将土层与固化剂强制拌和,使地基土硬结而提高地基强度。该方法主要设备为移动钻机、干粉压缩机、动力电源,适用地形条件较平缓的地区。施工技术简单、机具不复杂、速度较快,处理后可在地基中形成桩、墙等结构,适用性强。

CFG 桩是水泥粉煤灰碎石桩(Cement Fly-ash Gravel Pile)的英文缩写,是由碎石、石屑、砂、粉煤灰掺水泥加水拌和,用各种成桩机械制成的可变强度桩。通过调整水泥掺量及配比,其强度等级在 C15 ~ C25 变化,是介于刚性桩与柔性桩之间的一种桩型。CFG 桩和桩间土一起,通过褥垫层形成 CFG 桩复合地基共同工作,故可根据复合地基性状和计算进行工程设计。CFG 桩一般不用计算配筋,并且可利用工业废料粉煤灰和石屑作掺和料,进一步降低了工程造价。CFG 桩的强度高于水泥搅拌桩,适用于强度要求更高的工程。

近年来,为适应高精度地基沉降控制的需要,在高铁路基工程实践中采用桩板、桩网结构加强地基处理。桩板结构由置入地基土的钢筋混凝土桩基和地表上部的钢筋混凝土承载板组成,承载板直接与上部结构连接,充分利用桩土、板土之间的共同作用,满足建筑物对地基强度和沉降变形的要求。如果混凝土桩基上部敷设土工合成材料(土工网、格栅、格室等),则称桩网结构。

3. 特殊地质构造上的地基处理

特殊地质构造上的地基主要有斜坡上的地基、下伏不均匀软弱破碎带的地基和有地下空洞的地基。

(1)斜坡地基

斜坡地基主要有斜坡松散堆积层地基和在基岩斜坡上填筑的地基。

斜坡松散堆积层与基岩接触面存在天然的不连续性。由于松散层是透水性高的地层,地表水容易下渗在基岩接触带形成饱水带,降低接触带的抗剪强度。在建筑荷载的作用下,易产生整体滑动。此外,斜坡松散堆积层的坡脚易受水流冲刷导致斜坡地基整体破坏。因此,这类地基除按照边坡的稳定性进行加固处理外,特别要避免坡脚处设置建筑和开挖坡脚、并做好地面防排水工程。

在基岩斜坡上填筑地基或修建建筑基础,一要处理好地表,对地表松散的风化破碎表土和植物根系要清除干净,防止填筑后在原基岩面出现含腐殖质的软弱夹层;二是要在原地表面开凿阶梯防滑。对顺层基岩,要注意下伏软弱夹层,对可能出现顺坡滑动的基岩地基要做斜坡支挡处理。

(2)下伏不均匀软弱破碎带地基

一般这种地基有两种形式。一种是基础跨越两种岩层时,基础坐落在软硬不同的地基之上,需要采用换填、注浆加固或采用搅拌桩、碎石桩、CFG 桩等形式加固软弱部分,缩小不同地基的强度差别。另一种不均匀软弱破碎带地基通常是局部存在断层破碎带、岩溶溶蚀破碎带、密集节理风化破碎带等,对这类地基除对局部破碎带进行加固强化处理外,还应选用合适的基础设置,例如加大桥跨、采用刚度大的整体基础等来处理。如京原线 10 号大桥位于几条断层破碎带交叉点,桥位选择极困难,多次改变设计方案,桥跨由 16m 改为 23m,又改为 43m,最后以 33.7m 跨越断层破碎带(图 7-8)。

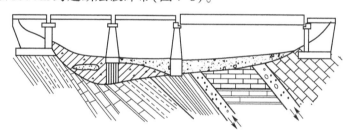

图 7-8　桥梁墩台基础避开断层破碎带

(3)有地下空洞的地基

在岩溶等可溶岩发育地区、开采巷道采空区、地下工程等地区,当顶板厚度不足而可能影响建筑安全时,需要对地下空洞进行处理。常用的方法主要有坑道回填和钻孔充填。

对可以进入的坑道、溶洞等,采用片石直接回填的措施。对不连通且无法进入的空洞,一般通过钻孔向空洞注入黏土、粉煤灰、砂、碎石等方式充填。对以溶蚀裂隙和溶孔等为主的基岩,采用钻孔注入水泥浆的方式充填并形成隔水帷幕。钻孔注浆的孔距根据扩散半径决定,一般为 3 ~ 4m。注浆后要采用钻孔取芯、电阻率法、面波等不同方式综合检测注浆质量。

4.土质改良加固

在软弱地基土内掺入水泥、水泥砂浆、石灰、粉煤灰、高分子化学浆液等物质,拌入砂、碎石等,用以改变土结构或级配、提高地基强度、增强抗渗能力,都是较为传统的土质改良方法。

近年来,通过在土体中敷设强度较大的土工聚合物、拉筋、受力杆件等材料,通过筋材的高抗拉强度,加强地基土的内部连接强度,提高地基承载力、减小沉降,已是普遍采用的土体加固技术。这种土也常称为加筋土。最常用的土工复合材料是高分子材料(PP、PVC、PE等),表面镀锌钢筋带等。筋材的形式主要有筋带、土工格栅、土工格室、土工织物等,其中土工织物还常用于隔水、防治翻浆冒泥等。

第二节　边坡工程地质问题

边坡包括天然斜坡和人工开挖的边坡。自然界中的山坡、谷壁、河岸等各种斜坡,是地质营力作用的结果。人类工程活动也经常开挖出大量的人工边坡,如路堑边坡,运河渠道、船闸、溢洪道边坡,房屋基坑边坡和露天矿坑的边坡等。

边坡的形成,使岩土体内部原有应力状态发生变化,出现应力重新分布,其应力状态在各种自然营力及工程影响下,随着边坡演变而又不断变化,使边坡岩土体发生不同形式的变形与破坏。不稳定的天然斜坡和人工边坡,在岩土体重力、水及振动力以及其他因素作用下,常常发生危害性的变形与破坏,导致交通中断、江河堵塞、塘库淤填,甚至酿成巨大灾害。在工程修建中和建成后,必须保证工程地段的边坡有足够的稳定性。边坡的工程地质问题,就是边坡的稳定性问题。

一、边坡工程地质问题

边坡形成过程中,边坡岩土体内原始应力重新分布,导致岩土体原有平衡状态发生变化。在此条件下,坡体将发生不同程度的局部或整体的变形,以达新的平衡。边坡变形与破坏的发展过程,可以是漫长的,也可以是短暂的。边坡变形与破坏的形式和过程是边坡岩土体内部结构、应力作用方式、外部条件综合影响的结果,因此边坡变形与破坏的类型是多种多样的。对边坡变形与破坏的基本类型的划分,是边坡研究的基础。

(一)土质边坡的工程地质问题

土质边坡一般高度不大,多为数米到二三十米,但也有个别的边坡高达数十米(如天兰线高阳—云图间的黄土高边坡)。边坡在动静荷载、地下水、雨水、重力和各种风化营力作用下,可能发生变形和破坏。根据人们的观察和分析,变形破坏现象可分为两大类:一类是小型的坡面局部破坏;另一类是较大规模的边坡整体性破坏。

1. 坡面局部破坏

坡面局部破坏包括剥落、冲刷和表层滑塌等类型。表层土的松动和剥落是这类变形破坏的常见现象。它是由于水的浸润与蒸发、冻结与融化、日光照射等风化营力对表层土产生复杂的物理化学作用所导致。边坡冲刷是雨水在边坡面上形成的径流,因动力作用携带走边坡上较松散的颗粒,形成条带状冲沟的现象。表层滑塌是由于边坡上有地下水出露,形成点状或带状湿地,产生的坡面表层滑塌现象,这类破坏由雨水浸湿、冲刷也能产生。上述这些变形破坏往往是边坡更大规模的变形破坏的前奏。因此,应对轻微的变形破坏及时进行整治,以免其进一步发展。对于因径流引起的冲刷,应作好地面排水,使边坡水流量减至最小。对已形成的冲沟,应在维修中予以嵌补,以防继续向深处发展。对因地下水所引起的表层滑塌,应做好截断地下水或疏导地下水工程,疏干边坡,以限制边坡变形的发展。

2.边坡整体性破坏

边坡整体坍滑和滑坡均属这类边坡变形破坏。土质边坡在坡顶或上部出现连续的拉张裂缝并下沉,或边坡中、下部出现鼓胀现象,都是边坡整体性破坏和滑动的征兆。一般地区这类破坏多发生在雨季或雨季后。对于有软弱基底的情况,则边坡破坏常与基底的破坏连同在一起。对于这类破坏,在征兆期应加强警报,以防措手不及,发生事故。一旦发生事故,在处理前必须查明产生破坏的原因,切忌随意清挖,以免进一步坍塌,造成破坏范围扩大。当边坡上层为土,下层为基岩,且层间接触面的倾向与边坡方向一致,有时由于水的下渗使接触面润滑,造成上部土质边坡沿接触面滑走的破坏。因此,在勘测、设计过程中必须要对水体在边坡中可能起的不良影响予以充分重视。

由上述可知,第一类边坡变形破坏,只要在养护维修过程中,采取一定措施就可以制止或减缓它的发展,其危害程度也不如第二类边坡破坏严重。第二类变形破坏,危及行车安全,有时造成线路中断,处理起来也较烦琐。因此,在勘测设计阶段和施工阶段,应分析边坡可能发生的变形和破坏,防患于未然。对于高边坡更应给予重视。

(二)岩质边坡的工程地质问题

我国是一个多山的国家,地质条件十分复杂。在山区,道路、房屋多傍河而建或穿越分水岭,因而会遇到大量的岩质边坡稳定问题。边坡的变形和破坏,会影响工程建筑物的稳定和安全。

岩质边坡的变形是指边坡岩体只发生局部位移或破裂,没有发生显著的滑移或滚动,不致引起边坡整体失稳的现象。而岩质边坡的破坏是指边坡岩体以一定速度发生了较大位移的现象,例如边坡岩体的整体滑动、滚动和倾倒。变形和破坏在边坡岩体变化过程中是密切联系的,变形可能是破坏的前兆,而破坏则是变形进一步发展的结果。边坡岩体变形破坏的基本形式可概括为松动、蠕动、剥落、整体滑移破坏等。

1.松动

边坡形成初始阶段,坡体表部往往出现一系列与坡向近于平行的陡倾角张开裂隙,被这种裂隙切割的岩体便向临空方向松开、移动,这种过程和现象称为松动。它是一种斜坡卸荷回弹的过程和现象。

存在于坡体的这种松动裂隙,可以是应力重分布中新生成的,但大多是沿原有的陡倾角裂隙发育而成的。这些裂隙仅有张开而无明显的相对滑动,张开程度及分布密度由坡面向深处减小。在保证坡体应力不再增加和结构强度不再降低的条件下,斜坡变形不会剧烈发展,坡体稳定不致破坏。

边坡常有各种松动裂隙,实践中把发育有松动裂隙的坡体部位,称为边坡卸荷带,可称其为边坡松动带,其深度通常用坡面线与松动带内侧界线之间的水平间距来度量。

边坡松动使坡体强度降低,又使各种营力因素更易深入坡体,加大坡体内各种营力因素的活跃程度,它是边坡变形与破坏的初始表现。所以,划分松动带(卸荷带),确定松动带范围,研究松动带内岩体特征,对论证边坡稳定性,特别是对确定开挖深度或注浆范围,都具有重要意义。

边坡松动带的深度,除与坡体本身的结构特征有关外,主要受坡形和坡体原始应力状态控制。显然,坡度越高、越陡,地应力越强,边坡松动裂隙便越发育,松动带深度也便越大。

2. 蠕动

蠕动是指边坡岩体在重力作用下长期、缓慢的变形。这类变形多发生于软弱岩体(如页岩、千枚岩、片岩等)或软硬互层岩体(如砂页岩互层,页岩灰岩互层等),常形成挠曲型变形。

边坡蠕动大致可分为表层蠕动和深层蠕动两种基本类型。

(1)表层蠕动:边坡浅部岩土体在重力的长期作用下,向临空方向缓慢变形构成剪切变形带,其位移由坡面向坡体内部逐渐降低直至消失,这便是表层蠕动。破碎的岩质边坡及疏松的土质边坡,表层蠕动甚为典型。

(2)深层蠕动:深层蠕动主要发育在边坡下部或坡体内部,按其形成机制特点,深层蠕动有软弱基座蠕动和坡体蠕动两类。

坡体基座产状较缓且有一定厚度的相对软弱岩层,在上覆层重力作用下,基座部分向临空方向蠕动,并引起上覆层的变形与解体,是"软弱基座蠕动"的特征。

坡体沿缓倾软弱结构面向临空方向缓慢移动变形,称为坡体蠕动。它在卸荷裂隙较发育并有缓倾结构面的坡体中比较普遍;有缓倾结构面的岩体又发育有其他陡倾裂隙时,构成坡体蠕动基本条件。

3. 剥落

剥落指的是边坡岩体在长期风化作用下,表层岩体破坏成岩屑和小块岩石,并不断向坡下滚落,最后堆积在坡脚,而边坡岩体基本上是稳定的。产生剥落的原因主要是各种物理风化作用使岩体结构发生破坏。如阳光、温度、湿度的变化及冻胀等,都是表层岩体不断风化破碎的重要因素。对于软硬相间的岩石边坡,软弱易风化的岩石常常由于先风化破碎,而首先发生剥落,从而使坚硬岩石在边坡上逐渐突出;在这种情况下,突出的岩石可能发生崩塌。因此,风化剥落在软硬互层边坡上可能引起崩塌。

4. 整体破坏

岩质边坡的整体破坏主要有两类,一类是碎裂岩体沿近弧形的破坏面整体滑动,类似于土坡的破坏;另一类是岩体沿倾向边坡外的大型结构面,如层理、大型贯通节理等整体滑动破坏,类似于顺层滑坡。在工程中,将具有顺层滑动趋势但并没有滑动的边坡称为顺层边坡(图7-9)。边坡岩体被结构面切割,可形成有利于沿一个或多个结构面滑动的破坏,具体破坏形式多为平面顺层滑动和双面楔形体滑动,如图7-10所示。

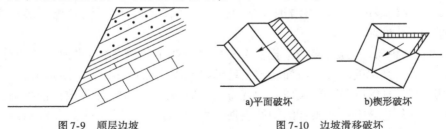

图7-9 顺层边坡　　　　　a)平面破坏　　　　b)楔形破坏

图7-10 边坡滑移破坏

(三)特殊边坡的工程地质问题

1. 大荷载边坡

近年来,由于道路等级标准的提高,在山区出现了越来越多的跨越峡谷的大跨度桥梁。

如贵州境内的(六盘)水—柏(果)铁路北盘江大桥,在305m高、近80°的陡崖上以236m的跨度一跨而过,这些高陡的边坡要承载上万吨的桥梁荷载。作为大桥地基,边坡不仅要满足桥梁基础承载力的要求,而且要考虑桥基荷载作用下由剪切引起破坏时的边坡的稳定性。同时,在这些大桥的施工阶段,往往采取一些特殊的施工技术,如旋转法施工,这时,施工工况对边坡岩体稳定性的要求比大桥建成后更高。

高陡峡谷边坡通常位于地壳上升较快的地区。坡顶边缘处常常有平行坡面的卸荷裂隙发育,在荷载作用下,容易失稳破坏。由于没有适合于高陡边坡稳定性的计算方法,对于特别重大的桥基高陡边坡的稳定性,一般需要进行专门分析。

2. 碎屑流边坡

由风化破碎物质组成的边坡,在地震、水等地质营力的作用下,会以类似固体流动的方式运动,导致边坡破坏。在某些情况下,其运动速度可高达几米至几十米每秒,此时也称高速滑坡。

碎屑流边坡在地震活动性强、烈度高的地区比较普遍。在云南和四川汶川地区都有碎屑流边坡分布。例如四川汶川文家沟滑坡即是特大地震直接诱发的高位、远程、超高速的中深部岩质碎屑流。碎屑流流动历时1min左右,起动速度高达8.32m/s,滑动物质在地震作用下凌空飞行阶段结束时滑动速度被加速到143.80m/s,并在随后的剧烈碰撞中解体和碎屑化,在文家沟沟谷中留下总体积达$5 \times 10^7 m^3$的堆积物,最大堆积厚度近150m。

碎屑流边坡突发性强、速度快、破坏力巨大,是危害性很大的一种特殊边坡,但这类边坡的计算分析仍处于研究阶段。

3. 膨胀岩土边坡

在膨胀岩土地区修筑的边坡,由于受膨胀力的影响,经常出现边坡坍塌、滑动、推倒边坡支护甚至推断抗滑桩等问题。其根本原因是迄今为止,没有建立较为理想的膨胀土压力计算理论和模型。在广西、云南等膨胀岩土地区,对边坡破坏的研究长期持续不断,但问题仍然没有很好解决。

4. 长大顺层边坡

在工程实践中,发育在大规模区域性单斜岩层地区的天然斜坡或人工边坡,坡面与层面倾向一致,倾向上的延伸长度可达数百米,被称为长大顺层边坡。如宜万铁路巴东车站后侧坡体为顺层结构,边坡倾向方向延伸长度达300m以上。巴东车站开挖后,将切断坡脚岩体,使长大顺层坡体前端岩体临空,后面的顺层坡体存在顺层滑动的可能。

顺层边坡的稳定分析一般采用以极限平衡为主的方法。但是如果采用极限平衡法计算整个长度的顺层边坡,其滑动推力难以被工程设计所接受。

研究表明,很多顺层边坡并不完全是沿某个层面呈整体性滑动破坏,而多数是沿岩层中一些间断的节理面拉开,由下而上逐渐滑动破坏。当坡脚不再开挖或不再受到扰动时,失稳滑动到一定程度也就不再往上发展。坡长较大的顺层边坡并不是一次滑移到坡顶的,可能只发生一次滑移边坡就稳定了,也可能发生多次滑移边坡才稳定,这就决定了对坡长较大的顺层边坡进行加固设计时,没有必要加固整个边坡,只对局部将会滑移的岩体进行加固即可满足边坡安全的要求。如何确定长大顺层边坡滑移影响范围及物理力学参数,选择合理加固措施,是长大顺层边坡研究中的新课题。

二、边坡稳定性分析方法

边坡稳定性分析,在于阐明工点天然边坡是否可能产生危害性的变形与破坏,论证其变形与破坏的形式、方向和规模,设计稳定而又经济合理的人工边坡,或为了维护并加大其稳定性而采取经济合理的工程措施,以保证边坡在工程营运期间不致发生危害性变形与破坏。

边坡稳定性的评价方法可归纳为三种:①理论计算法(公式计算、图解及数值分析);②工程地质分析法;③试验及观测方法。前两种方法应用很普遍,这些方法常是互为补充和一起应用的。

边坡在自然界总是不断地演变着,其稳定性也在不断地变化。因此,应从发展变化的观点出发,把边坡与周围自然环境联系起来,特别应与工程修建后的可能变化的环境联系起来,阐明边坡演变过程。既要论证边坡当前的"瞬时"稳定状况,又要预测边坡稳定的发展趋势,还要判明促使边坡发生演变的主导因素。只有这样,才能正确地得出边坡稳定性的结论,制订和设计出合理的措施以保证边坡稳定。

(一)理论公式计算

边坡稳定性力学分析法是一种运用很广的方法,它可以得出稳定性的定量概念,常为工程所必需。力学分析法多以岩土力学理论为基础,有的运用松散体静力学的基本理论和方法进行运算;也有的采用弹塑性理论或刚体力学的某些概念,去分析边坡稳定性。但力学分析法的可靠性,很大程度上还取决于计算参数的选择和边界条件的确定,特别是结构面抗剪指标的选择。因此,力学分析法必须以正确的地质分析为基础。

目前,边坡稳定的力学计算,通常仍建立在静力平衡基础上,按不同边界条件去考虑力的组合,核算滑面上下滑力和抗滑力大小,进行稳定计算。

1. 土质边坡

土质边坡通常假定滑体滑面为圆弧状,在此基础上进行稳定性计算。某些风化强烈、由碎裂物质构成的岩质边坡,由于其岩体结构的影响基本类似于散体的土,因此其稳定性计算方法与分析方法,也常按照土坡稳定性计算公式计算。

土质边坡滑动破坏可根据滑面的形状分为圆弧面及折线面两种形态。滑面的形状主要取决于土质的均匀程度、土的性质及土层的结构和构造。对于不同的滑面形态,可采用不同的稳定性计算方法。

(1)圆弧滑面土坡稳定性计算

据大量观测资料,黏性土边坡滑动破坏时的滑动面近似圆柱面,在断面上可视滑面为一圆弧,称为滑弧。圆弧形滑面土坡稳定性计算常采用的方法为条分法。

条分法的经典计算方法是毕肖普(Bishop)法,计算模型的基本假定如下:

①假定土坡稳定属平面应变问题,即可取其某一横剖面为代表进行分析计算。

②假定滑裂面为圆柱面,即在横剖面上滑裂面为圆弧;弧面上的滑动土体视为刚体,计算中需要考虑土条间的相互作用力。

③定义稳定性系数为滑裂面上所能提供的抗滑力矩之和与外荷载及滑动土体在滑裂面上所产生的滑动力矩和之比;所有力矩都以圆心为矩心。

毕肖普法计算模型如图 7-11 所示。稳定性系数 K 可用式(7-5)计算:

$$K = \frac{\sum [C_i l_i + (W_i \sec\alpha_i - U_i) \tan\varphi_i]}{(\sum Q_i \cos\alpha_i + \sum W_i \sin\alpha_i)(1 + \tan\varphi_i \tan\alpha_i / K)} \tag{7-5}$$

式中:C_i、φ_i——坡体有效抗剪强度指标;

   l_i——土条底部坡长;

   W_i——土条本身的自重力;

   α_i——土条底部坡角;

   U_i——孔隙水压力;

   Q_i——土条间水平力合力。

从式(7-5)中可知,等式两边都有 K 值,所以,检算时要经过多次试算,方可确定临界滑面及边坡稳定性系数 K。

(2)任意折线滑面土坡稳定性计算

当土坡中滑动面已知而且形态为任意形状时,比如上覆松散堆积土沿下伏基岩面滑动时,常采用不平衡推力法计算土坡的稳定性。计算模型如图 7-12 所示,在滑体中取第 i 块土条,假定边坡中第 $i-1$ 块土条传来的推力 P_{i-1} 的方向平行于第 $i-1$ 块土条的底滑面,而第 i 块土条传送给第 $i+1$ 块土条的推力 P_i 平行于第 i 块土条的底滑面,将各作用力投影到底滑面上,其平衡方程见式(7-6)、式(7-7):

$$P_i = (W_i \sin\alpha_i + Q_i \cos\alpha_i) - \left[\frac{C_i l_i}{F_s} + \frac{(W_i \cos\alpha_i - U_i - Q_i \sin\alpha_i)\tan\varphi_i}{F_s} \right] + P_{i-1}\psi_{i-1} \tag{7-6}$$

$$\psi_{i-1} = \cos(\alpha_{i-1} - \alpha_i) - \frac{\tan\varphi_i}{F_s}\sin(\alpha_{i-1} - \alpha_i) \tag{7-7}$$

式中:ψ_{i-1}——传递系数,其余参数见图 7-12 及式(7-5)。

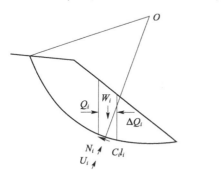 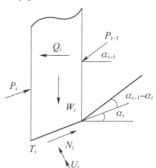

图 7-11 毕肖普法   图 7-12 传递系数法受力图

采用不平衡推力法计算时,需根据规范预先确定稳定性系数 F_s,从边坡顶部第 1 块土条算起求出它的不平衡下滑力 P_1(求 P_1 时,式中右端第 3 项为零),即为第 1 和第 2 块土条之间的推力。再计算第 2 块土条在原有荷载和 P_1 作用下的不平衡下滑力 P_2,作为第 2 块土条与第 3 块土条之间的推力。依此计算到第 n 块(最后一块),如果求得的推力 P_n 刚好为零,则所设的 F_s 即为所求的稳定性系数。如 P_n 不为零,则 P_n 为在此稳定性系数 F_s 值下的滑动推力,可用于土坡支挡结构设计的荷载。计算时要注意土条之间不能承受拉力,当任何土条的推力 P_i 出现负值,则在计算下一块土条时,上一块土条对其的推力取 $P_{i-1} = 0$。

传递系数法能够计及土条界面上剪力的影响,计算也不繁杂,具有适用而又方便的优点。传递系数法计算中 P_i 的方向规定为与上分块土条的底滑面平行,计算中当 α_i 较大时,有时会出现不合理结果。此外,本法只考虑了力的平衡,对力矩平衡没有考虑。尽管如此,传递系数法因为计算简捷,很多实际工程问题基本上能满足公式的要求,因此是工程实践中广泛采用的计算方法。

2. 岩质边坡

如前所述,在工程中所遇到的岩质边坡的失稳,主要是岩体的崩落和滑移类型的破坏,为了分析其稳定性,可以采用不同计算方法。但是目前除对滑移破坏有一些比较成熟的定量分析方法,如极限平衡理论、有限元等而外,对于崩塌落石,尚缺乏有效的计算方法。在此,着重介绍极限平衡理论的几种计算分析。

许多实例充分说明,进行岩石边坡的定量计算,必须要在深入分析和充分掌握边坡岩体的工程地质条件的基础上,并应正确地确定不稳定体的边界条件和合理选择计算参数,才可能获得满意的效果。

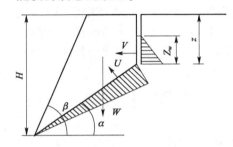

图 7-13 有裂隙水作用的平面滑动计算

(1)平面破坏的稳定性计算

由单一结构面构成的滑移破坏称平面破坏,构成平面破坏的几何条件是结构面平行坡面,结构面倾角小于坡角。

对于局部不稳定岩体的平面破坏或边坡岩体的顺层滑动破坏,可视不稳定岩体的边界条件和受力状态,选用滑坡中滑面为平面时的稳定性计算公式,其计算模型如图 7-13 所示。

当不稳定岩体上有垂直张裂缝且有水体作用时,其稳定性系数 K 可采用式(7-8)计算:

$$K = \frac{(W\cos\alpha - U - V\sin\alpha)\tan\varphi + CL}{W\sin\alpha + V\cos\alpha} \tag{7-8}$$

式中:W——滑动岩体的重量,$W = 0.5\gamma H^2(\cot\alpha - \cot\beta) - 0.5\gamma z^2 \cot\alpha$;

V——垂直裂隙中的静水压力,$V = 0.5\gamma_w Z_w^2$;

L——滑面长;

U——滑动面上裂隙水产生的浮压力,$U = 0.5\gamma_w Z_w(H - z)\csc\alpha$;

γ_w——水的重度;

γ——岩石的重度;

其余符号意义如图 7-13 所示。

(2)楔形破坏的稳定性计算

由两组结构面和坡面构成的破坏块体形如楔形,称为楔形破坏,计算模型如图 7-14 所示,其稳定性可由式(7-9)计算。

$$K = \frac{\gamma HD \cdot h_0\cos\theta(\sin\alpha_2\tan\varphi_1 + \sin\alpha_1\tan\varphi_2) + 3L(C_1h_1 + C_2h_2)\sin(\alpha_1 + \alpha_2)}{\gamma HD \cdot h_0\sin\theta\sin(\alpha_1 + \alpha_2)} \tag{7-9}$$

式中:D——边坡顶线上两结构面的距离;

θ——两个滑面交线的倾角；

φ_1、φ_2——两个滑面的摩擦角；

L——两个滑面交线的长度；

C_1、C_2——两个滑面的黏聚力；

其余符号意义如图 7-14 所示。

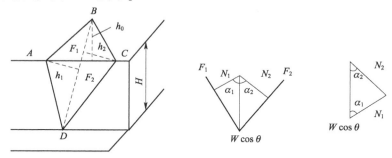

图 7-14　楔形双滑面稳定性计算

（二）工程地质分析法

工程地质分析法最主要的内容是比拟法，是生产实践中最常用、最实用的边坡稳定性分析方法。它主要是应用自然历史分析法认识和了解已有边坡的工程地质条件，并与将要研究的边坡工程地质条件相对比；把已有边坡的研究或设计经验，应用到条件相似的新边坡的研究或设计中去。

工程地质分析法的基本技术路线是对分析的对象做大量调查，根据工程需要划分稳定性的类型和类别；分析并提出影响边坡稳定性的诸因素并确定其中最重要的一些影响因素，根据该因素具有的特征进行数量化（岩土参数指标或主观描述评分）；然后根据数学理论建立判别式并给出分类标准，将需要对比的边坡参数或评分代入判别式；根据计算结果做出稳定性分类的判别，最终确定其稳定性。

1. 土质边坡

在实际工程中，人们更乐意采用经验数据来预估边坡的稳定性。经验数据实质是对过去已建成的稳定边坡的简单数据统计，最常用的就是边坡坡高坡度表。参照这类表设计的边坡被认为是稳定的。表 7-6 是我国建筑工程常用的土质边坡坡率表。

土质边坡坡率允许值（GB 50330—2013）　　　　　表 7-6

边坡土体类别	状　态	坡率允许值（高宽比）	
		坡高小于 5m	坡高 5～10m
碎石土	密实	1:0.50～1:0.35	1:0.75～1:0.50
	中密	1:0.75～1:0.50	1:1.00～1:0.75
	稍密	1:1.00～1:0.75	1:1.25～1:1.00
黏性土	坚硬	1:1.00～1:0.75	1:1.25～1:1.00
	硬塑	1:1.25～1:1.00	1:1.50～1:1.25

注：1. 碎石土的充填物为坚硬或硬塑状态的黏性土。

2. 对于砂土或充填物为砂土的碎石土，其边坡坡率允许值应按砂土或碎石土的自然休止角确定。

2.岩质边坡

一般情况下,分析的结果可以以经验判别式、经验数据表的方式给出。用于岩石边坡稳定的坡度经验数据表有多种,考虑因素比较全、划分类别比较多的是我国铁路岩石边坡坡度表。在工程实践中,除了采用经验数据表外,也可以在深入研究的基础上用拟合的经验公式表达。比如根据对我国公路、铁路近200个岩石边坡多年设计和修建的实践的总结,建立了一般道路岩石边坡的稳定坡度的经验公式。

$$\alpha = 14.7\ln(k_w R \lg D) + 13 \tag{7-10}$$

式中:α——设计坡度(°);

k_w——地下水折减系数;

R——用75型回弹仪测得的岩石回弹值;

D——边坡岩体块度(cm)。

地下水折减系数 k_w 取值见表7-7。

地下水作用的折减系数 k_w 表7-7

地下水状态	干燥	湿润	滴水	流水
k_w	1.00	0.85	0.70	0.60

对坡高超过30m的道路岩石边坡,按表7-8对设计坡度值 α 进行折减。

坡高分段的坡度折减率 k_H 表7-8

坡高(m)	20～30	30～40	40～50	50～60	60～80	80～100
k_H	1.00	0.96	0.90	0.86	0.83	0.80

(三)模型试验与数值模拟

模型试验是指根据相似原理,采用相似材料进行的物理试验。数值模拟主要指利用计算机采用数值计算的方法进行多工况计算分析。

1.土质边坡

在土坡稳定性研究中,离心试验是经常用到的模型试验方法之一。

离心模型试验主要采用一般原型材料,按原型密度和几何比例制作模型,在模型中埋置各种传感器,并放入离心机中,用增加离心加速度的方法增加离心力,从而增加模型中的重力,达到模型与原型几何相似和应力相似,模拟一定时间内原型的变形和破坏。

当研究对象比较复杂,需要考虑各种地质边界和工程结构的作用时,模型尺寸会比较大,需要的离心设备也很庞大。

2.岩质边坡

对一些地质条件复杂,边坡受复杂工程荷载作用,或是十分重要的边坡的设计,必须运用各种岩土力学的理论、技术和方法,进行边坡应力场、变形场、位移场和变形破坏模式的分析。采用的方法主要是物理模型试验和数值模拟相结合的方法。

计算机技术的发展,促进了以数值方法为基础的大型应用软件的发展,运用有限元、无限元、边界元、离散元等工具,已经可以解决很多岩质边坡稳定性分析问题。

模型试验在研究岩体变形、破坏方面有其独特的优点,特别是研究岩体边坡破坏模式方面,可以观察到边坡各部分变形破坏过程,直观性强,至今仍不失为一种有效的研究手段。

三、边坡变形破坏的主要防治措施

当自然条件或工程开挖使边坡处于不稳定状态时,需对边坡的变形破坏进行整治。边坡的稳定性首先与边坡坡度直接相关,合理设计边坡坡度是防治边坡破坏的基础。当确因种种原因需要采取加固措施时,削坡减载、排水与截水、锚固、混凝土抗剪结构、支挡、压坡等措施,以及植物框格护坡、护面等都能起到相应的作用。在边坡整治工程中要强调多措施综合治理的原则,以加强边坡的稳定性。

(一)提高边坡岩土体稳定性

边坡的破坏主要是边坡岩土体不能抵抗边坡应力所致,因此,防止边坡破坏的措施之一是提高边坡岩土体的内部强度和提供额外的边坡支护力。对挖方边坡的主要措施有注浆加固、锚固、支挡等,对填方边坡除了挖方边坡的措施,还有优化边坡填料等。

1. 注浆加固

注浆加固是通过钻孔将各种可增加岩土体黏结强度的浆液注入岩土体的孔隙、裂隙,整体提高岩土体强度的技术。随着注浆技术和相关技术的迅速发展,注浆加固已成为解决各类工程问题的非常重要的手段,例如某些化学浆液可以注入 0.01mm 的小裂隙,某些浆液的结石强度可高达 60MPa。

目前注浆技术存在的理论和技术问题主要是浆液扩散路径的控制,岩土体渗透特征与注浆材料、浆液浓度、注浆压力、注浆孔距等的相关关系研究等。

2. 锚杆(索)

岩土锚固技术是将高强度的受拉杆件(钢材或某些非金属筋材)埋入岩土体中,利用锚杆(索)周围岩土地层的抗剪强度来传递结构物拉力,以保持地层开挖面的自身稳定(图7-15)。锚杆、锚索的使用,可以提供作用于结构物上以承受外荷的抗力;可以使锚固地层产生压应力区并对加固地层起到加筋作用,可以增强地层的强度,改善地层的力学性能,可以使结构与地层连锁在一起,形成一种共同工作的复合体,使其能有效地承受拉力和剪力。在岩土锚固中通常将锚杆和锚索统称为锚杆。

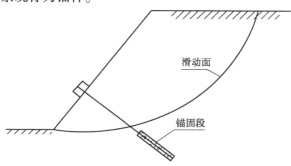

图 7-15 锚杆(索)加固边坡

锚杆加固边坡,能够提供足够的抗滑力,并能提高潜在滑移面上的抗剪强度,有效地阻止坡体位移,这是一般支挡结构所不具备的力学作用。

但当锚杆单独用于加固松散软弱岩土体时,锚固力难以发挥作用,在边坡加固中通常与其他支挡结构联合使用。例如,锚杆与钢筋混凝土桩联合使用,构成钢筋混凝土排桩式锚杆挡墙;锚杆与钢筋混凝土格架联合使用,形成钢筋混凝土格架式锚杆挡墙;锚杆与钢筋混凝土板肋联合使用,形成钢筋混凝土板肋式锚杆挡墙;锚杆与钢筋混凝土板肋、锚定板联合使用,形成锚定板挡墙;锚杆与钢筋混凝土面板联合使用形成锚板支护结构等。

3. 格构加固

格构加固技术是利用浆砌块石、现浇钢筋混凝土或预制预应力混凝土进行边坡坡面防

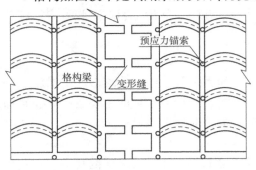

图7-16　格构加固

护,并利用锚杆或锚索加以固定的一种边坡加固技术(图7-16)。格构技术一般与边坡环境美化相结合,利用框格护坡,同时在框格内种植花草以美化边坡。

格构的主要作用是将边坡坡体的剩余下滑力或土压力、岩石压力分配给格构结点处的锚杆或锚索,然后通过锚索传递给稳定地层,从而使边坡坡体在由锚杆或锚索提供的锚固力的作用下处于稳定状态。因此就格构本身来讲仅仅是一种传力结构,而加固的抗滑力主要由格构结点处的锚杆或锚索提供。

4. 挡土墙

抗滑挡土墙是利用抗滑构筑物来支挡边坡岩土体运动的一部分或全部,使其稳定的工程措施。采用挡土墙整治小型滑动边坡,可直接在边坡下部或前缘修建抗滑挡土墙,抗滑挡土墙常与排水工程、刷土减重工程等整治措施联合使用。

5. 抗滑桩

抗滑桩是通过桩身将上部承受的坡体推力传给桩下部的侧向土体或岩体,依靠桩下部的侧向阻力来承担边坡的下滑力,而使边坡保持平衡或稳定的工程结构。

抗滑桩是边坡处治工程中常见常用的工程措施之一,特别是对大中型边坡工程整治几乎是唯一选择,但造价较高,对松散土、软土地基的适应性也较差。

6. 优化填料

对填方边坡而言,通过选用优质填料,如级配优良的卵(碎)石土,可以极大改善边坡的稳定性。优化填料的方法常见的有重新级配的现场拌和填料和完全换填的异地填料。但该措施可能弃用当地填料,带来经济和环境等方面的问题。一般只在当地填料无法采用,如膨胀土地区,或要求较高的工程中使用。

(二)保护边坡地质环境

1. 防排水工程

边坡破坏几乎都和水的作用有关,因此,边坡处治工程中,排水是最重要的措施。通常,所有工程措施中都必须要有排水设计。

排水工程主要任务是排除地表水和排出地下水。对于地表水采用多种形式的截水沟、排水沟、急流槽来拦截和排引;对地下水则用截水渗沟、盲沟、纵向或横向渗沟、支撑渗水沟、汇水隧洞、立井、渗井、砂井、平孔排水、垂直钻孔群等排水措施来疏干和排引。通过这些排水措施,边坡中已有的水被排除或疏干,外部水不再进入或停留在边坡范围内,边坡的稳定性得到加强。

2. 防风化工程

风化不仅造成边坡坡面岩土体破碎,而且产生风化裂隙,为地表水入渗提供条件。防风化措施主要是根据风化营力采取针对性的措施。一般情况下,造成边坡坡面风化的主要因素是温差应力和地表水侵蚀,采取的措施可以是覆盖或封闭坡面。除采用挂网喷浆之类的工程材料封闭外,应大力提倡植被防护。植被防护不仅可防止水对边坡的冲刷,抵御温度对边坡风化的影响,有效防止水土流失,还能美化和保护环境。

在边坡设计与整治过程中,必须综合考虑边坡地质与土质、坡高与坡度、降水与冲刷等因素的影响,选定适当的防护方法,保证边坡工程的安全与稳定;保护环境,使开挖对环境破坏的扰乱程度减到最小,并谋求人工构造与自然环境相协一致,考虑合适的整治方案,做到经济合理,且尽量减少日常维护和管理费用。

3. 保护坡顶坡脚

坡顶和坡脚是应力敏感区,应重视坡顶、坡脚的保护,防止人为破坏。对坡顶张裂区,防止额外生活用水等水的入渗,必要时应采用封闭坡顶、充填裂缝,甚至用局部锚杆、主动网等措施保护坡顶。特别要注意保护坡脚,禁止人为开挖破坏,以免引起坡脚剪应力上升,造成边坡剪切破坏。必要时可加强坡脚的刚性防护,如增加坡脚挡墙等。此外,应防止随意在边坡上修筑建筑等给边坡增加额外荷载的行为。

四、工程实例

本小节以三峡对外交通公路下牢溪大桥岸坡稳定性分析为例,说明边坡工程地质问题及各种分析方法的综合运用。

(一)地质概况

三峡对外交通公路下牢溪大桥,总长 280.6m,位于宜昌北郊,以连续钢构拱桥凌空横跨下牢溪,主跨 175m,桥面距谷底水面 137m。该桥主跨桥墩墩高 30 余米,左岸主桥墩设置在谷坡坡度达 78°、陡坡高达 72m,距坡顶仅 4m 的灰质白云岩岸坡上,基础埋深约 10m。建设单位要求论证该桥墩所在岸坡的稳定坡角及岸坡的稳定性,以便为该桥施工处理提供依据。该岸坡属复杂岩石边坡,采用综合分析方法进行稳定性评价。

下牢溪大桥处基岩为寒武系上统三游洞组灰质白云岩,中厚层状,层厚 0.2～0.6m,产状 N30°～34°E/6°～11°S,向左岸坡内及下游倾斜。基岩中主要发育有两组节理,产状分别为 N30°～35°E/80°N 和 N24°～34°W/76°～82°S,节理间距 0.4～0.8m。由于风化溶蚀作用,地表裂隙呈开口状,隙宽 1～4mm,延长 2～12m。

大桥设计为钢管混凝土拱桥,设两墩、两台,转体法施工。右墩设在右岸缓坡台地上,左岸主桥墩设在左岸沟底公路高陡边坡坡顶处。左墩所处岸坡大致呈三段折线形。从水面起,第一段至沟底老公路(宜莲公路)路面,高约 20m,坡度 25°,表面为修筑公路的填土;第二段从沟底公路路面至陡壁坡顶,坡高 70 余米,坡角近 80°,新建下牢溪大桥左墩即设在此陡坡坡顶下;第三段为陡壁以上山顶部分,坡度为 30°～40°。修建桥墩时,已在陡壁顶部开挖出一块深约 20m 的平台以设置桥墩基础,墩基外缘距陡壁边缘仅 4m。

墩基处陡壁呈凹形,表面光滑无植被。壁顶墩左侧有深达 25m 左右的平行岸坡张开裂缝将岩体完全切割,切割体厚度为 4～6m。该裂缝是由节理发育而成的。在陡壁上部,可发现数处该类裂缝发育后坡面崩落时留下的较光滑的面壁,局部呈负坡。陡坡下部原公路开挖的边坡面为两组陡节理形成的锯齿状,并有层面下岩块塌落而形成的悬空反台阶状。

野外观察表明,建桥处河谷两侧岸坡均可发现光滑陡壁不连续出现,其陡壁的形成多与节理产状一致,表明陡壁是沿节理发育的,但光滑陡壁的形成是溶蚀的结果;在野外没有发现明显的新近陡坡崩落的痕迹;在岸坡顶部,岩体大都因卸荷和风化呈松动状,块度在 2～4m。

岸坡岩体风化轻微,结构面回弹值为 32,新鲜岩石回弹值为 40。

对左墩所处部位的工程地质条件及岩体结构特征的仔细观测认为,在天然状态下,墩位处的陡壁上缘存在的陡节理切割的岩体有继续崩落的趋势;但考虑到节理倾角在 76°以上,层面反倾,在岩体完整处,陡壁的天然坡角可维持在略大于 70°的水平。

桥墩修建后,陡壁的天然状态已不存在,在陡壁上,特别是在陡壁顶部边缘处,由于墩的作用有额外的应力增量产生,有溶蚀迹象的陡壁岩体强度的弱化也应考虑。因此,桥基陡壁及桥墩的稳定性将由增加的应力(主要是剪应力)与陡壁岩体的强度来决定。

(二)变形破坏的模拟结果及分析

为了分析岸坡陡壁在加桥载作用下的破坏特征和破坏过程,考虑按加载模型模拟计算岸坡陡壁岩体的破坏发展过程。

在岸坡陡壁壁顶修筑桥墩后,岸坡陡壁变形主要位于陡壁顶部。在桥墩荷载作用下,陡壁的变形是一个单一的过程,即陡壁顶部的岩体在基础影响的范围内沿着垂直层面的节理向下剪出。由于层理反倾,岩块没有沿层面的滑动。

从模拟结果可知,岸坡陡壁的破坏是壁顶部墩基影响范围内的岩体沿着已有的节理向坡外剪出。如果岩体的强度大于加载条件下岩体中的应力,则陡壁是稳定的;反之,陡壁不稳定。

分析陡壁不同部位岩块的变形强度的结果表明,位移变化最大点为陡壁顶,从坡顶向下,其位移逐渐减小,在坡面的下部、坡脚附近达到最小。位移分析再次证实了墩基对岸坡的影响是单一的局部变形,岸坡是否稳定取决于陡壁岩体的强度;同时,位移增量曲线也为岩体加固范围的确定提供了依据。

如果对岸坡进行加固,则加固后的效果可以通过岸坡的变形程度反映出来。在不直接计算锚杆作用的情况下,岩体的加固效果采用提高岩块体完整性(即块度增大)的方法近似模拟。分析表明,岸坡加固后基本上已处于稳定状态,提高岩块的整体性为主要方案的加固工程是有明显效果的。

(三)自然岸坡陡壁稳定坡角的确定

根据野外实测及勘测资料,得岩体块度 $D = 48.8$,岩体回弹值 $R = 40$,地下水折减系数 $k_w = 0.85$,岩石坚硬,不考虑高度折减,采用经验公式计算得岸坡陡壁在没有桥墩作用下的自然稳定坡角 $\alpha = 72.5°$,表明自然岸坡陡壁坡度保持在 70°左右是稳定的。

采用类比法,同我国主要山区道路已调查过的岩石边坡进行对比,将类似边坡的特征列于表 7-9。

各边坡主要资料对比

表 7-9

坡号	线路	坡高(m)	坡度(°)	岩石类型	回弹值	节理组数	工 程 处 理
CK.18	成昆	86	62	石英岩	60	2	拦渣墙
GK.01	贵昆	55	68	石灰岩	21	2	浆砌片石
ZL.27	枝柳	58	71	石灰岩	41	3	预警装置
FS.01	丰沙	66	75	安山岩	55	4	
FS.03	丰沙	58	75	石灰岩	48	2	喷浆、棚洞
SX.01	三峡	72	—	白云岩	40	2	

分析上表,可以认为左墩陡壁边坡的坡度可确定在 66°~70°,这一分析与计算得到的坡度一致。

综合以上分析,左岸主桥墩岸坡陡壁自然状态下的稳定坡度在 66°~70°之间是可行的。但此坡角是岸坡陡壁在天然状态下的稳定坡角,没有考虑桥墩修建后工程荷载对岸坡稳定性的不利影响,墩基作用下岸坡的稳定坡度一般要低于没有桥墩作用时的坡度值,修桥后的稳定坡度将在对墩基岩体的强度及岸坡陡壁在荷载作用下的稳定性进行分析后,才能最终确定。

(四)边坡岩体强度分析

按上述分析,岸坡的稳定坡角和稳定性主要由桥墩作用下岩体的强度决定。用有限元法对坡角分别为 79°、75°、66°、60°的四个坡角进行分析。计算表明,当坡角低于 66°后,应力、变形和强度特征都有明显改善,但墩基下的岩体破坏区无法完全消除。因此,必须对坡脚和墩基岩体进行加固处理。

综合以上分析,确定左墩岸坡的安全坡角按 65°设计;为防止桥墩基础剪切破坏,对墩基础底面以下岩体进行锚固处理,按 65°坡面线作破坏面设计锚固深度。

第三节　地下工程地质问题

地下工程是与地质条件关系最密切的工程建筑。地下工程位于地表下一定深度,修建在各种不同地质条件的岩土体内,所遇到的工程地质问题比较复杂。从工程实践来看,地下工程的工程地质问题首先是围绕着工程岩体的稳定出现的;其次是由于复杂的地下地质环境,可能产生一些特殊的地质灾害。因此,了解地下洞室工程地质问题产生的原因,以便采取相应的防治措施,是地下工程建设中非常重要的课题。

一、地下工程地质问题

(一)地质构造引起的工程地质问题

本小节主要介绍断层破碎带和节理切割岩体与围岩局部稳定性的关系。

1. **断层破碎带**

断层是强烈地质构造作用下岩体断裂后留下的产物,除微小断层外,一般多具有一定的宽度和延展规模。不同性质的断层,对围岩的破坏是不同的。正断层多是区域拉应力作用的结果,通过区域岩体破碎,断层带中亦多为松散破碎的块石充填,后期胶结强度较低。正断层发育地区的岩体中,特别是断层上盘,存在大量受拉张作用形成的张裂隙,原来的闭合节理也因此张开。因此,正断层为地表地下水的进入提供了更好的通道。

逆断层和平移断层主要是区域压应力作用的结果。逆断层和平移断层经过区域,岩体受到强烈挤压,造成断层带附近较大范围内岩体破碎。由于强烈挤压,除断层带附近处产生密集破裂面外,还可能出现牵引现象而造成局部岩层弯曲,进一步恶化岩体工程性质。挤密的断层带形成局部隔水构造,使地下水在此富集;开挖时或开挖后,富集的水和破碎的岩体可能形成泥流、碎屑流,强烈影响施工。

特别需要注意的是高地震区的活动性断层。如果活断层发生错动,可能带来洞身岩体长久开裂破坏,勘察设计时需要对此进行专题研究。

2. 节理切割

节理对围岩的切割,使得完整的围岩有可能形成有利于岩石块体移动的边界条件(图7-17)。从地下洞室围岩应力分布特征可知,在洞顶易产生拉应力,当洞顶岩体切割有利于塌落时,切向的拉应力降低了夹持岩石块体的成拱应力,极易引起拱顶岩块冒落。在洞室边墙上,切向压应力可以达到平均应力的2倍,若有陡倾角断裂在边墙发育,将造成断裂面上剪应力超过其抗剪强度,使围岩沿断裂面发生剪切滑移,造成边墙围岩失稳。

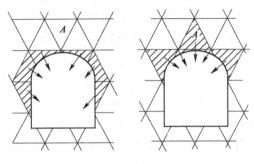

图7-17　拱顶中心岩块 A 的稳定性
注:阴影部分为隧道周界可能不稳的岩块。

此外,厚层状或块状结构的软弱岩体,当围岩内部压应力集中时,有时也会沿两组密集共轭节理面发生剪切错动,造成拱顶坍塌或边墙围岩失稳。

(二)地下水引起的工程地质问题

在地下水发育地区进行地下开挖,会引起地下水径流条件的极大改变,涌水、突泥、地面塌陷等问题。此外,地下水的流动可以带来或加速腐蚀。因此,地下工程中水的问题是最主要的工程地质问题之一。

1. 涌水

在富水的岩体中开挖洞室,开挖中当遇到相互贯通又富含水的裂隙、断层带、蓄水洞穴、地下暗河时,就会有大量的地下水涌入洞室内;已开挖的洞室,如有与地面贯通的导水通道,当遇暴雨、山洪等突发性水源时,也可造成地下洞室大量涌水,这样,新开挖的洞室就成了排泄地下水的新通道。若施工时排水不及时,积水严重时会影响工程作业,甚至可以淹没洞室,造成人员伤亡。大瑶山隧道在通过斑谷坳地区石灰岩地段时,曾遇到断层破碎带,发生大量涌水,施工竖井一度被淹,不得不停工处理。因此,在勘察设计阶段,正确预测洞室涌水量是十分重要的问题。常见的隧道涌水量预测方法有相似比拟法、水均衡法、地下水动力学法等。

2. 突泥、突水

由于地下岩体中断层破碎带、风化破碎岩体、充填的岩溶洞穴的存在,岩体中分布有大量的松散破碎物质。如果地下水渗流压力较高,则这些松散破碎物质和水的混合体就具备了很高的势能。当地下工程掘进破坏了岩体原来封闭的边界,这些高能水土混合物就突然涌出、快速释放,形成突泥。如果没有破碎物质,单纯的高势能的地下水体释放,称为突水。

在岩溶地区,地下洞穴发育,历史上又是地下水通道。由于后期侵蚀基准面的变化,一些通道逐渐堵塞,而其中溶洞坍塌的破碎岩体和水体被封闭起来。一旦开挖不当,极易产生突泥、突水,因此,在岩溶地区修建地下工程,要高度注意突泥、突水的防治。

此外,地下洞室的开挖,引起一定区域内地下水向地下洞室处汇集,造成相应地表降水漏斗的形成,一方面引起地表沉降,另一方面渗流速度的增加也增加了水的侵蚀和搬运能力,如果垂直裂隙、断层或岩溶漏斗落水井存在,也可造成突泥、突水。

如果存储的势能不是太高,当开挖揭穿饱水的松散物质时,在压力下,松散物质和水混合的泥流和碎屑流会以相对缓慢的方式涌入洞中,有时甚至可以堵塞坑道,给施工造成很大困难,应提前做好应变准备。

3. 地下水腐蚀

地下洞室的腐蚀主要指岩、土、水、大气中的化学成分和气温变化对洞室混凝土的腐蚀。地下洞室的腐蚀可对洞室衬砌造成严重破坏,从而影响洞室稳定性。在四川盆地广泛分布的白垩系蓬莱镇组的红层泥岩中,含有大量硫酸盐矿物(芒硝),在地下水作用下,路基边坡和交通隧道的混凝土被腐蚀成豆腐渣状,构造钢筋外露,锈蚀严重。

（1）腐蚀类型

地下水对混凝土的破坏是通过分解性腐蚀、结晶性腐蚀和分解结晶复合性腐蚀作用进行的。地下水的这种腐蚀性主要取决于水的化学成分,同时也与水泥类型有关。

①分解性腐蚀。

分解性腐蚀系指酸性水溶滤氢氧化钙以及腐蚀性碳酸溶滤碳酸钙而使混凝土分解破坏的作用,又分为一般酸性腐蚀和碳酸腐蚀两种。

一般酸性腐蚀就是水中的氢离子与氢氧化钙起反应使混凝土溶滤破坏。其反应式为：

$$Ca(OH)_2 + 2H^+ \longrightarrow Ca^{2+} + 2H_2O$$

酸性腐蚀的强弱主要取决于水中的 pH 值。pH 值越低,水对混凝土的腐蚀性就越强。

碳酸性腐蚀是由于碳酸钙在腐蚀性二氧化碳的作用下溶解,使混凝土遭受破坏,混凝土表面的氢氧化钙在空气和水中 CO_2 的作用下,首先形成一层碳酸钙,进一步的作用形成易溶于水的重碳酸钙,重碳酸钙溶解后则使混凝土破坏。其反应式为：

$$CaCO_3 + H_2O + CO_2 \longrightarrow Ca^{2+} + 2HCO_3^-$$

这是一个可逆反应,碳酸钙溶于水中后,要求水中必须含有一定数量的游离 CO_2 以保持平衡,如水中游离 CO_2 减少,则方程向左进行产生碳酸钙沉淀。水中这部分 CO_2 称为平衡二氧化碳。若水中游离 CO_2 大于当时的平衡 CO_2,则可使方程向右进行,碳酸钙被溶解,直到达到新的平衡为止。

②结晶性腐蚀。

主要是硫酸腐蚀,是含硫酸盐的水与混凝土发生反应,在混凝土的孔洞中形成石膏和硫酸铝盐晶体。这些新化合物的体积增大(例如石膏增大体积 1 ~ 2 倍,硫酸铝盐可增大体积 2.5 倍),由于结晶膨胀作用而导致混凝土力学强度降低,以致破坏。石膏是生成硫酸铝盐的中间产物,生成硫酸铝盐的反应式为:

$$3CaO \cdot Al_2O_3 \cdot 6H_2O + 3CaSO_4 + 25H_2O \longrightarrow 3CaO \cdot Al_2O_3 \cdot 3CaSO_4 \cdot 31H_2O$$

这种结晶性腐蚀并不是孤立进行的,它常与分解性腐蚀相伴生,往往有分解性腐蚀时更能促进这种作用的进行。另外,硫酸腐蚀性还与水中氯离子含量及混凝土建筑物在地下所处的位置有关,如建筑物位于水位变动带,这种结晶性腐蚀作用就增强。

③分解结晶复合性腐蚀。

分解结晶复合性腐蚀常见于冶金、化工工业废水污染地带。主要是水中弱盐基硫酸盐离子的腐蚀,即水中 Mg^{2+}、NH_4^+、Cl^-、SO_4^{2-}、NO_3^- 等含量很多时,与混凝土发生化学反应,使混凝土力学强度降低,甚至破坏。例如水中的 $MgCl_2$ 与混凝土中结晶的 $Ca(OH)_2$ 起交替反应,形成 $Mg(OH)_2$ 和易溶于水的 $CaCl_2$,使混凝土遭受破坏。

根据以上各种腐蚀所引起的破坏作用,将腐蚀性的 CO_2、HCO_3^- 离子和 pH 值归纳为分解性腐蚀的评价指标;将 SO_4^{2-} 离子的含量归纳为结晶性腐蚀的评价指标;而将 Mg^{2+}、NH_4^+、Cl^-、SO_4^{2-}、NO_3^- 离子的含量作为分解结晶复合性腐蚀的评价指标。

(2)腐蚀标准

在评价地下水对建筑结构材料的腐蚀性时,必须结合建筑场地所属的环境类别。建筑场地根据气候区、岩土层透水性、干湿交替情况分为三类环境,见表 7-10,同一浓度的盐类在不同的环境中对混凝土的腐蚀强度是不同的。

混凝土腐蚀的场地环境类别

表 7-10

环境类别	气 候 区	土 层 特 性	干 湿 交 替		冰 冻 区(段)
I	高寒区 干旱区 半干旱区	直接临水,强透水土层中的地下水,或湿润的强透水层	有	混凝土不论在地面还是在地下,无干湿交替作用时,其腐蚀强度比有干湿交替作用时相对降低	混凝土不论在地面还是在地下,受潮或浸水,并处于严重冰冻区(段)、冰冻区(段)或微冰冻区(段)
II	高寒区 干旱区 半干旱区	弱透水土层中的地下水,或湿润的强透水层	有		
	湿润区 半湿润区	直接临水,强透水土层中的地下水,或湿润的强透水层	有		
III	各气候区	弱透水土层	无		不冻区(段)

注:当竖井、隧洞、水坝等工程的混凝土结构一面(地下水和地表水)接触,另一面又暴露在大气中时,场地环境分类应划为 I 类。

对于各种化学成分在不同环境中对混凝土腐蚀性的评价标准,国际上首推前苏联建筑结构防腐蚀设计标准;国内主要有《岩土工程勘察规范》(GB 50021—2001)规定的标准(表 7-11 ~ 表 7-13)。具体作业时,应取地下水位以下的水样和土样分别作腐蚀成分及含量测定,对测定数据按规范进行等级评价。如各项指标腐蚀等级不一致时,宜取高者为腐蚀等级。

分解性腐蚀评价标准　　　　　　　　　　　　　表 7-11

腐蚀等级	pH 值		腐蚀性 CO_2 (mg/L)		HCO_3^- (mol/L)
	A	B	A	B	A
无腐蚀性	>6.5	>5.0	<15	<30	>1.0
弱腐蚀性	6.5～5.0	5.0～4.0	15～30	30～60	1.0～0.5
中腐蚀性	5.0～4.0	4.0～3.5	30～60	60～100	<0.5
强腐蚀性	<4.0	<3.5	>60	>100	

注:A——直接临水,强透水土层中的地下水,或湿润的强透水层。

　　B——透水土层中的地下水或湿润的弱透水土层。

结晶性腐蚀评价标准　　　　　　　　　　　　　表 7-12

腐蚀等级	SO_4^{2-} 在水中含量(mg/L)		
	Ⅰ类环境	Ⅱ类环境	Ⅲ类环境
无腐蚀性	<250	<500	<1500
弱腐蚀性	250～500	500～1500	1500～3000
中腐蚀性	500～1500	1500～3000	3000～6000
强腐蚀性	>1500	>3000	>6000

分解结晶复合性腐蚀评价标准　　　　　　　　　　　表 7-13

腐蚀等级	Ⅰ类环境		Ⅱ类环境		Ⅲ类环境	
	$Mg^{2+} + NH_4^+$	$Cl^- + SO_4^{2-} + NO_3^-$	$Mg^{2+} + NH_4^+$	$Cl^- + SO_4^{2-} + NO_3^-$	$Mg^{2+} + NH_4^+$	$Cl^- + SO_4^{2-} + NO_3^-$
	(mg/L)					
无腐蚀性	<1000	<3000	<2000	<5000	<3000	<10000
弱腐蚀性	1000～2000	3000～5000	2000～3000	5000～8000	3000～4000	10000～20000
中腐蚀性	2000～3000	5000～8000	3000～4000	8000～10000	4000～5000	20000～30000
强腐蚀性	>3000	>8000	>4000	>10000	>5000	>30000

（3）腐蚀严重程度

混凝土被腐蚀后的严重程度可分为四级：

①无腐蚀:混凝土表面外观完整,模板印痕清晰,在隧道滴水处混凝土表面有碳酸钙结晶薄膜,锤击混凝土表面时,声音清脆,有坚硬感。

②弱腐蚀:在隧道边墙脚下,或出水的孔洞周围,以及混凝土构筑物的水位波动段,混凝土碳化层已遭破坏,混凝土表层局部地方砂浆剥落,锤击有疏松感。

③中等腐蚀:在潮湿及干燥交替段,混凝土表面断断续续呈酥软、掉皮、砂浆松散、骨料外露,但内部坚硬,未有变质现象。

④强腐蚀:混凝土表面膨胀隆起,大面积自动剥落,有些地方呈豆腐渣状。侵蚀深度达2cm 以上,深处混凝土也受到侵蚀而变质。

（4）腐蚀易发生地区

腐蚀多发地区主要处在下列地质环境中：

①第三纪、侏罗纪、白垩纪等红层中含有芒硝、石膏、岩盐的含盐红层,三叠纪的海相含

膏地层,以及此类岩层地下水浸染的土层,其结晶类腐蚀严重;

②泥炭土、淤泥土、沼泽土、有机质及其他地下水中含盐较多的游离碳酸、硫化物和亚铁,对混凝土具有分解类腐蚀作用;

③我国广东、广西、福建、海南、台湾等省、自治区沿海,有红树林残体的冲积层及其地下水,具强酸性,对混凝土有腐蚀;

④我国长江以南高温多雨的湿热地区,酸性红土、砖红土,以及各地潮湿森林酸性土,pH 值一般在 4 ~6 之间,对混凝土有一般酸性腐蚀;

⑤硫化矿及含硫煤矿床地下水及其浸染的土层,对混凝土有强酸性腐蚀;

⑥采矿废石场、尾矿场、冶炼厂、化工厂、废渣场、堆煤场、杂填土、垃圾掩埋场及其地下水浸染的土层,对混凝土有腐蚀。

在长期保持干燥状态的地质环境中,土中虽然含盐,但无吸湿及潮解现象时,对混凝土一般无腐蚀性。

(三)特殊地下工程地质问题

1. 高地温

地表以下,由于地热增温现象,在地下深处修建的地下洞室,可能因温度的增高带来人员工作环境的舒适性和高温岩体变形破坏的稳定性问题。对前者,我国劳动保护相关规范规定施工时隧道内温度不应超过 25℃,超过这个界限就应采取降温措施。当隧道温度超过 32℃ 时,施工作业困难,劳动效率大大降低。意大利亚平宁隧道施工时,遇到 64℃ 的高温,严重影响了施工进度。另一方面,温度的升高,引起围岩软化和强度降低,导致结构破坏。

众所周知,地壳中温度有一定变化规律。地表下一定深度处的地温常年不变,称为常温带。常温带以下,地温随深度增加,平均地热增温率约为 3℃/100m。地下深处的地温可用式(7-11)估计:

$$T = T_0 + (H - h)G \tag{7-11}$$

式中:T——隧道埋深处的地温(℃);

T_0——常温带温度(℃);

H——洞室埋深(m);

h——常温带深度(m);

G——地热增温率,受地区热流值影响,需要现场测定。

除了深度外,地温还与地质构造、火山活动、地下水温度等有关。岩层层理方向导热性好,所以,陡倾斜地层中洞室温度低于水平地层中洞室温度;在近代岩浆活动频繁地区,受岩浆热源影响,地温较高;在地下热水、温泉出露地区,地温也较高。

2. 瓦斯

地下洞室穿过含煤地层时,可能遇到各种有害气体,这些气体能使人窒息致死,甚至可以引起爆炸,造成严重事故。这些有害气体也总称瓦斯,具有瓦斯的隧道又称瓦斯隧道。

瓦斯成分以甲烷为主,还有二氧化碳、一氧化碳、硫化氢、二氧化硫和氮气等。瓦斯一般主要指甲烷或甲烷与少量有害气体的混合体。当瓦斯在空气中浓度小于 5% ~6% 时,能在高温下燃烧;当瓦斯浓度由 5% ~6% 到 14% ~16% 时,容易爆炸,特别是含量为 8% 时最易爆炸,达9.5%时爆炸最猛烈;当浓度过高,达到42%~57%时,空气中含氧量降到9%~12%,足以使人窒息。

瓦斯爆炸必须具备两个条件:一是洞室内空气中瓦斯浓度已达到爆炸限度,二是有火源。通常在洞内温度、压力下,各种爆炸气体与正常成分空气合成的混合物的爆炸限度,见表7-14。

常温、常压下各种爆炸气体与空气合成的混合物的爆炸限度   表7-14

气体名称	爆炸限度含量(%)	气体名称	爆炸限度含量(%)
甲烷(沼气)	5~16	一氧化碳	12.5~74
氢气	4.1~74	乙烯	3
乙烷	3.2~12.5	苯	1.1~5.8

由于甲烷为空气重量的0.55倍,常聚积在洞室顶部,并极易沿岩石裂隙或孔隙流动。所以,瓦斯在煤系地层中的分布也有一定规律。例如:穿隆构造瓦斯含量高;背斜核部瓦斯含量比翼部高,向斜则相反;地表有较厚覆盖层的断层或节理发育带,瓦斯含量都较高;含煤地层越深,煤层厚度越大,煤层碳化程度越高,瓦斯含量越大;地下水越少,瓦斯含量越大。

地下洞室一般不宜修建在含瓦斯的地层中,如必须穿越含瓦斯的煤系地层,则应尽可能与煤层走向垂直,并呈直线通过。洞口位置和洞室纵坡要利于通风、排水。施工时应加强通风,严禁火种,并及时进行瓦斯检测,开挖时工作面上的瓦斯含量超过1%时,就不准装药放炮;超过2%时,工作人员应撤出,进行处理。

3. 岩爆

岩爆是在高地应力区修建于脆性岩中的隧道及其他地下工程中常见的一种地质灾害。在高地应力区地下洞室开挖中,围岩在局部集中应力作用下,当应力超过岩体强度时,发生突然的脆性破坏,并导致应变能突然释放造成岩石的弹射或抛出现象,称为岩爆。

轻微的岩爆仅使岩片剥落,无弹射现象,无伤亡危险。弹射或抛出岩体小者数立方厘米,大者可达$10m^3$以上,严重的岩爆可将几吨重的岩块弹射到几十米以外,释放的能量相当于二百多吨TNT炸药。岩爆发生时,常伴有爆裂声。岩爆可造成地下工程严重破坏和人员伤亡。严重的岩爆像小地震一样,可在100km外测到,已测到的岩爆引起的最大地震震级为4.6级。

岩爆产生的原因,目前研究得还很不够。一般认为,岩体在初始应力作用下,产生弹性变形,岩体内部积聚了很大的弹性应变能,当开挖洞室后,岩体初始应力受到扰动,洞室周围应力重新分布,在应力集中部位,超过了岩石的力学强度,岩石破裂,其中积聚的应变能突然释放,产生岩爆。例如把岩块在压力机上加压,脆性岩石受压破坏时,呈爆裂式破坏,而在破坏前没有明显的变形,这与一些软质岩受压破坏的情况不同。因此,一般认为:岩爆的产生与岩体的埋深、初始应力状态、岩性等有密切关系。发生岩爆的岩体多为花岗岩、正长岩、斑岩、闪长岩、辉绿岩、片麻岩和石灰岩等坚硬脆性岩体。岩爆发生的临界深度约为200m,埋深越大,发生岩爆可能性越大。因此,岩爆的分级一般是按岩石抗压强度与地应力水平的比值作为分级依据的。目前,我国没有统一的岩爆分级标准,这里列举陶振宇结合国内工程经验提出的岩爆分级,见表7-15。

岩 爆 分 级   表 7-15

岩爆分级	R_c/σ_1	说　明
I	>14.5	无岩爆发生,也无声发射现象
II	5.5 ~ 14.5	低岩爆活动,有轻微声发射现象
III	2.5 ~ 5.5	中等岩爆活动,有较强的爆裂声
IV	<2.5	高岩爆活动,有很强的爆裂声

注:R_c 为岩石单轴抗压强度;σ_1 为地应力的最大主应力。

施工过程中主要采用下列方法防治岩爆:

(1)超前钻孔:在预测可能发生岩爆的工作面上钻数个直径 60 ~ 80mm,深数米或 10m 左右的钻孔,释放岩体中的应力。

(2)超前支撑及紧跟衬砌:超前开挖顶板,超前作顶板支撑,可减少岩爆危害,或紧跟开挖工序,使用锚杆支撑及金属挂网护顶,也能收到满意效果。

(3)喷雾洒水:向新爆破的岩面上洒水,增加岩石湿度,降低了岩石的脆性,可以减少岩爆的发生。

二、隧道位置的选择

在一般情况下,隧道的位置应当根据线路的走向来加以确定。但对于长大隧道,特别是工程地质条件复杂的长大隧道,其位置的选择往往取决于工程地质条件的优劣,即工程地质条件决定隧道位置。在各类地质条件中,岩层产状与地质构造、岩石类型及风化程度、地下水条件、地质灾害等都会对隧道位置的选择产生影响。这里主要讨论在各类地质构造条件下和地质灾害地区隧道位置的选择。

(一)地质构造对隧道位置的影响

1.岩层产状与隧道稳定性的关系

在水平岩层(倾角小于 10°)中,由于洞室开挖失去支撑,在拱顶岩层中产生拉应力,若岩层很薄且为软弱岩层、层间连接较弱或为不同性质的岩层及有软弱夹层时,常常发生拱顶坍塌掉块。若岩层被几组相交的垂直或大倾角裂隙切割,则可能造成隧道拱顶大面积坍塌。因此,穿越水平岩层的隧道,应选择在坚硬、完整的岩层中,见图 7-18a)。在软硬相间的情况下,隧道拱部应尽量设置在硬岩中,见图 7-18b)。

 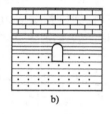 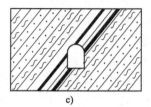 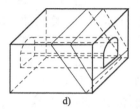

a)　　　　　　b)　　　　　　c)　　　　　　d)

图 7-18　隧道位置与岩层产状关系

在倾斜岩层中,沿岩层走向布置隧道一般是不利的。主要的工程地质问题是不均匀的地层压力即偏压,见图 7-18c)。当岩层倾角较大时,施工中还易产生顺层滑动和塌方。实践证明,隧道沿岩层走向通过不同岩性的倾斜岩层时,应选在岩性坚硬完整的岩层中,避免将隧道选在不同岩层的交界处或有软弱夹层的地带。隧道顺岩层走向通过直立或近于直立的岩层，除偏压外，稳定性与倾斜岩层相似。

隧道轴向与岩层走向垂直或大角度斜交，是隧道在单斜岩层中的最好布置，见图7-18d)。在这种情况下岩层受力条件较为有利，开挖后易于成拱，同时围岩压力分布也较均匀，且岩层倾角越大，隧道稳定性越好。

2. 地质构造与隧道稳定性的关系

一般情况下，应当避免将隧道沿褶曲的轴部设置，该处岩层弯曲、裂隙发育，岩石较为破碎。特别在向斜轴部常是地下水富集之处，开挖后会造成大量地下水涌出。另外背斜轴部的岩层上部受拉，下部受压，裂隙将岩层切割成大大小小的楔形体，隧道拱顶易于产生岩块坍落（图7-19）。通常尽量将隧道设置在褶曲的翼部或横穿褶曲轴（图7-20）。垂直穿越背斜的隧道，其两端的拱顶压力大，中部压力小。隧道横穿向斜时，情况则相反（图7-21）。

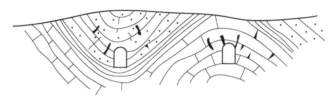

图7-19 隧道沿褶曲轴通过

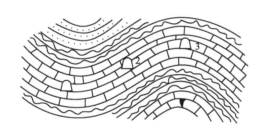

图7-20 褶曲构造与隧道位置选择
1、3-不利；2-较好

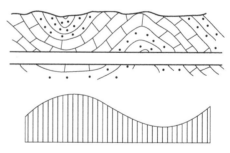

图7-21 隧道横穿褶曲轴部岩层压力分布

断层是在构造运动中产生的，断层对隧道工程，特别是对隧道施工会产生巨大不利影响。断层破碎带内不仅岩层破碎严重，还常是地下水的储水空间或集水通道，在断层破碎带内的隧道施工极易产生坍塌和涌水。断层两侧的岩层中往往存在一定的残余地应力，因而围岩压力较大。在选择隧道位置时应尽量避开大规模断层，若不易避开时，则应采用隧道轴线与断层线垂直或大角度通过。但由于种种原因隧道不得不与断层局部平行或小角度相交时，则应选择在受断裂影响较轻微的一盘（如正、逆断层下盘），并且要在与断层破碎带有一定距离的较完整的岩体中通过。当隧道通过几组断层时，还应考虑围岩压力沿隧道轴线可能重新分布，断层形成上大下小的楔体，可能将自重传给相邻岩体，使它们的地层压力增加（图7-22）。

图7-22 断层引起的围岩压力变化
1-减小；2、3-增加

(二)地质灾害对隧道位置的影响

隧道的位置应尽可能避开不良地质,以减少施工困难,节省工程投资,确保运营安全。如绕避有困难,便应在查清不良地质现象范围、工程地质特征以及可能发展趋势等的基础上,根据不良地质的特点,选择相对较好的位置。

1.崩塌岩堆

在崩塌、落石地区确定隧道位置时,必须查清岩体中裂隙的产状,延伸长度,胶结情况及对线路可能构成的危害。一般小型崩塌、落石地区,可以清除危岩或嵌补裂隙处理。如果裂隙延伸长度大,张开无胶结,岩体稳定性差,有严重崩塌、落石隐患地段,应以长隧道通过。在查明斜坡外侧张开裂隙的规模、范围、特征及其发展趋势后,采用减载、压浆或嵌补加固措施,确保张裂隙外岩体稳定的情况下,方可将隧道位置放在张裂隙外岩体中通过(图7-23)。

隧道通过岩堆地区时,必须查明岩堆的规模、范围,岩堆的物质组成和密实程度及岩堆的稳定状态和发展趋势。一般情况下,应避免在岩堆体内设置隧道。隧道必须通过岩堆体时,必须放在岩堆体下一定深度的基岩内,任何情况下都不可将隧道设在岩堆体与基岩接触面上(图7-24)。

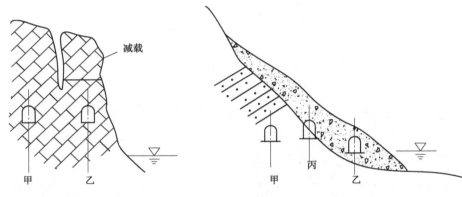

图7-23 崩塌落石地段隧道方案　　　　图7-24 岩堆地区隧道位置选择

2.滑坡

滑坡体在天然状态下稳定性已较差,在隧道施工扰动下更易失去平衡,产生滑动。小型滑坡一般对隧道洞口产生影响,大型滑坡不仅影响洞口还会影响到洞身的稳定性,历史上曾滑动过的古老滑坡由于其地貌形态在后期受到改造,不易辨认,选线时不慎,把隧道布置在古滑坡体上,施工时将引起古滑坡的复活。例如某铁路干线月河隧道进口段,位于月河右岸山坡,地形外貌基本上呈圈椅状,隧道位置放在圈椅地形中央的鼻梁状凸起的前面。进口段岩石为含石英、绿泥石、白云母、片岩和炭质板岩。坡上岩体零乱,断层发育。勘测时认为此段构造复杂,风化强烈,工程地质条件不良,但没有认识到古滑坡的存在。施工后,洞口、洞内连续多次坍方,设在山顶的蓄水池漏水,进洞至200m左右,地面裂隙断续成半圆形,山坡后部移动方向指向线路右后方,经补充勘测,发现洞口下山坡20~30m处有一个水平挤压带,正洞内80m处见到滑动面,综合上述现象分析,认为山坡变形系施工引起古滑坡局部复活所致。又如成昆线铁路二梯岩隧道出口端位于堆积层中,勘测时对地质不重视,认为堆积体稳定,施工过程中发生大小坍方20余次,线路右上方山体呈弧形开裂达120m长,洞内衬砌严重变形、开裂,经地质补测才知道是因为坡积层顺基岩面滑动所致。

由上述二例可知,当隧道需要在滑坡地区通过时,必须查清滑坡地区的岩性、地质构造、水文地质条件,确定滑坡范围、滑动面的位置、滑动方向及滑坡发生、发展的原因,才能判断滑坡的稳定状态,以及将来可能发展的趋势。一般情况下应避开滑坡体,必须在滑坡地区通过时,应将隧道设在滑动面以外一定部位处(图7-25甲)。如果滑动面有可能继续向深部发展,则隧道位置应选在可能形成新滑面以下一定深度(图7-25乙)。对于古滑坡体,只有搞清滑坡性质及滑体结构,并采取一定的措施后,如刷方减载、排水等工程措施后,确认古滑坡体不会因隧道施工而复活,才能把隧道放在滑坡体内通过(图7-25丙、图7-26)。

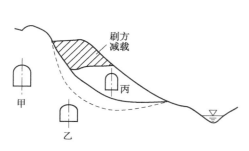

图 7-25　滑坡区隧道位置选择图

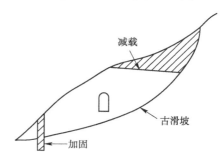

图 7-26　通过古滑坡的隧道

3. 泥石流

隧道通过泥石流地区,以在流通区泥石流沟口的基岩中通过为首选方案,这里侵蚀作用比较轻微,无沉积物或沉积物较少,沟槽相对稳定,如果沟底岩层比较完整,对隧道稳定无影响。泥石流地区的傍山隧道,其埋深应根据道旁侧岸冲刷侵蚀的程度,在稳定山坡内留有一定安全厚度(图7-27)。当线路布设标高较低,隧道需要在泥石流的沉积区通过时,一定要注意洞口位置的选择,避开洪积物可能扩大的范围,尤其是发展中的泥石流,洪积扇不断扩大,更应注意,以免堵塞洞口。当老洪积扇处于下切阶段,应考虑泥石流沟的改道和最大下切深度,使隧道埋深位置应满足该沟相对最低侵蚀基准面和隧道洞顶围岩稳定的要求。

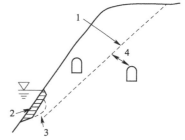

图 7-27　距冲刷岸坡的安全厚度
1-因泥石流侧蚀造成山坡坍塌后的稳定坡面;2-加固;3-侧蚀;4-安全厚度

4. 岩溶

隧道通过岩溶地区,会遇到溶蚀裂隙、管道、漏斗、溶洞和暗河等,给隧道施工带来很大困难。一旦隧道与充水溶洞、暗河贯通,将发生大量涌水,危及施工安全。因此,在岩溶地区选择隧道位置时,应查明区域地层的岩性、地质构造及地表水与地下水的补给、排泄关系,查清岩溶洞穴、地下暗河的分布、位置、大小、填充情况及稳定性等,尽可能避开对隧道危害较大的暗河、溶洞等发育区。

根据岩溶发育规律,在可溶岩层与非可溶岩层接触地带或构造破碎带,常常是岩溶发育地带,选择隧道位置时,应尽量避开这些地带,将隧道位置选在非可溶岩中。正断层较逆断层和平推断层更有利于岩溶发展,因此在断裂发育地区,隧道应避开正断层。如果确实难以避开,隧道的位置也应垂直或以大角度与上述接触带等相交通过,并采取相应的工程措施。

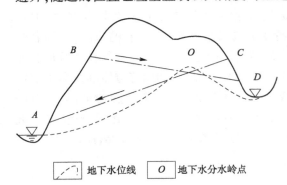

图 7-28 地下分水岭与线路坡度的关系

一般隧道高程宜选在地下分水岭线以上。当隧道一洞口高程位于地下分水岭线以下时(图7-28),应自地下水分水岭 O 点至洞口设"一"字下坡(BOD 或 COA),当隧道两洞口高程均位于地下水分水岭线以下时,应自 O 点向洞口设"人"字坡(AOD)。当隧道洞身穿过溶洞时,应查明溶洞大小、规模及稳定状态。只要溶洞比较稳定,岩溶不再发展,一般情况下对隧道的稳定性没有什么影响,只要采取适当工程措施即可。如果洞身在溶洞附近通过,这时隧道周围,特别是拱顶及隧底距溶洞应有足够的安全距离,否则需要进行加固处理。

(三)洞门位置的选择

地下工程的洞门宜选在新鲜岩石直接出露,山坡下陡上缓,无滑坡、崩塌、泥石流等不良地质作用,并有利于洞口内外交通运输、洞口内排水和防洪需要的反向山坡。

一般情况下,为了确保隧道的安全,隧道进出的位置应适当外移,早进洞晚出洞。隧道洞口的设置,应减少对原有坡面的破坏。

选择洞门时,要研究开挖边坡和仰坡的稳定性。边坡、仰坡的开挖高度不应过大。特别要注意是否形成顺层边坡。

当洞口处有塌方、落石、泥石流等威胁时,应加长洞口段,设置明洞、棚洞等附属工程或支挡建筑物,同时注意结构物地基的稳定性。

选择洞口位置除了地质因素之外,还要注意当地表存在既有建筑物,如公路、铁路、房屋、储水池等时,附加荷载对洞口段围岩稳定性的影响,以免因顶板厚度不足,导致上部荷载作用可能引起的洞室顶板岩体破坏。

此外,还要考虑弃渣、排水等对地质环境的影响。

三、地下工程地质问题的防治

(一)地下工程地质问题的防治原则

1.地质资料研究

在施工前,应仔细、认真研究地质勘查资料。对于地质条件复杂的工程,如果勘察报告描述到某些不常见、不熟悉的内容,要及时询问,了解清楚。对资料中叙述不清的部分,要及时查对,对影响工程施工的重点地段要提前进行必要的地面核对。在设计和施工准备阶段,要保持与勘察人员的密切联系。

2.工程预案

根据地质报告,提前做好重点地段的施工准备和预案,特别对一些可能引起工程事故的区段,需要在人员、机具、材料、应急设备等方面做好充分准备。一些地质问题需要先期预处理的,应提早处理。比如,中南某隧道出口为国道边坡,就是因为隧道施工时未及时完成边坡预加固,导致边坡破坏,塌方岩体掩埋国道上行驶的客车,造成了全车人员死亡的特大事故。此外,像富水区段的涌水、排水问题,应该根据勘察报告结论和建议,制订预处理方案,先期封闭或引流可能的地表、地下水源,并备足排水设备。

3. 重视超前预报

随着技术的发展,超前预报越来越向着简便、快速方向发展。但是不可否认,最可靠的超前预报总是最费时的,可能造成对施工的干扰。但是,越是在复杂地区,越需要重视并加密超前预报工作,才能真正防患于未然。

4. 突发情况处理

由于地下工程所处地质环境的复杂性,即便认真做好了上述工作,仍然还会遇到诸如塌方、涌水、突泥等突发情况。对这些突发情况的处理,除了必要的人员、设备等抢险外,首先要做的是查明产生地质灾害的原因,在此基础上提出有效措施。在实际工程中,遇到突发地质灾害不究原因、盲目排险的教训不少。比如,在华南某花岗岩隧道工程开挖中,遇到塌方,其规模并不大,但采用常规清除塌方体的措施不但不见效,反而越清越多。后来查明塌方处是一条断层,直通山顶。由于地处华南,断层破碎物质风化成松散的土,越挖越塌,地面断层出露处已经开始出现地表裂缝,证明塌方处断层带的破碎岩体已经上下贯通。

(二)地下工程地质问题的防治措施

1. 合理施工

隧道施工在通过可能发生塌方、软岩变形、岩溶洞穴、涌水等地质灾害地段时,采用合理的施工方案是防止灾害发生的第一步。工程实践中,对可能出现的地质问题的处理,总结了"先排水、短开挖、弱爆破、强支护、快衬砌、勤检查"的防治措施。其中开挖工艺工序是重要的一环。

根据不同的围岩级别和具体的围岩情况,施工中要采用不同的分部、分区开挖的施工工序,并严格限制施工用水、施工机具、爆破方式的使用。通过破碎岩体时,要先护后挖,密闭支撑,边挖边封闭。要缩短工序距离,采用两侧跳槽开挖,尽快封闭断面,减少破碎带暴露、松动和塌落。采用分部开挖时,下部开挖应左右两侧交替作业。两侧软硬不同时,采用便槽法开挖,按先软后硬的顺序交替进行。必须采用爆破法掘进时,要严格掌握炮眼数量、深度及装药量,尽量减少爆破对围岩的震动。

2. 超前加固

对可能出现塌方等地质问题的区段,预先对开挖掌子面前的岩体进行超前加固。主要方法有超前支护、超前注浆、冻结松散岩土层、小导管注浆等。其中冻结松散岩土层是对含水量较高的松散岩土体,采用大规模的制冷设备,将岩土体内温度降到零下若干度(比如—10℃),使之冻结变硬的施工方法。冻结法主要用于城市软土地层地下工程施工,特别是对城市地下管网复杂而不能使用其他加固方法时尤其适用。

3. 加强支撑

当地下洞室成型后,为防止破碎岩体、断层带、软弱岩体、偏压、膨胀性岩体的围岩变形破坏,需要加强围岩洞壁和衬砌的支护。常用的方法有锚喷、钢丝网锚喷、钢纤维喷混凝土、钢拱架支撑和锚杆锚固等。

支护结构要紧跟开挖尽快完成围岩约束。在用钢拱架式格栅联合支护时,如果围压很大,可在隧道底部打设锚杆,拱脚部位要立即设置足够强度的支撑,并可在隧道顶部打入斜向超前锚杆或小导管,形成闭合环。软岩、膨胀岩土等特殊地段的支护宁强勿弱,可以采用双层甚至多层支撑,并经常检查加固。

4. 超前钻孔

对前方岩体可能出现的涌水、突泥、突水、有害气体等地质问题,可以采用超前钻孔释放水气等处置措施。利用超前钻孔,还可注入浆液封闭裂隙,防止水气喷出。

5. 防排截堵地下水

涌水、突泥、突水是隧道掘进最常见,也是危害最严重的工程地质问题之一。工程实践中总结出"防排截堵、因地制宜"的措施。

隧道涌水常用的防堵措施是帷幕注浆。帷幕注浆和超前注浆有同有异,相同的都是利用钻孔向围岩注入浆液,不同的是超前注浆主要用于松散岩体的加固,帷幕注浆是为封闭围岩中的孔裂隙以达到封堵地下水通道的目的,不限于松散软岩。按防渗帷幕的灌浆孔排数分为两排孔帷幕和多排孔帷幕。地质条件复杂且水头较高时,多采用 3 排以上的多排孔帷幕。按灌浆孔底部是否深入相对不透水岩层划分:深入的称封闭式帷幕;不深入的称悬挂式帷幕。

对预计水量较大无法防堵的情况,可以采用双侧排水、增设中心排水沟、甚至开挖专门的排水导坑等方法。

截排措施主要是截排地表水。在城市地下工程中,也常用抽水井群降低地下水位起截排作用,但要注意降低地下水可能带来的地面沉降、建筑物开裂等不良后果。

第四节　水工建筑物地质问题

水利水电建设是通过建造水工建筑物,利用和调节江河、湖泊等地表水体,使之用于发电、灌溉、水运、水产、供水、改善环境、拦淤、防洪等,达到兴利除弊的目的。

水利水电建设的主要任务是兴修水利水电工程。水利水电工程又是依靠不同性质、不同类型的水工建筑物来实现的。依其作用将水工建筑物分为:挡(蓄)水建筑物(水坝、水闸、堤防等);取水建筑物(进水闸、扬水站等);输水建筑物(输水渠道和隧洞等);泄水建筑物(溢洪道、泄洪洞等);整治建筑物(导流堤、顺堤、丁坝等);专门建筑物(电力厂房、船闸、筏道等)。

水利水电工程总是由若干水工建筑物配套形成一个协调工作的有机综合体,称此综合体为"水利枢纽"。对于大多数水利水电工程而言,挡水坝、引水渠和泄水道是最重要的"三大件",而挡水坝又是所有水工建筑物中最主要的建筑。水坝建成后,便在其上游一定范围积蓄地表水形成水库。

水利水电工程不同于其他任何建筑工程,表现为:①它由许多不同类型建筑物构成,因而对地质上也提出各种要求;②水对地质环境的作用方式是主要的,其对建筑影响范围广,产生一些其他类型建筑不具有的特别的工程地质问题。

概括起来,水工建筑物对地质体的作用主要表现在三个方面:一是各种建筑物以及水体对岩土体产生荷载作用,这就要求岩土体有足够的强度和刚度,满足稳定性的要求;二是水向周围地质体渗入或漏失,引起地质环境的变化,从而导致岸坡失稳、库周浸没、水库地震,也可以因为水文条件改变导致库区淤积和坝下游冲刷等一系列工程地质问题;三是施工开挖采空,引起岩土体变形破坏。可见,水利水电建设中特有大量的工程地质问题需要研究,这里仅讨论与水坝有关的工程地质问题。

一、水坝类型及对工程地质条件的要求

水坝因其用材和结构形式不同,可以划分为很多类型,如按筑坝材料分为土坝、堆石坝、干砌石坝、混凝土坝等;按坝体结构分为重力坝、拱坝和支墩坝;按坝高分为低坝(≤30m)、中坝(30~70m)、高坝(≥70m)。不同类型的坝,其工作特点及对工程地质条件的要求是不同的,下面讨论几类常见水坝的特点及其对工程地质条件的要求。

1.混凝土重力坝

该坝采用混凝土作为坝身材料,其结构简单,施工方便,是一种整体性较好的刚性坝。中、高坝常用这种坝型。重力坝可以做成实体坝身,见图 7-29a),实体坝重量大、耗材多,易产生过大扬压力,为此,通常将坝身做成空腹式或宽缝式,见图 7-29b)、c)。

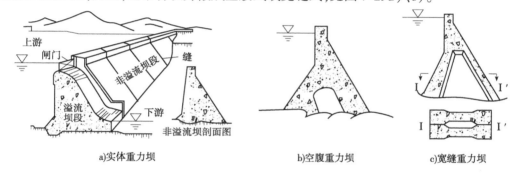

a)实体重力坝　　　　　　　　　b)空腹重力坝　　　　　　　c)宽缝重力坝

图 7-29　混凝土坝示意图

混凝土重力坝要求坝基岩体有足够的强度和一定的刚度,例如 30~70m 以上的高坝要求岩体饱和抗压强度大于 3000~6000kPa,因而一般大于 30m 的中、高坝都应建在坚硬、半坚硬的岩基上。坝基岩体刚度最好与坝体刚度相近,否则容易在坝踵处产生过大拉应力或坝趾处产生过大压应力。要求岩体完整性好、透水性弱。坝址处不宜存在缓倾角软弱结构面,否则可能导致坝体沿结构面滑移破坏以及产生渗漏并引起扬压力。此外,要求坝址区两岸山体稳定,地形适中,有足够建坝的天然建筑材料(砂、砾石料)。

2.拱坝

拱坝是用钢筋混凝土等建造的凸向上游的空间壳体挡水结构,平、剖面上呈弧形,坝体较薄,坝底厚度一般只有坝高的 10%~40%,如图 7-30 所示。其体积小、重量轻,典型的薄拱坝比重力坝节省混凝土用量 80% 左右。这种坝具有较强的承载和抗震能力,但对地质条件及施工技术要求高。通过坝的作用把大部分外荷载传到两岸山体上,剖面上由于"悬臂梁"作用把少部分外荷及自身重量传至下部坝基。

上述结构及受力特点决定了它对地质条件的要求。拱坝必须建在坚硬、完整、新鲜的基岩上,要求岩体有足够的强度,不允许产生不均匀的变形。为了充分发挥拱的作用,地形上最好为"V"形峡谷,两岸山体浑厚、稳定以及有良好的对称性。

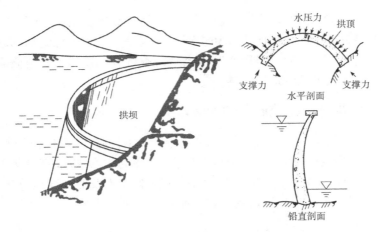

图 7-30　拱坝示意图

3. 土坝

　　土坝是利用当地土料堆筑而成的一种广泛采用的坝型。其结构简单、施工方便,对地质条件适应性强,属于一种坝底面宽大的重力坝型。按其筑坝材料和防渗结构不同,可以分为若干类型,如图 7-31 所示为几种典型的结构形式。

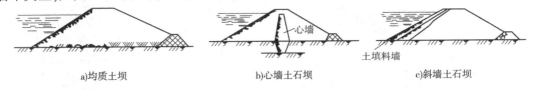

a)均质土坝　　　　　　　　　b)心墙土石坝　　　　　　　　c)斜墙土石坝

图 7-31　土石坝类型

　　土坝是一种大底面的柔性坝体,因而对坝基强度及变形适应性强。无论山区、平原区或岩体、土体均可建坝,要注意高压缩性土和性质特殊的土体产生较大沉陷及不均匀沉陷而导致坝体拉裂破坏,坝基透水性要小,以免产生渗漏和渗透变形。此外,建坝区有足够优质的土石料及适于修建溢洪道的地形。

　　无论哪种坝型,共同存在两类地质问题:一是坝区渗漏问题;二是坝基稳定性问题。稳定性问题包括荷载作用下的坝基岩土体变形破坏以及渗透稳定性和扬压力作用问题。

二、坝区渗漏及对坝基稳定性的影响

　　水库蓄水后,坝上、下游形成一定的水位差(压力水头),在该水头作用下,库水将从坝区岩土体内的空隙通道向坝下游渗出,称其为坝区渗漏。同时,渗流场的水流具有一定的渗透压力和上托力,使土石体产生渗透变形或对岩体产生扬压力而不利于抗滑稳定。

(一)坝区渗漏条件分析

　　坝区渗漏分别产生于坝基或坝肩部位,前者称为坝基渗漏,后者称为绕坝渗漏,见图 7-32。坝区渗漏是诸多水利水电工程中一种普通的地质现象。一旦渗漏量过大,就会影响水库的效益,或者渗透水流作用危及坝体安全,此时,坝区渗漏成为必须防治的工程地质问题。坝区渗漏量大小取决于库水位高度以及渗漏通道存在的情况(包括通道的渗透性、连通性、渗径长短等)。下面分第四系松散土石体透水介质和裂隙岩体透水介质两种情况,讨论坝区渗漏条件。

1.第四系松散土石体坝区渗漏

第四系土石体透水性取决于其粒度成分、密实度、分选性和土石结构等,这些又与其成因、形成时代有关。试验表明,等粒土石体的渗透系数随粒径增大,渗透系数可以成百倍增大,如中—细砾石的渗透系数约为 1.1×10^{-1} m/s,而粉砂—细砂只有 1.1×10^{-5} m/s,因而松散土石体地区渗漏主要产生于强透水的砂、砾(卵)石层,而黏土层透水性极小,被视为隔水层。从成因类型看,冲积物分选性好,细粒含量较少,透水性较好;洪、坡积物总的来说大小混杂,分选性差,透水性较差;而冰碛物几乎没有分选,透水性极弱。同一成因的沉积物,随着沉积时代由新到老,透水性一般会变小。总之,第四系沉积物渗透条件分析,应从第四系地貌和成因类型分析入手,注意查明粗粒物质和细粒物质的分布和结构组合状况,能否产生坝区渗漏不仅与透水层渗透性有关,往往还与相对隔水层的分布有关。如图7-33所示,由于上部分布的厚层黏土层隔水作用,库水不可能沿着下部卵砾石层产生渗漏。在河谷地区建坝,中下游河段的阶地,掩埋古河床及现代河床冲积物中的砂卵(砾)石层,往往是造成渗漏的主要通道,应予以特别注意。

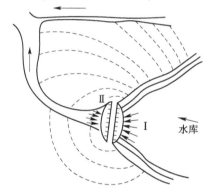

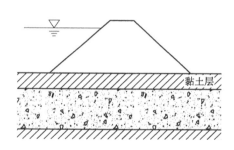

图7-32 水库渗漏示意图
Ⅰ-坝基渗漏;Ⅱ-绕坝渗漏

图7-33 坝下黏土层隔水作用

2.裂隙岩体坝区渗漏

裂隙岩体渗漏通道主要是各种结构面和溶蚀空隙(洞)及其开启性、充填情况、连通情况。河谷形态特征是决定透水性强弱和入渗、排泄条件的重要因素。在坝区发育的顺河断裂、裂隙密集带、岸坡卸荷裂隙带、纵谷陡倾和横谷向上游缓倾的各种原生结构面,都可以构成强烈的渗漏通道,特别是岩溶发育地区,当坝址位于河湾地带,坝肩两岸天然地下水分水岭低缓,而且坝址处无有利的隔水层存在时,坝区渗漏常常是非常突出的问题。库水沿断层或裂隙密集带产生的带状渗漏,或者由隔水层和透水层交互成层,库水沿其透水岩层产生的层状渗漏,这两种形式的渗漏边界条件往往易于确定,也便于防治。而库水沿岩体中裂隙网络系统产生散状渗漏,无一定方向性,边界条件复杂而不明确,此时可以进行压水试验,根据渗透率大小绘制出透水性剖面图,以了解岩体的透水性。

3.渗漏量计算

通过地质调查和分析以及水文地质试验,可以初步确定渗漏的途径、边界条件和计算参数,以此为基础,便可以估算渗漏量的大小。渗漏量计算是一项十分复杂的工作,往往很难找到一个切合实际的计算方法。实际工作中,多数情况下是对实际地质条件做以简化,采用水力学计算(或作流网图)方法进行估算,以便得到一个渗漏量的初步评价,为确定渗漏损失和合理的防渗措施提供依据。倘若要求较精确的计算结果,应尽可能根据实际条件,采用流体力学等精确计算或用模型模拟试验方法确定。

(二)渗透水流对坝基稳定性的影响

流经坝基岩土体的渗透水流,由于库水与下游河道水位差引起很大的渗透压力,同时,浸泡在水中的岩土体及部分坝体受到向上作用的浮托力,这些都在一定程度上影响坝基稳定性,从而可能导致坝体失稳。渗透水流作用于第四系沉积物、断层破碎带、风化带等土石体介质便有可能引起其渗透变形。对于岩体介质来说,渗透水流作用于渗透界面上,产生垂直于界面的压力,将抵消一部分法向应力而不利于坝基岩体的稳定。工程地质主要从坝基岩体抗滑稳定性角度上去分析坝底面及深部岩体某滑移面上的水压力情况,把作用于这些面上的渗透压力及浮托力总称为扬压力。扬压力是对坝基稳定性极不利的因素,过高的扬压力可以直接导致坝体失稳。

(三)裂隙岩体防渗减压措施

为了防治坝区渗漏及降低扬压力,需要根据实际地质条件和工程因素采取行之有效的防治措施。防渗措施原则上采取截断水流或延长渗径等办法。具体有修筑截水墙、设置防渗帐幕、坝前防渗铺盖等。减压可以通过防渗来实现,也可采用排水等其他措施,如排水孔、排水沟、减压井等。

裂隙岩体采用最普遍的防渗减压措施是灌浆帷幕和钻孔排水,此外,在特殊的地质条件下还可以使用斜墙铺盖等措施。

(1)灌浆帷幕。设置方法是距坝踵一定距离外,沿坝轴线方向布置一排或几排钻孔,向孔内注入水泥浆液或其他化学浆液,共同构成一个完整的隔水墙,即所谓灌浆帷幕。帷幕深度取决于坝基隔水层特征等因素。帷幕长度按坝基和坝肩防渗带总长度来确定;帷幕厚度受灌浆的孔距及排距控制。

(2)钻孔排水。在灌浆帷幕下游一定距离,设置一排或几排排水孔,将排走部分(或全部)渗压水流,起到降低扬压力的良好效果。排水孔常与帷幕配合使用,也可以单独使用。

三、坝基(肩)抗滑稳定性问题

(一)重力坝坝基抗滑稳定性

重力坝是完全依靠自身重量与坝基岩体之间产生摩擦力来维持稳定的。一旦坝基存在地质上的缺陷,使之产生的有效摩擦力不足以维持平衡,就可能沿这些弱面产生整体剪切滑动,导致坝体破坏失稳。这些地质上的弱面通常是坝体与坝基岩体接触界面、坝基前部软弱风化岩体以及深部的软弱结构面。因而产生滑移破坏的类型是:表层滑动、岩体浅部滑动和岩体深部滑动。

1. 表层滑动

表层滑动是指发生在坝底与基岩接触面上的平面剪切(滑动)破坏(图 7-34)。当坝基岩体坚硬完整、无

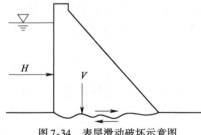

图 7-34　表层滑动破坏示意图

控制性软弱结构面存在,岩体强度远大于接触面强度时,就可能产生这种类型的破坏。此时,接触面的摩擦系数和凝聚力是控制坝体稳定的主要因素,要很好地研究,合理地选定。出现表层滑动破坏一般是由于施工质量或清基不彻底造成的,只要严格施工,并在设计上加以控制,这种形式的破坏是可以避免的。

2. 岩体浅部滑动

当坝基浅部岩体强度相对于接触面及深部岩体强度偏低时,便成为最薄弱的部位,有可能沿浅部岩体的平面产生剪切滑动(图7-35)。浅部岩体软弱破碎或坝基面风化层清理不彻底等是产生这种破坏的主要原因。

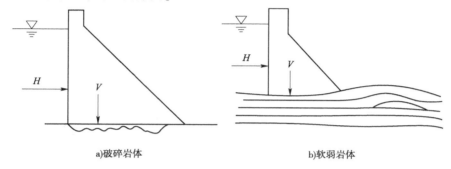

a)破碎岩体　　　　　　　　　　b)软弱岩体

图7-35　岩体浅部滑动示意图

3. 岩体深部滑动

深部滑动是指坝体连同一部分岩体,沿坝基深部岩体中软弱面产生的整体活动。地质上受控于一定几何特征和物理性状的各种界面,其滑移体形态多样,滑移边界条件复杂。滑移体边界条件可以归属于三类,即滑移面、切割面和临空面,如图7-36所示。滑移面是坝基滑移体沿之滑动的面。坝基岩体中性质相对软弱的连续结构面都有可能成为滑移面,如软弱夹层面、泥化夹层面、断层面、夹泥的连续节理破裂面等。切割面是与滑移面相配合起切割岩体作用,使之与母岩脱离而形成滑移体的各种陡倾角地质结构面。临空面是指为滑移体提供变形、滑移的空间,有水平和陡立两种类型。只有具备了这三个面,滑移体才能产生整体滑动。深部滑动是工程地质研究的重点对象,要结合

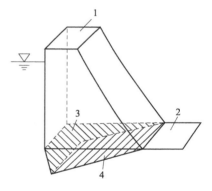

图7-36　深层滑移边界条件

1-坝体;2-临空面;3-切割面;4-滑移面

地质条件分析滑移体的构成,对可能滑移体做出稳定性评价。深部抗滑稳定性计算以地质分析为基础,先搞清可能滑移体的边界条件和几何形体特征、滑移面及切割面的抗滑作用以及它们与工程作用力间的关系,并确定滑移面等力学参数,然后采用刚体极限平衡法进行稳定性计算。

(二)拱坝坝肩抗滑稳定性

前已述及,拱坝不同于其他任何坝型。它主要依靠拱的结构把大部分荷载传给两岸山体,对坝肩岩体产生轴向推力、径向剪力和力矩,如图7-37所示。当坝肩岩体有足够的强度和刚度时,就可以承受这些力的作用而维持拱的稳定,否则岩体可能产生过大的压缩变形而

剪切滑动,都会给坝的稳定带来严重的影响。拱坝除了适当考虑坝基稳定性外,必须很好的研究坝肩稳定性。坝肩变形破坏往往是在剪力作用下产生剪切滑动破坏,因此,重点是研究坝肩抗滑稳定性问题。

与坝基一样,坝肩滑移边界条件也是由滑移面、切割面和临空面组成(图7-38),只是由于坝肩滑移发生在陡立岸坡为特征的坝肩部位,滑移边界条件在构成上有所区别。滑移面一般为倾向下游河床方向的平缓或倾斜的软弱结构面,有时倾向上游缓倾角结构面也可构成滑移面。凡与工程作用力方向近平行、陡立者均可成为侧向切割面;与工程作用力方向近垂直且位于滑移体后缘者可成为横向切割面。临空面可以分为纵向和横向两类:河谷岸坡为纵向临空面;河湾突出部位、沟谷、断层(或软弱)带、溶洞等为横向临空面。坝肩抗滑稳定性计算的基本原理与坝基抗滑稳定性计算类似,即根据刚体极限平衡原理计算出滑动方向上抗滑稳定系数,据此判断坝肩岩体稳定性。

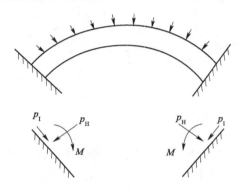

图7-37 拱端受力图

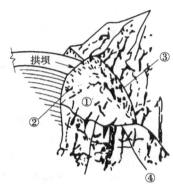

图7-38 坝肩滑移边界条件示意图
①-滑移面;②、③-切割面;④-临空面(岸坡面)

(三)提高坝基(肩)岩体稳定性的工程措施

当坝基(肩)岩体中存在不利于抗滑稳定性的地质因素时,可以考虑适当改变建筑物结构,如增大坝底面积、设置阻滑齿槽和抗力体、设置传力墙、改变坝型、加深建基面等。当采取的可能的技术设计仍不满足稳定性要求的情况下,则应考虑岩体加固处理措施,其常用的处理措施是:

(1)固结灌浆。它是提供裂隙岩体整体强度的有效措施。固结灌浆是利用钻孔将高标号的水泥浆液或化学浆液压入岩体中,使之封闭裂隙,加强基岩的完整性,达到提高岩体强度和刚度的目的。常规的灌浆是在整个基础大面积内进行,此时应分批逐次完成整个灌浆工程,应根据坝基压力、地质条件等合理设计灌浆孔深、孔距、灌浆压力和浆液稠度,亦即先进行灌浆试验。有时为了处理断层、软弱夹层和溶洞等,须进行特殊的灌浆方法。

(2)开挖回填。对于断层破碎带、风化带、软弱破碎带等,可以通过坑探工程将其清除掉,然后回填混凝土,以增强地基的强度。应根据对象不同,开挖回填后形成不同的结构形式,如图7-39所示为处理断层带及软弱夹层时常用的几种方法。

(3)锚固。主要用于处理块体沿弱面的滑移变形。它按一定的方向用钻孔穿透弱面深入到完整岩体内,插入预应力锚索(钢筋),然后用水泥将孔固结起来,形成具有一定抗拉能力的结构。

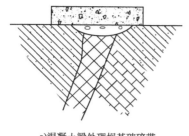

a)混凝土梁处理坝基破碎带

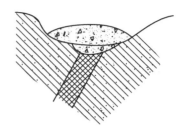

b)混凝土拱处理坝基破碎带

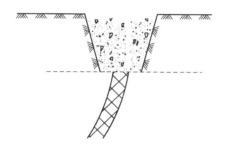

c)混凝土塞处理坝基破碎带

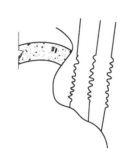

d)混凝土回填处理坝基软弱面

图 7-39　坝基(肩)破碎带及软弱层处理措施

此外,对拱坝坝肩不稳定岩体的处理,还可以采用其他支挡方法,如抗滑桩、挡土墙、支撑柱等。还应特别强调,地下水往往是导致基础失稳的主要因素,在设置工程处理措施时,应充分考虑到防渗排水的作用。

第五节　港口与海岸工程地质问题

港口及海岸工程是海陆运输的枢纽,它由水域和陆域两大部分组成。水域是供船舶航行、运输、锚泊和停泊装卸之用,设有航道、停泊区、防波堤、导航坝、灯塔等建筑。陆域是位于海港的岸上,与水面相毗邻,设有码头、栈桥、船坞、船台、仓库、道路、车间、办公楼等建筑物。由于海港工程建筑物种类繁多,各种所处的自然环境不同,遇到的工程地质问题必然是多种多样的,这里主要讨论不良地质现象对海港建设的影响。

一、海平面的升降对海港建设的影响

海平面变化分为两类:一是全球气候变化导致全球性的绝对海平面变化,这种全球海平面称为平均海平面;二是区域性的海平面变化,它是受区域性的地壳构造升降和地面沉降等因素的影响,这种区域性海平面称为相对海平面,它反映了该地区海平面变化的实际情况。据统计,近年来全球海平面呈上升趋势,平均海平面上升速率每年为 1.0~1.5mm,近年还有加速之势;至于相对海平面,它与该地区的陆地构造升降和地面沉降等有关,在我国沿海地带各地的构造升降和地面沉降的速率不同,因而海平面有表现为上升的,也有表现为下降的。一般地区相对海平面升降速率每年为 1~2mm,如果有过大的地面沉降的海岸,则相对海平面升降速率可达 5 ~ 10mm。对处于相对下降的港湾,建港后随着海岸的下降,港口将有被淹没的危险,因此,要判明其下降的速度,以便合理的布置建筑物;对于相对上升的港湾,建港后港池将会随陆地上升而变浅,从而使港口失效,所以在建港前也必须判明陆地上升的速度,以便做出合理规划和防治措施。

为确定相对海平面的升降变化,工程地质工作应着重在以下几个方面:

(1)收集全球性的海平面变化在我国沿海地带的升降速率;

(2)调查该港口的地质构造稳定性,特别是构造的升降、断裂带的活动型;

(3)调查该港口及其邻近地区因抽取地下水造成的地面沉降而使海平面升降有影响的情况;

(4)调查该港口及其邻近地区因土层的天然压密或建筑物及交通的荷载而导致的陆地地面下沉的情况;

(5)综合上述各类因素的影响,做出相对海平面的升降速率和对港口影响的估计。

二、海岸稳定性对海港建设的影响

(一)海岸带的冲蚀与堆积

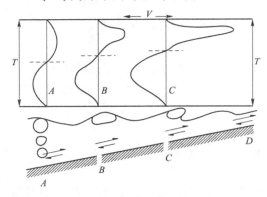

图 7-40 波浪向岸边推进

A-深水波;B-浅水波;C-破浪(击岸浪);D-涌浪(激浪流)

海岸带的形状、结构、物质组成以及岸线的位置是可变的,在促成这些变化的因素中,以波浪的作用最为重要。此外,潮汐、海流和入海河流的作用在某些岸带上也起巨大的作用。但相比之下,影响海岸稳定性的主要动力是波浪。在沿岸线海区,波浪由于消能变形、破碎产生破浪(图 7-40)。破浪对海岸的冲击,造成一系列海岸冲蚀地形,如海蚀洞穴、海蚀崖、海蚀柱及浅滩等,迫使海蚀岸不断地后退,在海岸带形成沿岸陡崖、波蚀穴、磨蚀与堆积阶地等地形(图 7-41)。

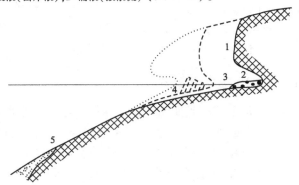

图 7-41 波浪冲蚀下波蚀龛的形成与岸坡的后退

1-岸边悬崖;2-波蚀龛;3-岸滩;4-水下磨蚀岸坡;5-水下堆积阶地

当波浪的传播方向与岸线正交时,波浪进入岸带后往往造成进岸流和退岸流(图 7-40),从水质点的运动轨迹上可以看出,在靠近水底部分作往返运动,位于水下岸坡上的泥砂颗粒在波浪力与重力的联合作用下,作进岸和离岸的运移。当泥砂颗粒不断地作向岸移动,至波浪能量减缓时,往往使泥砂堆积于岸滩上而成浅滩;当泥砂颗粒随回流而离岸时,波浪能量不断减弱,而于水下岸坡堆积而成堆积平台,如果不断发展,往往在此平台上不断堆积增高而形成砂坝。此外,波浪作用方向因受海流、风向及河口水流的干扰,往往是与岸线斜交的。含泥砂的水流对岸带的改造是复杂的,形成各种各样的滩地及岸外砂坝。这些滩地和砂坝随着该地的地形、风向、水文以及河流和地质等因素的变化而发生迁移,因而岸滩、砂坝是不稳定的,若工程上要利用这些砂坝,则要采取防护措施。

(二)海岸稳定性评价

海浪冲击海岸,能使海岸失去稳定,产生滑坡和崩塌,位于岸边的建筑如码头、道路及住宅等也随之破坏。因此,在海岸地区进行建筑时,必须对海岸的稳定性进行评价。海岸的稳定性取决于构成海岸岩石的成分、产状和海浪冲蚀的情况等。

1. *海岸岩石的成分*

松软的岩石比坚硬的岩石易受海浪的冲击而破坏。由松软沉积物所构成的海岸,常因稳定性不足而产生滑动。

2. *岩层或裂隙的产状*

当岩层的走向与海岸平行时,有三种情况(图 7-42):

(1)岩层或裂隙向陆地方向倾斜,海水对海岸的破坏作用很大。海浪顺岩层的层面或裂隙面弱点打击,容易掏蚀形成凹形槽,并迅速崩塌破坏。

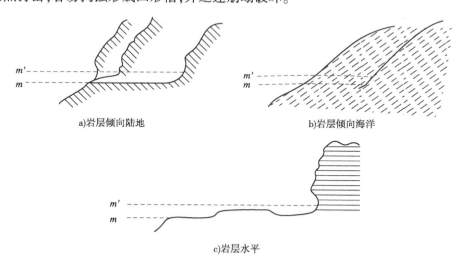

图 7-42　岩层的走向与海岸平行时海岸的破坏情况

(2)岩层向海洋方向倾斜,海浪的破坏作用最小。海浪的能量多消耗在爬升及摩擦作用上,冲刷作用较轻微。当岩层走向与海岸垂直时,海岸很容易遭到破坏。

(3)岩层或主要裂隙为水平产状,破坏作用较前者小;但有软弱夹层时,则海浪很容易将软弱岩层冲蚀成凹槽,进而使坚硬岩石崩垮破坏。这种产状的岩层常使海岸呈阶梯状。

在注意岩层产状的同时,也应研究岩石的裂隙发育情况。

3.海水的深度及地形的影响

海浪的破坏力不仅与风力有关,而且还受海水的深度及地形的影响。和海浪破坏相似的还有潮汐的破坏作用,在评价海岸的稳定性时也应加以考虑。例如,我国钱塘江口潮汐破坏作用对于海塘工程的影响就很大。

为防止海岸受海浪的冲击,可砌筑护岸建筑,如突堤、防浪堤、海塘等。

(三)海岸带工程地质研究的一般原则

为了选择港口、海岸工程的位置,确定护岸护港措施,工程地质研究的主要任务是了解建筑地区海岸带形成作用的特点,以便工程地质评价。为此,必须研究现代海滨地貌的特征、沉积物的性质和分布,并结合河流阶地的研究及分析历史的记载等,找出其规律。同时,还需研究沿岸地区的水文气象条件、海岸的动态和专门性长期观测工作。

一般海岸带工程地质测绘,应查明以下几个方面内容:

1.搜集水文气象资料

(1)风向、风力及风作用的延续时间。

(2)激浪及浅水浪的波浪要素及作用时间。

(3)泥砂流的特点:补给区、堆积区的位置,流动方向,强度及物质组成。

(4)潮汐运动特点。

2.野外地形调查

(1)海岸带的地形地貌特征:海岸形状、海滩及水下斜坡的宽度及动态特征。

(2)海岸带地质条件:地层岩性、地质构造、水文地质特征,岸边稳定性研究(海岸滑坡、崩塌等不良地质现象)。

(3)沿岸被冲刷地带和接受沉积地带的分布情况及强度。

(4)已有的水工建筑物配置、类型、砌置深度及距海平面的距离以及变形破坏情况。

根据建筑工程规模和设计阶段的不同,工程地质测绘的比例尺可采用1:5万至1:10万,必要时可采用大比例尺。有时配合必要的勘探工作,以查明岸坡的地质结构和自然地质作用的性质等。在综合研究的基础上,应对海岸的区域稳定性、地基稳定性及工程建筑的适宜性提出工程地质评价。

(四)海岸带的保护

海岸受波浪、海流和潮汐的影响发生冲蚀作用和堆积作用是普遍存在的,冲蚀作用可使边岸坍塌,也称坍岸,它使原有岸线后退;堆积作用可使水下坡地回淤,使本来可以利用的水深发生回淤现象,以致水深变浅,海床增高。这些岸线后退和海床增高都会对港口工程有影响。为此在选择港口时,应对这些不良地质现象做出估计。

(1)沿岸线的工程设施,首先应该进行坍岸线的研究,预测坍岸线的距离,工程定位时在坍岸线以外尚应留有一定的距离。

(2)厂房地基及路基等设施应设在最高海水位之上,以免浸泡地基及工程设施,导致地基承载力降低和发生其他的如液化、沉陷土体滑动等现象。

(3)码头及防波堤的基础是建于水下海床上的,受水淹泡和波浪作用,因而在考虑地基承载力时,应注意到海流及波浪对工程的作用,会对地基施加动荷载和倾斜力,会使地基在一个比正常作用于基础底面上的力低的荷载下就发生破坏,此外,尚需考虑地基发生滑动的可能性。

（4）为了保护海岸、海港免受冲刷和岸边建筑物的安全,以及防止海岸、港口免遭淤积的危害,应提供当地的工程地质资料,特别是不良地质现象和地基承载力等资料。在此基础上提出防治冲刷、回淤及其他不良地质现象的措施。

对于防治冲刷、回淤的措施,可以分为三大类:

①整流措施。这是利用一定的水工建筑物调整水流,造成对防止冲刷或淤积有利的水文动态条件,改变局部地区海岸形成作用的方向,例如修筑防波堤、破浪堤、丁坝等防止冲刷和淤积。

②直接防蚀措施。这是修建一定的水工建筑物,直接保护海岸免遭冲刷。例如修筑护岸墙、护岸衬砌等。

③保护海滩措施。海滩是海岸免于冲刷的天然屏障,为保护海滩免遭破坏,可修筑丁坝以促进海滩面积;限制在海滩采砂或破坏原海滩堆积的水文条件等。

第八章　工程地质勘察

任何工程建设都处于一定的地质环境中,作为工程场地和地基的岩土体,其工程地质条件将直接影响工程的安全。对与工程有关的岩土体的充分了解是进行工程设计与施工的重要前提。因此,按照基本的建设程序,各项工程在设计和施工前必须进行工程地质勘察。工程地质勘察(也称岩土工程勘察)是土木工程建设的基础工作,就是根据工程建设要求,查明与工程有关的岩土体的空间分布及工程性质,在此基础上对场地稳定性、适宜性以及不同地层的承载能力、变形特性等作出评价,为工程建设的规划、设计、施工提供可靠的地质依据,以充分利用有利的自然地质条件,避开或改造不利的地质因素,保证建筑物安全和正常使用。工程地质勘察必须符合国家、行业制定的现行有关标准、规范的规定。工程地质勘察的现行标准,除水利、铁道、公路、核电站工程执行相关的行业标准之外,一律执行国家《岩土工程勘察规范》(GB 50021—2001)。而且,各行业标准应逐渐向国家标准靠拢。一些特殊行业的工程地质勘察具有其特殊性,但基本勘察原则是一致的。本章主要介绍工程地质勘察的一般方法。

第一节　工程地质勘察基本要求

一、工程地质勘察分级

由于各项工程的重要性以及其所处的工程场地和地基的复杂程度各不相同,因此在进行工程地质勘察工作时,应该针对每项工程的实际情况,首先确定勘察等级,根据勘察等级来布置该项工程勘察的具体内容、工作量、工作方法等。工程地质勘察的等级,是由工程安全等级、场地和地基的复杂程度三项因素决定的。不同级别的勘察所投入的勘察工作量和勘察详细程度是不同的。表8-1～表8-3为《岩土工程勘察规范》(GB 50021—2001)划分的分级标准。

工程安全等级　　　　　　　　　　　　　　　　表8-1

安全等级	破坏后果	工程类型
一级	很严重	重要工程
二级	严重	一般工程
三级	不严重	次要工程

场地复杂程度等级　　　　　　　　　　　　　　表8-2

等级	一级	二级	三级
建筑抗震稳定性	危险	不利	有利(或地震设防烈度小于或等于Ⅵ度)
不良地质现象发育情况	强烈发育	一般发育	不发育

续上表

等级	一级	二级	三级
地质环境破坏程度	已经或可能强烈破坏	已经或可能,受到一般破坏	基本未受破坏
地形地貌特征	复杂	较复杂	简单

地基复杂程度等级　　　　　表 8-3

等级	一级	二级	三级
条件 (符合其中之一)	1.岩土种类多,性质变化大,地下水对工程影响大,需特殊处理; 2.多年冻土及湿陷、膨胀、盐渍、污染严重的特殊岩土,需专门处理	1.岩土种类较多,性质变化较大,地下水对工程有不利影响; 2.一级中规定之外的特殊性岩土	1.岩土种类单一,性质变化不大,地下水对工程无影响; 2.无特殊性岩土

根据工程重要性等级、场地复杂程度等级和地基复杂程度等级,可按下列条件划分岩土工程勘察等级。

甲级:在工程重要性、场地复杂程度和地基复杂程度的等级中,有一项或多项为一级。

乙级:除勘察等级为甲级和丙级以外的勘察项目。

丙级:工程重要性、场地复杂程度和地基复杂程度等级均为三级。

二、工程地质勘察内容

工程地质勘察主要包括以下内容:

(1)查明与场地的稳定性和适宜性有关的不良地质现象,如强震区的重大工程场地的断裂类型,尤其是断裂的活动性及其地震效应;岩溶及其伴生土洞的发育规律和发育程度,预测其危害性;滑坡的范围、规模、稳定程度,进而预测其发展趋势和危害程度;崩塌的产生条件、范围、规模与危害性;泥石流的产生及其类型、规模、发育程度和活动规律以及地下采空区、大面积地表沉降、河岸冲刷、沼泽相沉积等。

(2)查明场地的地层类别、成分、厚度和坡度变化等,特别是基础下持力层和软弱下卧层的工程地质性质。

(3)查明场地的水文地质条件,如河流水位及其变化、地表径流条件、地下水的埋藏类型、赋存方式、补给来源、排泄途径、水力特征、化学成分及污染程度等。

(4)提供满足设计、施工所需的土的物理性质和力学性质指标等。

(5)在地震设防区划分场地土类型和场地类别,并进行场地与地基的地震效应评价。

(6)推荐承载力及变形计算参数,提出地基基础设计和施工的建议,尤其是不良地质现象的处理对策。

三、工程地质勘察阶段

工程设计是分阶段进行的,为了给工程项目设计、施工提供详细可靠的工程地质资料,与设计阶段相适应,勘察也是分阶段的。一般建筑工程的勘察分为可行性研究勘察(选址勘察)、初步勘察、详细勘察及施工勘察。

可行性研究勘察主要根据建设条件,完成方案比选所需的工程地质资料和评价;初步勘察结合初步设计,提出工程地质设计与论证;详细勘察应密切结合技术设计或施工图设计,提出工程地质设计计算与评价;施工勘察应提出施工检验与监测设计方案。

一般的工业与民用建筑和中小型单项工程建筑物占地面积不大、建筑经验丰富,且一般都建筑在地形平坦、地貌和岩层结构单一、岩性均一、压缩性变化不大、无不良地质现象、地下水对地基基础无不良影响的场地,因此可以简化勘察阶段,采用一次性勘察,但应以能提供必要的数据、做出充分而有效的设计论证为原则。

专门的工程地质工作应与设计阶段相适应,按预可行性研究、可行性研究、初步设计、施工图设计四个阶段开展工作,对应的工程地质勘察分别为踏勘、初测、定测和补充定测(或称详测)。根据相关工程地质勘察规范的规定,各阶段工程地质勘察的任务如下:

(1)预可行性研究阶段(踏勘):了解影响线路方案的主要工程地质问题和各线路方案一般工程地质条件;为编制建设项目意见书提供工程地质资料。

(2)可行性研究阶段(初测):根据建设项目审查意见,安排一次性工程地质勘察或在其前专门安排一段时间进行加深地质工作。主要是解决工程方案、主要技术标准、主要设计原则等问题。

(3)初步设计阶段(定测):根据可行性研究报告批复意见,在利用可行性研究资料的基础上,详细查明采用方案场地工程地质和水文地质条件,确定建筑物具体位置,为各类工程建筑物搜集初步设计的工程地质资料。

(4)施工图设计阶段(补充定测):根据初步设计审查意见,详细查明建筑场地的工程地质条件,准确确定建筑位置,并搜集该工程建筑施工图设计所需的工程地质资料,为准确提供各类工程施工图设计所需工程地质资料,补充进行工程地质勘察工作。

由于地质情况的复杂性,很多问题在设计阶段是无法很好解决的。因此,在工程施工阶段利用工程开挖,继续查明地质问题不仅是工程地质勘察的一个组成部分,而且对检验、修正前期成果,总结提高工程地质勘察水平也是一项十分重要的工作。

各阶段应完成的任务不同,主要体现在工程地质工作的广度、深度和精度要求上有所不同;各阶段工程地质工作的工作程序和基本内容则是相同的。各阶段工程地质工作一般均按下述程序进行:准备工作、工程地质调查测绘、工程地质勘探、测试、文件编制。准备工作包括研究任务、组织队伍、搜集资料、室内资料及方案研究,筹办机具、仪器等。

第二节　工程地质调查测绘

为了提高勘察质量,达到工程地质勘察目的、要求和内容,必须有一套勘察方法来配合实施。工程地质调查测绘是工程地质勘察工作中的基础工作,是勘察中最先进行的项目。工程地质调查测绘是通过搜集资料、调查访问、地质测量、遥感解译等方法,来查明场地的工程地质要素,并绘制相应的工程地质图件的一种工程地质勘察的方法。对岩石出露的地貌,地质条件复杂的场地应进行工程地质测绘,在地质条件简单的场地,可用调查代替工程地质测绘。工程地质测绘宜在可行性研究或初步勘察阶段进行。在详细勘察阶段可对某些专门地质问题作补充调查。

一、工程地质测绘内容

1. 工程地质测绘范围

工程地质测绘范围包括场地及其附近地段。一般情况下,测绘范围应大于建筑占地面积,但也不宜过大,以解决实际问题的需要为前提。一般情况下应考虑以下因素:

(1)建筑类型。对于工业与民用建筑,测绘范围应包括建筑场地及其邻近地段;对于渠道和各种线路,测绘范围应包括线路及轴线两侧一定宽度范围内的地带;对于洞室工程的测绘,不仅包括洞室本身,还应包括进洞山体及其外围地段。

(2)工程地质条件复杂程度主要考虑动力地质作用可能影响的范围。例如建筑物拟建在靠近斜坡的地段时,测绘范围则应考虑到邻近斜坡可能产生不良地质现象的影响地带。

2. 工程地质测绘比例尺

(1)可行性研究勘察阶段、城市规划或工业布局时,可选用 1:5000 ~ 1:50000 的小比例尺;在初步勘察阶段可选用 1:2000 ~ 1:10000 的中比例尺;在详细勘察阶段可选用 1:200 ~ 1:2000 的大比例尺。

(2)工程地质条件复杂时,比例尺可适当放大;对工程有重要影响的地质单元体(如滑坡、断层、软弱夹层、洞穴等),必要时可采用扩大比例尺表示。

(3)建筑地基的地质界线和地质观测点的测绘精度在图上的误差不应超过 3mm。

3. 工程地质测绘主要内容

(1)地貌条件。查明地形、地貌特征及其与地层、构造、不良地质作用的关系,并划分地貌单元。

(2)地层岩性。查明地层岩性是研究各种地质现象基础,评价工程地质的一种基本因素。因此应调查地层岩土的性质、成因、年代、厚度和分布,对岩层应确定其风化程度,对土层应区分新近沉积土、各种特殊性土。

(3)地质构造。主要研究测区内各种构造形迹的产状、分布、形态、规模及结构面的力学性质,分析所属构造体系,明确各类构造的工程地质特性。分析其对地貌形态,水文地质条件,岩体风化等方面的影响,还应注意新构造活动的特点及其与地震活动的关系。

(4)水文地质条件。查明地下水的类型、补给来源、排泄条件及径流条件,井、泉的位置、含水层的岩性特征、埋藏深度、水位变化、污染情况及其与地表水体的关系等。

(5)不良地质现象。查明岩溶、土洞、滑坡、泥石流、崩塌、冲沟、断裂、地震震害和岸边冲刷等不良地质现象的形成、分布、形态、规模、发育程度及其对工程建设的影响;调查人类工程活动对场地稳定性的影响,包括人工洞穴、地下采空、大挖大填、抽水排水及水库诱发地震等;监测建筑物变形,并搜集临近工程建筑经验。

二、工程地质测绘方法

工程地质测绘有像片成图法和实地测绘法。

1. 像片成图法

像片成图法是利用地面摄影或航空(卫星)摄影的像片,在室内根据判释标志,结合所掌握的区域地质资料,把判明的地层岩性、地质构造、地貌、水系和不良地质现象等,调绘在单张像片上,并在像片上选择需要调查的若干地点和线路,然后据此做实地调查,进行核对、修正、补充。将调查的结果转绘在地形图上而成工程地质图。

2. 实地测绘法

当该地区没有航测等像片时,工程地质测绘主要依靠野外工作的实地测绘法,常用实地测绘法有以下三种:

(1)路线法。它是沿着一些选择的路线,穿越测绘场地,将沿线所测绘或调查的地层、构造、地质现象、水文地质、地质界线和地貌界线等填绘在地形图上。路线可为直线形或折线形。观测路线应选择在露头及覆盖层较薄的地方;观测路线方向大致与岩层走向、构造线方向及地貌单元相垂直,这样就可以用较少的工作量而获得较多的工程地质资料。

(2)布点法。它是根据地质条件复杂程度和测绘比例尺的要求,预先在地形图上布置一定数量的观测路线和观测点。观测点一般布置在观测路线上,但要考虑观测目的和要求,如为了观察研究不良地质现象、地质界线、地质构造及水文地质等。布点法是工程地质测绘中的基本方法,常用于大、中比例尺的工程地质测绘。

(3)追索法。它是沿地层走向或某一地质构造线,或某些不良地质现象界线进行布点追索,主要目的是查明局部的工程地质问题。追索法通常是在布点法或路线法基础上进行的,它是一种辅助方法。

在工程地质勘察中,预可行性研究、可行性研究和初步设计的勘测阶段,多使用地质罗盘仪定向、步测和目测确定距离和高程的目测法;或使用地质罗盘仪定向,用气压计、测斜仪、皮尺确定高程和距离的半仪器法;随着 GPS 手持设备的普及,推荐使用民用普通 GPS 设备定位。在重要工程、不良地质地段的施工设计阶段,则使用高精度 GPS、经纬仪、水平仪、钢尺精确定向、定点的仪器法。对于工程起控制作用的地质观测点及地质界线也宜采用仪器法进行测绘。

工程地质调查测绘是整个工程地质工作中最基本、最重要的工作,不仅靠它获取大量所需的各种基本地质资料,也是正确指导下一步勘探、测试等项工作的基础。因此,调查测绘的原始记录资料,应准确可靠、条理清晰、文图相符,重要的、代表性强的观测点,应用素描图或照片以补充文字说明。

第三节　工程地质勘探

当地表缺乏足够的、良好的露头,不能对地下一定深度内的地质情况做出有充足根据的判断时,就必须进行适当的地质勘探工作。工程地质勘探是在工程地质调查测绘的基础上,进一步查明地基岩土性质、分布及地下水等工程地质条件以及与场地有关的工程地质问题等所采用的重要手段,并用勘探工作成果补充、检验和修改调查测绘工作的成果。工程地质勘探常用的手段有钻探、坑探及地球物理勘探三类。

钻探和坑探是直接勘探手段,能较可靠地了解地下地质情况。钻探工程是使用最广泛的一类勘探手段,普遍应用于各类工程的勘探;由于它对一些重要的地质体或地质现象有时可能会误判、遗漏,所以也称它为"半直接"勘探手段。坑探工程勘探人员可以在其中观察编录,以掌握地质结构的细节;但是重型坑探工程耗资高,勘探周期长,使用时应具经济观点。

地球物理勘探简称物探,是一种间接的勘探手段,它可以简便而迅速地探测地下地质情况,且具有立体透视性的优点。但其勘探成果具多解性,使用时往往受到一些条件的局限。

考虑到三类勘探手段的特点,布置勘探工作时应综合使用,互为补充。

一、钻探

钻探是指用钻探机具钻进地层的勘探方法,是工程地质勘探方法中应用最广泛的一种。钻探与坑探、物探相比较,钻探有其突出的优点,它可以在各种环境下进行,一般不受地形、地质条件的限制;能直接观察岩芯和取样,勘探精度较高;勘探深度大。但是钻探需要大量设备和经费,较多的人力,劳动强度较大,工期较长,往往成为野外工程地质工作控制工期的因素。因此,钻探工作必须在充分的地面测绘基础上,根据钻探技术的要求,选择合适的钻机类型,采用合理的钻进方法,安全操作,提高岩芯采取率,保证钻探质量,为工程设计提供可靠的依据。钻探工作还应当与其他各项工作,例如物探、试验、原位测试等密切配合,积极开展钻孔综合利用与综合勘探,以达到减少钻探工作量、降低成本、缩短工期、减轻劳动强度,提高勘探工作质量和效率的目的。下面分别介绍机钻和手钻。

1. 机钻

机钻按钻进方式可以分为回转式、冲击式、振动式、冲洗式四种。

(1)回转钻进。通过钻杆将旋转力矩传递至孔底钻头,同时施加一定的轴向压力使钻头在回转中切入岩土层达到加深钻孔的目的,产生旋转力矩的动力源可以是人力或机械。轴向压力则依靠钻机的加压以及钻具自重。回转钻进又分为硬质合金钻进、钻粒钻进和金刚石钻进。

(2)冲击钻进。利用卷扬机借钢丝绳将钻具提升到一定高度,利用钻具自重,迅猛放落,钻具在下落时产生冲击动能,冲击孔底岩土后,使岩土达到破碎之目的而加深钻孔。

(3)振动钻进。通过钻杆将振动器激发的振动传递至孔底管状钻头周围的土中,使土的抗剪阻力急剧降低,同时在一定轴向压力下使钻头贯入土层之中。

(4)冲洗钻进。通过高压射水破坏孔底土层实现钻进。土层被破碎后由水流冲出地面。这是一种简单快速成本低廉的钻进方法,适用于砂层、粉土层和不太坚硬的黏性土。但冲出地层的粉屑往往是各土层物质的混合,代表性很差,给地层的判断划分带来困难。

以上几种钻进方式各有独自特点和利弊,分别适用于不同地层。钻探方法(表8-4)的选择,主要应根据勘探的目的和要求、勘探深度及地层地质条件而定。

钻 探 方 法 选 择　　　　　　　　　　　　　　表8-4

钻 探 方 法		钻 进 地 层					勘 察 要 求	
		黏性土	粉土	砂土	碎石土	岩石	直观鉴别,采取不扰动土样	直观鉴别,采取扰动土样
回转	螺旋钻探	++	+	+	—	—	++	++
	无岩芯钻探	++	++	++	+	++	—	++
	岩芯钻探	++	++	++	+	++	++	++

续上表

钻探方法		钻进地层					勘察要求	
		黏性土	粉土	砂土	碎石土	岩石	直观鉴别,采取不扰动土样	直观鉴别,采取扰动土样
冲击	冲击钻探	—	+	+ +	+ +	—	—	—
	锤击钻探	+ +	+ +	+ +	+ +	—	+ +	+ +
	振动钻探	+ +	+ +	+ +	+	—	+	+ +
	冲洗钻探	+	+ +	+ +	—	—	—	—

注:＋＋表示适用;＋表示部分适用;—表示不适用。

在工程地质勘探工作中,常用钻机不同孔径可钻深度见表8-5。

常用钻机不同孔径可钻深度参考值(m)　　　　　　　　表8-5

钻头直径(mm)　　　钻机类型	172	150	130	110	91	75
XJ－100XY－100			15	40	80	100
XY－300		30	100	200	250	300
XY－600	40	100	300	450	600	

2.手钻

手钻通常适用于小型工程或中型工程的勘察。常采用小螺纹钻、洛阳铲及锥具等。

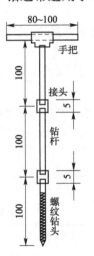

图8-1　小螺纹钻(尺寸单位:mm)

（1）小螺纹钻勘探。小螺纹钻（图8-1）由人力加压回转钻进,能取出扰动土样,适用于黏性土及砂类土层,一般探深在6m以内。

（2）洛阳铲勘探。洛阳铲最初由河南省洛阳制作,用来探测黄河大堤被动物打洞的隐患,或用于当地探测墓穴。借助洛阳铲的重力及人力,将铲头冲入土中,完成直径较小而深度较大的圆形孔。可以取出扰动土样,冲进深度一般土层中为10m,在黄土中可达30多米。针对不同土层可采用不同形状的铲头（图8-2）。弧形铲头适用于黄土及黏性土层;圆形铲头可安装铁十字或活叶,既可冲进也可取出砂石样品;掌形铲头可将孔内较大碎石、卵石击碎。

（3）锥探。锥具如图8-3所示,一般用锥具向下冲入土中,凭感觉来探明疏松覆盖层厚度。探深可达10m以上。用它查明沼泽和软土厚度、黄土陷穴等最有效。

手钻的优点是工具轻便、简单,容易操作,进尺快,成本低,劳动强度不大;缺点是不能取得原状土样,在密实或坚硬的地层中一般不能使用。因此,手钻适用于较疏松的地层。

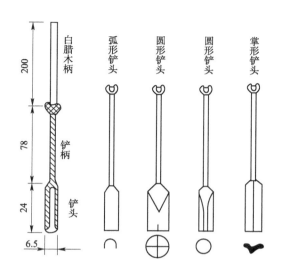

图 8-2　洛阳铲(尺寸单位:mm)

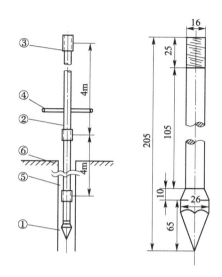

图 8-3　锥具(尺寸单位:mm)
①-锥头;②-锥杆;③-接头;④-手把;⑤-锥孔;⑥-地面

二、坑探

当钻探方法难以查明地下情况时,可结合坑探进行勘察。坑探主要是人力开挖,也有用机械开挖。与钻探相比,采用坑探时,勘察人员能直接观察到地质结构,准确可靠,便于素描,而且不受限制地从中采取原状岩土样和用作大型原位测试。尤其对研究断层破碎带、软弱泥化夹层和滑动面(带)等的空间分布特点及其工程性质等,更具有重要意义。工程地质勘探中常用的坑探工程(图 8-4)有探槽(图 8-5)、试坑、浅井、竖井(斜井)和平硐和石门(平巷)。其中前三种为轻型坑探工程,后三种为重型坑探工程。坑探不足之处是使用时往往受到自然地质条件的限制,勘探周期长而且耗费资金大;尤其是重型坑探工程不可轻易采用。各种坑探工程的特点和适用条件见表 8-6。

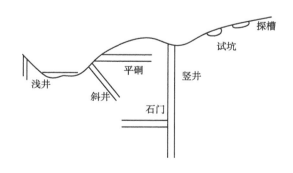

图 8-4　常用的坑探工程示意图

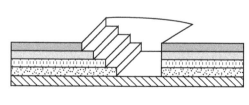

图 8-5　探槽剖面图

各种坑探工程的特点和适用条件　　　　　　　　　　　　　　　表 8-6

名称	特　点	适　用　条　件
探槽	在地表深度小于 3 ~ 5m 的长条形槽子	剥除地表覆土,揭露基岩,划分地层岩性,研究断层破碎带;探查残、坡积层的厚度、物质成分及结构
试坑	从地表向下,铅直的、深度小于 3 ~ 5m 的圆形或方形小坑	局部剥除覆土,揭露基岩;作荷载试验、渗水试验、取原状土样
浅井	从地表向下,铅直的、深度 5 ~ 15m 的圆形或方形井	确定覆盖层及风化层的岩性及厚度;作荷载试验,取原状土样
竖井(斜井)	形状与浅井相同,但深度大于 15m,有时需支护	了解覆盖层的厚度和性质,作风化壳分带、软弱夹层分布、断层破碎带及岩溶发育情况、滑坡体结构及滑动面等;布置在地形较平缓、岩层又较缓倾的地段
平硐	在地面有出口的水平坑道,深度较大,有时需支护	调查斜坡地质结构,查明河谷地段的地层岩性、软弱夹层、破碎带、风化岩层等;作原位岩体力学试验及地应力量测、取样;布置在地形较陡的山坡地段
石门(平巷)	不出露地面而与竖井相连的水平坑道,石门垂直岩层走向,平巷平行	了解河底地质结构,做试验等

坑探工程现场观察和描述,是反映坑探工程第一手地质资料的主要手段。所以在掘进过程中岩土工程师应认真、仔细地做好此项工作。

坑探工程成果除文字材料外,展视图也是坑探工程所需提交的主要成果资料。所谓展视图就是沿坑探工程的壁、底面所编制的地质断面图,按一定的制图方法将三度空间的图形展开在平面上。由于它所表示的坑探工程成果一目了然,故在岩土工程勘探中被广泛应用。不同类型坑探工程展视图的编制方法和表示内容有所不同,其比例尺应视坑探工程的规模、形状及地质条件的复杂程度而定,一般采用 1:25 ~ 1:100。

三、地球物理勘探

地球物理勘探,简称物探,是以观测地质体的天然物理场或人工物理场的空间或时间分布状态,来研究地层物理性质和地质构造的方法。物探是一种先进的勘探方法,它的优点是效率高、成本低、装备轻便、能从较大范围勘察地质构造和测定地层各种物理参数等。合理有效地使用物探可以提高地质工作质量、加快勘探进度、节省勘探费用。因此,在勘探工作中应积极采用物探。

但是,物探是一种非直观的勘探方法,物探资料往往具有多解性;而且,物探方法的有效性,取决于探测对象是否具备某些基本条件。限于目前的科技水平,还不能对任意形状、位置、大小的地质体进行物探解释。例如,使用电阻率法进行电法勘探时,探测对象应满足下述三个基本条件:探测对象与围岩的电阻率有显著差异;探测对象的厚度或直径、宽度,与其埋藏深度之比需足够大;用电法勘探确定地层界面深度时,界面倾角以及界面间夹角小于20°,界面延续长度数倍于埋藏深度。为此,必须实行地质与物探紧密结合的工作方法,把物探与钻探紧密结合起来。根据不同的地质条件和勘探要求,选择适当的物探方法,才能充分发挥物探的良好效果。

工程地质勘察可在下列方面采用物探：

(1)作为钻探的先行手段,了解隐蔽的地质界线、界面或异常点。

(2)作为钻探的辅助手段,在钻孔之间增加地球物理勘探点,为钻探成果的内插、外推提供依据。

(3)作为原位测试手段,测定岩土体的波速、动弹性模量、动剪切模量、特征周期、电阻率、放射性辐射参数、土对金属的腐蚀等参数。

不断发展和改进物探方法,大量采用先进技术,提高物探质量是当前工程地质工作中重要的努力方向之一。工程地质工作中当前常用的物探方法如下：

1.电法和电磁勘探

通过测定土、石导电性、电磁性的差异识别地质情况的方法。经常使用的有电阻率法、高密度电阻率法、充电法、激发极化法、自然电场法、大地电磁法、电磁CT、地质雷达等。可用于确定基岩埋深,岩层分界线位置,地下空洞,地下水流向、流速及寻找滑坡滑带等。

2.弹性波勘探

主要是利用地震波、声波、面波等弹性波在岩土介质中的传播特征进行勘探的方法。

地震勘探是根据土、石的密度不同,利用人工地震产生的地震弹性波穿过不同的土、石时,其传播速度不同的原理,用地震仪收集这些弹性波传播的数据,借以分析地下地质情况。地震勘探适用于探测覆盖层厚度,岩层埋藏深度及厚度,断层破碎带位置及产状,地下洞穴的大小和分布等;还可以根据弹性波传播速度推断岩石某些物理力学性质、裂隙和风化发育情况。

声波探测用的是高频声振动,常用频率为几千赫兹到20kHz,主要是利用直达波的传播特点,了解较小范围岩体的结构特征,研究节理、裂隙发育情况,评价隧道围岩稳定性等,以便解决岩体工程地质力学等方面的一些问题。根据岩体弹性纵波速度 V_{pm} 和岩石弹性纵波速度 V_{pr} 得到的岩体完整性系数 K_V,是判定岩体质量和围岩分级的重要指标。因此,对于重要工程应尽量开展地震勘测和声波探测。

3.磁法勘探

磁法勘探是以测定岩石磁性差异为基础的方法,可以用这种方法确定岩浆岩体的分布范围,确定接触带位置,寻找岩脉、断层等。

4.测井

测井是在钻孔中进行各种物探的方法,有电测井、磁测井、声波测井以及电视测井等。正确应用测井法有助于提高钻孔使用率,检验钻探质量,充分发挥物探与钻探相结合的良好作用。

其他的物探方法还有重力勘探、放射性勘探等。

四、遥感技术

1.概述

遥感技术是指从高空(飞机或卫星上)利用多种遥感器接收来自地面物体发射或反射的

各种波长的电磁波,从而根据收到的大量图像和数据信息、航测照片和遥感图像,进行分析判断,确定地面物体的存在及变化状态的一种方法。

遥感图像真实、集中反映了大范围的地层岩性、地质构造、地貌形态和物理地质现象,进行遥感判释能够很快形成整体认识。尤其在自然条件困难、交通不便、难以到达的地区,充分利用航片和卫片判释具有特殊意义,虽然不能靠它们完全代替必不可少的地面工程地质调查和勘探,但可使地面工作大大减少,使整个勘察时间大为缩短,工作质量有较大提高。

2. 工程地质遥感解译

航测照片和遥感图像解译是根据人们对客观事物所掌握的解译标志和实践经验,通过多种手段和方法,对图像进行分析,达到识别目标物的属性和含义的过程。应用地学原理对遥感图像上所记录的地质信息进行分析研究,从而识别各种地质体和地质现象的过程,称为遥感图像的地质解译。以下简要介绍工程地质遥感图像解译的基本内容和方法。

工程地质遥感解译工作一般分为准备工作、初步解译、外业验证调查与复核解译、最终解译和资料编制等。

准备工作包括地形图、航片、卫片、典型地物波谱等资料的搜集,遥感资料的范围、重叠度、成像时间、比例、清晰度、反差、物理损伤等图像质量检查等。

初步解译是根据确定的解译范围、工作量,解译原则、解译标志,对遥感图像中的地形、地貌、水系、地层岩性、地质构造、不良地质、特殊岩土进行判释,并编制遥感地质初步解译图。

外业验证调查和复核解译是在初步解译的基础上,进行野外实地调查,复核验证和明确初步解译的成果。

最终解译和资料编制是在外业验证调查结束后,对遥感图像进行最终解释,全面检查解译成果,并应做到各种地层、岩性、地质构造、不良地质作用等的命名和接边准确。遥感图像和遥感工程地质成图的比例关系应符合有关规定。

第四节 试验测试及长期观测

一、试验

试验是工程地质勘察的重要环节,是对岩土的工程性质进行定量评价的必不可少的方法,是解决某些复杂的工程地质问题的主要途径。

工程地质调查测绘与勘探工作,只能解决岩土的空间分布、发展历史、形成条件等问题,对岩土的工程性质只能进行定性的评价,要进行准确的定量的评价必须通过试验工作。

在工程实践中可能遇到某些复杂的自然现象和作用,一时尚不能从理论上认识清楚,而又急于要求解决,在这种情况下,往往可通过试验的方法加以解决。

工程地质试验可分为室内试验和野外试验两种。室内试验是对调查测绘、勘探及其他过程中所采取的样品进行试验,这种试验通常在实验室中进行,但也可用试验箱在野外进行。野外试验是在现场岩土的原处并在自然条件下进行的,基本保持了岩土的天然结构与状态,和取样试验是有区别的,这种试验也称为现场试验或原位试验。

(一)室内试验

通过对所取土、石、水样进行各种试验及化验,取得各种必需的数据,用以验证、补充测绘和勘探工作的结论,并使这些结论定量化,为设计、施工提供依据。

土、石、水样的采取、运送和试验、化验应当严格按有关规定进行,否则直接影响工程设计质量及工程建筑物的稳定。

1. 取样

土、石试样可分原状的和扰动的两种。原状土、石试样要求比较严格,取回的试样要能恢复其在地层中的原来位置,保持原有的产状、结构、构造、成分及天然含水量等各种性质。因此,原状土、石样在现场取出后要注明各种标志,并迅速密封起来,运输、保存时要注意不能太热、太冷和受震动。

取土、石样品,需经工程地质人员在现场选择有代表性的样品,按照试验项目的要求采取足够数量,采样同时填写试样标签,把样品与标签按一定要求包装起来。

2. 土工试验

土的试验一般包括土的成分、物理性质、水理性质与力学性质等四个主要部分,岩石的试验一般包括物理性质和力学性质两个部分,有时还需进行土和岩石的热学性质的试验。

选择室内试验的项目、数量和条件时,应根据工程要求、设计阶段和当地自然条件等因素确定,可参考有关规范、手册的规定,但应注意用理论指导这一工作,以求节省人力、物力和时间,又能提高工作质量。例如,根据地质学原理,土的工程性质与土层的成因类型和地质年代有直接关系,因此有可能通过选择有代表性的样品,以较少数量的试验,评价较大范围的土的工程性质。

根据不同工程的要求,对原状土及扰动土样进行试验,可求得土的各种物理力学性质指标,如相对密度、重度、含水率、液限、塑限、抗剪强度等。

岩石物理力学试验的目的,则是为了求得岩石的相对密度、重度、吸水率、抗压强度、抗拉强度、弹性模量、抗剪强度等指标。

3. 水质分析

采取一定数量的水样进行化验,可以确定水中所含各种成分,从而正确确定水的种类、性质,以判定水的侵蚀性。对施工用水和生活用水做出评价,并联系不良地质现象说明水在其形成、发展过程中所起的作用。

(二)现场试验

现场试验与室内试验不同之处是:①试验在岩土的原处,不脱离其周围环境,并在当地自然条件下进行;②试验的范围或试样的体积较大。

现场试验在设备、技术、人力、物力和时间等方面,一般要比室内试验大得多,但由于有的现场试验是室内试验所不能代替的,有的则比室内试验准确很多,因此,应创造条件进行原位测试。

工程地质现场试验主要包括两个方面:一是岩土的力学试验,二是岩土的透水性试验。

主要包括载荷试验、触探(静力触探、动力触探与标准贯入试验)、旁压试验、十字板剪切试验、大面积剪切试验、现场水文试验等。

地基承载力确定的载荷试验、触探试验、十字板剪切试验及旁压试验在第七章第一节有介绍。

土的现场大面积剪切试验是通过现场水平剪切或水平挤出试验取得地基土的黏聚力及内摩擦角指标的方法。岩石现场剪切试验常用于求得岩石滑坡滑动面抗剪强度。

抽水试验、压水试验、注水试验等都是现场水文地质试验,主要目的是为了确定地下水的渗透系数、计算涌水量及采取供化验用的地下水水样。

此外,还有扁铲侧胀试验、波速测试、岩体应力测试等现场试验方法。

二、长期观测

物理地质现象与作用是在自然环境不断变化的情况下发生与发展的,其中某些具有周年的变化过程,例如盐渍土、道路冻害;某些具有多年的变化过程,如滑坡、泥石流等;而另一些则可能兼有上述两种变化,如沙漠、多年冻土等。通过直接观察和勘探,只能了解某一个短时期的情况,要了解其变化规律,就需要作长期的观测工作,而掌握其变化规律,有时则是工程设计所必需的。因此,长期观测是工程地质勘察的重要方法,在某些情况下则是必须的。长期观测不仅可以为设计直接提供依据,而且可以为科学研究积累资料。在工程实践中,对已有建筑物的变形、地表水及地下水的活动、不良地质现象(沙漠、盐渍土、滑坡、泥石流、多年冻土与道路冻害等)的发展过程,都有设立长期观测站的实例和经验。

观测点的选择,主要根据工程设计的要求而定。但应注意选择在:

(1)典型的地段,以使观测资料具有代表性;

(2)影响因素比较单纯的地段,以便于资料的分析整理;

(3)便于观测的地点,能够长期坚持观测;

(4)对于一些灾害性的物理地质现象,如滑坡、雪崩、泥石流等,在选择观测点时还应注意观测人员的安全。

观测工作可以在勘察设计阶段进行,也可以在施工阶段进行,还可以在运营阶段进行。观测期限,可以是一年,也可以是多年,主要视观测的对象和任务而定。例如,为滑坡防治措施提供依据的长期观测工作,在设计以前就应进行,在施工以后可以继续观测下去,以检验所采取的措施是否有效。又如道路冻害的观测,只能在试验路段上进行。

观测时间,一般应遵照"均布控制、加密重点"的原则。对于变化最多的时期,应频繁地进行观测;变化很缓慢的时期,可按相等的时间间隔进行观测,以资控制。例如,滑坡位移的观测,要常年进行,但应在雨季加密观测次数,因为滑坡位移往往在这个时期加剧。又如,沙丘移动的观测,也要常年进行,但应在多风时期,特别是在干旱季节的多风时期内加密观测次数。由此可见,为合理地选择观测时间,对观测对象随季节和时间的变化规律有一个轮廓性的认识是很重要的。

第五节 工程地质勘察成果报告

工程地质勘察的最终成果是勘察报告书。当现场勘察工作(如调查、勘探、测试等)和室内试验完成后,应对各种原始资料进行整理、检查、分析、鉴定,然后编制成工程地质勘察报告,提供给设计和施工单位使用,并作为技术文件存档长期保存。

工程地质勘察报告的内容,应根据任务要求、勘察阶段、地质条件、工程特点等具体情况编写。工程地质勘察报告应资料完整、真实准确、数据无误、图表清晰、结论有据、建议合理、便于使用和适宜长期保存,并应因地制宜,重点突出,有明确的工程针对性。

完成的工程地质勘察资料一般都包括三部分:工程地质说明书(工程地质勘察报告)、各种工程地质图、工程地质断面图,各种勘探、调查访问、试验、化验、观测等原始资料。各类勘探、测试资料,也应装订成册。

一、工程地质说明书

不同工程类型、不同工程阶段要求的工程地质勘察说明书内容有差别,一般情况下,工程地质说明书应包括下列内容:

（1）拟建工程概况;

（2）勘察目的、任务要求和依据的技术标准;

（3）勘察方法和勘察工作布置;

（4）场地地形、地貌、地质构造、不良地质作用的描述和对工程危害程度评价及地震基本烈度等;

（5）场地稳定性和适宜性的评价;

（6）地层岩性描述:包括地层形成地质年代、成因、颜色、密度、湿度、物理状态、层厚等;

（7）根据各层岩土原位测试成果、室内土工试验指标以及现场的鉴定,进行综合分析,提出地基承载力的建议值并对地基压缩性进行评价;

（8）地下水埋藏情况、类型、水位及其变化以及场地地下水对建筑材料的腐蚀性评价;

（9）对岩土利用、整治和改造的方案进行分析论证,提出建议;

（10）对工程施工和使用期间可能发生的岩土工程问题进行预测,提出监控和预防措施的建议。

除上述内容外,工程地质勘察报告尚应对岩土利用、整治和改造方案进行分析论证,提出建议;对工程施工和使用期间可能发生的岩土工程问题进行预测,提出监控和预防措施的建议。对岩土的利用、整治和改造的建议,宜进行不同方案的技术经济论证,并提出对设计、施工和现场监测要求的建议。

二、工程地质图件

工程地质勘察报告中所附图件的种类应根据工程具体情况而言,常用的图件有:勘探点平面布置图、钻孔柱状图、工程地质剖面图。

1. 勘探点平面布置图

勘探点平面布置图是在建筑场地地形图上,把建筑物的位置、各类勘探及测试点的位置、编号用不同的图例表示出来,并注明各勘探、测试点的标高、深度、剖面线及其编号等,如图 8-6 所示。

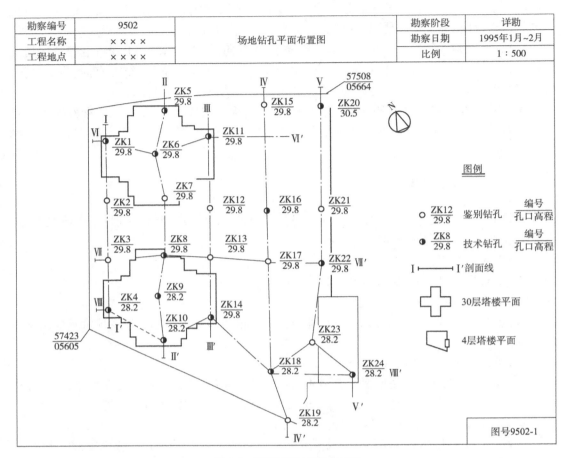

图 8-6 某场地钻孔平面布置图

2. 钻孔柱状图

钻孔柱状图是根据钻孔的现场记录整理出来的。记录中除注明钻进的工具、方法和具体事项外,其主要内容是关于地基土层的分布(层面深度、分层厚度)和地层的名称及特征的描述。绘制柱状图时,应从上而下对地层进行编号和描述,并用一定的比例尺、图例和符号表示。在柱状图中还应标出取土深度、地下水位高度等资料,如图 8-7 所示。

3. 工程地质剖面图

柱状图只反映场地某勘探点处地层的竖向分布情况,工程地质剖面图则反映某一勘探线上地层沿竖向和水平向的分布情况,如图 8-8 所示。由于勘探线的布置常与主要地貌单元或地质构造轴线垂直,或与建筑物的轴线一致,故工程地质剖面图能最有效地表示场地工程地质条件。

工程地质剖面图绘制时,首先将勘探线的地形剖面线画出,标出勘探线上各钻孔中的地层层面,然后在钻孔的两侧分别标出层面的高程和深度,再将相邻钻孔中相同土层分界点以直线相连。当某地层在邻近钻孔中缺失时,该层可假定于相邻两孔中间尖灭。剖面图中的垂直距离和水平距离可采用不同的比例尺,一般为横向 1:10000 ~ 1:200、竖向 1:2000 ~ 1:100。

勘察编号	9502	钻孔柱状图		孔口标高	29.8m
工程名称	×××			地下水位	27.6m
钻孔编号	ZK1			钻探日期	1995.1.6

层序	地质年代	地层名称	层底深度 (m)	层厚 (m)	图例	岩性描述	试验深度 (m)	实际击数	编号
								校正击数	取样深度(m)
①	Q_4^{ml}	填土	3.0	3.0	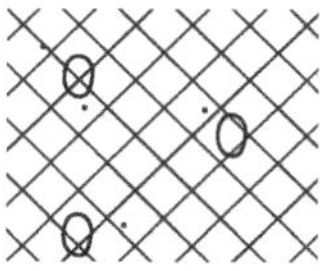	杂色,松散,内有碎砖、瓦片、混凝土块、粗砂及黏性土			
②	Q_3^{al}	黏土	10.7	7.7	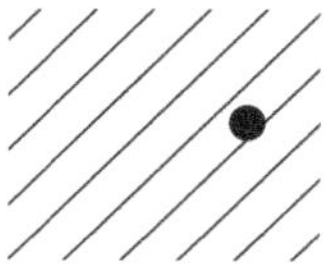	黄褐色,可塑,具黏滑感,上部颜色稍深,底部含较多粗颗粒			$\dfrac{ZK1-1}{9.8-10}$
④	Q_2^{al}	砾石	14.3	3.6	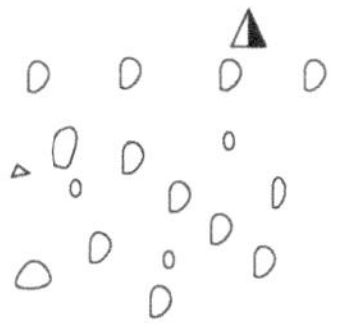	土黄色,松散,上部以砾砂为主,含泥量较大,下部颗粒变粗	10.85~11.15	$\dfrac{31}{25.7}$	
⑤	Q_1^{el}	粉质黏土	27.3	13.0	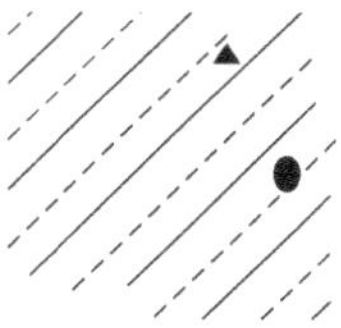	黄褐色带白色斑点,为花岗岩风化产物,坚硬-硬塑,土中含较多粗石英粒	17.55~20.85	$\dfrac{42}{29.8}$	$\dfrac{ZK1-2}{20.2-20.4}$
⑥	γ_s^3	花岗岩	32.4	5.1	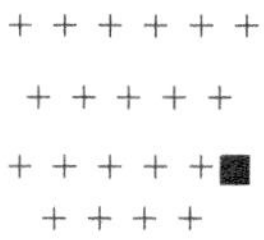	灰白色-肉红色,粗粒结晶,中等-微风化,岩质坚硬,性脆,可见主要矿物成分有长石、石英、黑云母、角闪石			$\dfrac{ZK1-3}{31.2-31.03}$

注:●土样;▲标贯试验;■岩样;△圆锥动力触探。

制图_____校对_____

图 8-7　某场地钻孔柱状图

此外,在必要时,可编制一定数量的局部地段工程地质横断面图,以便用于该地段挖填横断面设计,计算土、石方量及工程设计。横断面图的比例尺为 1:500~1:200。

专门工点的工程地质图件应根据实际需要进行编制。专门工点图件,一般编制工程地质纵断面图和一定数量的工程地质横断面图,只有在地质复杂地段和其他因素要求时,才编制工点工程地质图。不同工点对比例尺有不同要求,例如大、中桥工程地质纵断面图的比例尺为横 1:5000~1:500,竖 1:500~1:50;隧道工程地质纵断面图的比例尺为横 1:5000~

1:500、竖 1:500 ~ 1:200；滑坡工程地质图比例尺为 1:2000 ~ 1:500，横断面图比例尺为 1:500 ~
1:200。

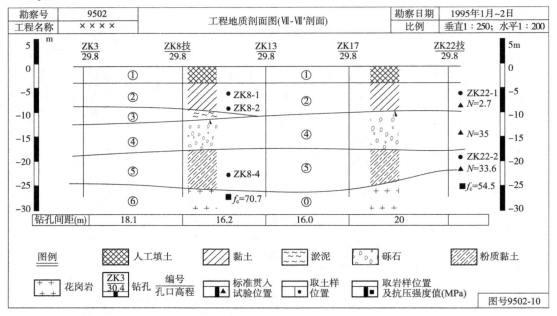

图 8-8　某场地工程地质剖面图

参 考 文 献

[1] 中华人民共和国国家标准. GB 50021—2001 岩土工程勘察规范[S]. 北京:中国建筑工业出版社,2009.

[2] 中华人民共和国国家标准. GB 50007—2011 建筑地基基础设计规范[S]. 北京:中国建筑工业出版社,2011.

[3] 中华人民共和国国家标准. GB/T 50279—1998 岩土工程基本术语标准[S]. 北京:中国计划出版社,1998.

[4] 工程地质手册编委会. 工程地质手册[M]. 4 版. 北京:中国建筑工业出版社,2007.

[5] 谢强,郭永春. 土木工程地质[M]. 3 版. 成都:西南交通大学出版社,2015.

[6] 窦明健. 公路工程地质[M]. 3 版. 北京:人民交通出版社,2003.

[7] 贺瑞霞. 工程地质学[M]. 北京:中国电力出版社,2010.

[8] 李相然. 工程地质学[M]. 北京:中国电力出版社,2006.

[9] 张倬元,王士天,王兰生. 工程地质分析原理[M]. 北京:地质出版社,1994.

[10] 李隽蓬. 铁路工程地质[M]. 北京:中国铁道出版社,1996.

[11] 蒋爵光. 隧道工程地质[M]. 北京:中国铁道出版社,1991.

[12] 张咸恭,王思敬,李慧毅. 工程地质学概论[M]. 北京:地震出版社,2005.

[13] 张咸恭,王思敬,张倬元. 中国工程地质学[M]. 北京:科学出版社,2000.

[14] 王钟琦,石兆言,谢君斐. 地震工程地质导论[M]. 北京:地震出版社,1983.

[15] 林宗元. 岩土工程治理手册[M]. 北京:中国建筑工业出版社,2005.

[16] 徐攸在. 盐渍土地基[M]. 北京:中国建筑工业出版社,1993.

[17] 周幼吾,郭东信,邱国庆,等. 中国冻土[M]. 北京:科学出版社,2000.

[18] 中国灾害防御协会铁道分会. 中国铁路自然灾害及其防治[M]. 北京:中国铁道出版社,2000.